証言 零戦 搭乗員がくぐり抜けた地獄の戦場と激動の戦後

神立尚紀

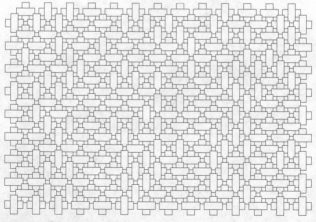

講談社+α《プラスアルファ》文庫

証言　零戦
搭乗員がくぐり抜けた地獄の戦場と激動の戦後

目次

まえがき

昭和二十（一九四五）年八月十五日、太平洋戦争が終わってから、今年（二〇一八）で七十三年の歳月が過ぎた。じつは、「七十三年」という数字にはちょっとした意味、というか符合がある。

明治五（一八七二）年二月二十八日（旧暦。新暦では四月五日）、太政官布告第六十二号により海軍省が設立されてから、敗戦後の昭和二十年十一月三十日、勅令第六百八十号により廃止されるまでの期間が七十三年。つまり、日本海軍が組織として独立し、存続したのとほぼ同じだけの時間が、終戦からこんにちまでの間に流れたのだ。

――その日本海軍が滅亡するまでの最後の五年間を、主力戦闘機として戦い続けたのが「零戦《れいせん》」である。

昭和十五（一九四〇）年七月、海軍に制式採用され、神武紀元二六〇〇年の末尾の〇をとって「零式《れいしき》艦上戦闘機」と名づけられたこの戦闘機は、同年九月十三日、中国大陸・重慶《じゅうけい》上空で中華民国空軍のソ連製戦闘機約三十機と空戦、一機も失うことなく二十七機を撃墜（日本側記録）するという鮮烈なデビューを飾り、大陸の空を席巻した。太平洋戦争が始まったのちも、鍛え抜かれた搭乗員の技倆《ぎりょう》もあいまってアメリカ、イギリスを主力とする連合軍機に対して圧倒的な強さを発揮し、「ゼロ・ファイター」の名は、神秘的な響きさえもって連合軍パイロットに怖れられた。

ところが、大戦中盤以降は反攻に転じた連合軍機と血みどろの戦いを繰り広げ、次々と繰り出される敵の新型機に次第に押されるようになり、ついには爆弾を抱いて搭乗員の命もろとも敵艦に突入する、特攻機としても使われるようになった。その戦いの軌跡は、まさに太平洋戦争の戦局の縮図と言っても過言ではない。

零戦が、いまも多くの日本人の心を捉えてやまないのは、優美な姿や活躍ぶりもさることながら、そんな、「平家物語」にも比すべき「栄光」と「悲劇」の両面を併せ持つことにもよるのだろう。

戦没した海軍の戦闘機搭乗員は、かつて零戦搭乗員が組織していた「零戦《ゼロせん》搭乗員会」（現・NPO法人零戦の会）の調査によれば四千三百三十名。多くが二十歳前後の若者だった。ほとんどが独身者で、子孫はいない。空の上での戦没者は遺骨が還ることも稀《まれ》である。終戦時の生存者は三千九百六名。その大半は実戦経験のない特攻要員で、最年少は昭和三（一九二八）年生まれの満十七歳だった。

現在、元零戦搭乗員は約百五十名が存命だが、戦後七十三年の今年、一人残らず九十歳を超える。そういう意味でも節目の年なのだ。

「証言 零戦」シリーズ四冊めとなる本書では、そんな節目を意識して、私がこれまでにインタビューした数百名におよぶ元搭乗員のなかから、海軍戦闘機隊の黎明《れいめい》期から終焉《しゅうえん》までを網羅できるよう、六名の登場人物を選んだ。うち、四名はすでに故人である。いずれも、「サイレント・ネイビー」をモットーにしていた海軍の伝統そのままに、自らの体験を語ることの少ない人たちだった。

飛行機搭乗歴の古い順に紹介すると、青木與《あおきあとう》さん（一空曹）は、大正十五（一九二六）年から飛行機を操縦、現代の航空自衛隊「ブルーインパルス」の元祖ともいうべき編隊アクロバット飛行チームで、源田實《げんだみのる》大尉（のち大佐）をリーダーとする「源田サーカス」の一員として名を馳《は》せた。戦闘機搭乗員の草分けとして、各種飛行実験や新技術の開発に携わり、その技倆はまさに天才的であったと伝えられている。

昭和十（一九三五）年、海軍を満期除隊し、その後は中島飛行機のテストパイロットとして、工場から部隊に引き渡す零戦の試飛行などを手がけた。

生田乃木次《いくたのぎじ》さん（少佐）は、空母「加賀《かが》」乗組の大尉だった昭和七（一九三二）年二月二十二日、第一次上海事変で、三式艦上戦闘機を駆ってアメリカ人義勇飛行士、ロバート・ショートが操縦するボーイング218戦闘機と空戦、これを撃墜。日本の戦闘機として初となる、敵機撃墜の快挙を成し遂げた。生田さんは一躍英雄となり、数々の栄誉を手にするが、その年の暮れに突然、海軍を去った。私がはじめて会ったとき、生田さんは九十一歳、千葉県で三つの保育園を経営していた。

青木さん、生田さんという、海軍航空草創期の、伝説的ともいえる戦闘機乗りにインタビューできたことは、その後の私の取材活動においても、ものごとを筋道立てて理解する上で大きな糧となった。

鈴木實《すずきみのる》さん（中佐）は、昭和十二（一九三七）年八月、第二次上海事変で空母「龍驤《りゅうじょう》」の九五《きゅうご》式艦上戦闘機四機を率い、中華民国空軍の戦闘機二十七機と空戦、九機を撃墜したのを皮切りに、昭和十六（一九四一）年には零戦隊を率いて中華民国空軍と、さらに昭和十八（一九四三）年にはオーストラリア上空で、イギリスの誇る名機・スピットファイアと戦い、つねに一方的勝利をおさめた。戦後はまったく畑ちがいのレコード会社に身を投じ、多くの歌手、ミュージシャンを世に送り出す。

佐々木原正夫《ささきばらまさお》さん（少尉）は、空母「翔鶴《しょうかく》」「隼鷹《じゅんよう》」「瑞鶴《ずいかく》」と渡り歩き、昭和十六（一九四一）年から十八（一九四三）年にかけ、真珠湾作戦の母艦上空哨戒、インド洋作戦、珊瑚《さんご》海海戦、アリューシャン作戦、第二次ソロモン海戦、南太平洋海戦、さらにガダルカナル島撤退作戦と、幾多の激戦をくぐり抜けた人。開戦前から約一年間の詳細な日記を残したが、私以外のインタビューは受けていない。

長田利平《おさだりへい》さん（一飛曹）は、昭和十八年四月、予科練に入隊し、すさまじい速成教育を経て、わずか一年後には零戦搭乗員として実戦部隊に配属される。昭和十九（一九四四）年末、米軍との死闘が繰り広げられていたフィリピン上空で初陣《ういじん》を飾り、昭和二十（一九四五）年、脱出した先の台湾で、志願していないにもかかわらず、特攻隊員とされた。以後、沖縄戦で四回にわたって特攻出撃を重ねるも、敵艦隊と遭遇することなく生還。戦後は神奈川県警で刑事となった。現在九十二歳。

小野清紀《おのきよみち》さん（中尉）は、慶應義塾大学卒業後の昭和十八年十月、海軍飛行専修予備学生十三期生として海軍に入隊、零戦搭乗員となった。東京で旧幕臣の家に生まれた小野さんは、小学生の頃には渋谷で生きた「忠犬ハチ公」を見、中学生のときには二・二六事件に遭遇するなどのエピソードをもつ。二度にわたって特攻を志願するも、出撃することなく終戦を迎えた。現在九十七歳。

今回はまた、昭和十八年四月十八日、聯合艦隊司令長官・山本五十六大将が、ブーゲンビル島上空で乗機を撃墜され戦死したさい、護衛していた六機の零戦搭乗員のうち、唯一戦争を生き抜いた柳谷謙治《やなぎやけんじ》さん（飛曹長）の話を軸に、長官戦死に翻弄された若者たちの運命を「外伝」として付記した。

＊

歴史の評価は時代がくだす。だが、未来を見据え、「戦争を忘れない」、「戦争の記憶を語り継ぐ」ためには、「戦争とは」というマクロな視点とともに、個々の体験を正しく知る、ミクロな視点を併せて持つことは欠かせない。

零戦を駆って戦った男たちの等身大の姿を、いまを生きる日本人、特に孫、曾孫の世代に知ってもらいたい。

彼らの生の声が、戦争の実相を知り、いま、守るべき平和を考えるよすがになれば、そして、敗戦ですべてを失ってなお、「第二の人生」で新たなる戦いに挑み、生き抜いた姿からも、なにごとかを感じ取ってもらえたら――これが、このシリーズを通しての、著者としてのささやかな一念である。

アッツ
キスカ
ダッチハーバー
樺太
千島列島
択捉
北海道
日本
東京
太平洋
小笠原諸島
硫黄島
ミッドウェー
ハワイ諸島
パールハーバー
オアフ
ウェーク(米)
マリアナ諸島
サイパン
グアム(米)
ヤップ
マーシャル諸島
マキン
タラワ
ギルバート諸島
カロリン諸島
トラック
ニューブリテン
ラバウル
ギニア
パプア
ソロモン諸島
ポートモレスビー
ガダルカナル
サンタ・クルーズ
サモア諸島
トンガ諸島
ケアンズ
フィジー諸島
ヌーメア
クインズランド
ブリスベン
ニュー・サウスウェールズ

零戦が活動した地域

東はハワイ・パールハーバー。西はセイロン(現スリランカ)。北はアラスカ・ダッチハーバー。南はオーストラリア北部という広大な地域に及んだ。

「零戦」の読み方について

この戦闘機は、昭和十五（一九四〇）年に制式採用され、この年、神武紀元二六〇〇年の末尾の〇《れい》をとって「零式《れいしき》艦上戦闘機」と名づけられた。略する場合には、「零戦《れいせん》」となる。一方、当時、「零戦」と戦った連合軍パイロットたちは、「ゼロファイター」あるいは「ゼロ」と呼んでいた。では、実際に操縦していた搭乗員たちはなんと呼んでいたのか。飛行隊長も務めた歴戦の搭乗員・日高盛康さんは、「戦中はやっぱりレイセンでした。ただ、戦後はゼロセンと呼ぶ方が自然になった」と記憶しており、また、終戦直前まで米軍機邀撃《ようげき》戦に従事した土方敏夫さんによれば、所属する「戦闘三〇三飛行隊では、当時もゼロセンと呼んでいた」とのことで、搭乗員たちの間でも呼び方は混在していた。そこで本書では、タイトルは、戦後、一般的になった呼び方「ゼロせん」を、本文中は、正式名称に由来する「れいせん」を採用した。

第一章

鈴《すず》木《き》實《みのる》

豪州、蘭印の広大な制空権を握り続けた名指揮官

昭和12年8月、初陣の宝山上空の空戦から帰還した鈴木中尉（当時）

スポーツ万能で要領のいい都会っ子が、飛行機乗りに憧れ海軍兵学校へ

　日本軍が南太平洋の要衝とすべく占領したソロモン諸島ガダルカナル島が、突如、上陸してきた米軍に占領されたのは昭和十七（一九四二）年八月のこと。奪還へ向けた必死の作戦もことごとく失敗に終わり、ガダルカナル島の日本軍は翌昭和十八（一九四三）年二月、撤退を余儀なくされる。ニューブリテン島ラバウル、ブーゲンビル島ブインなどの基地を拠点にガダルカナル攻防戦を支援し、はじめのうちは連合軍機を圧倒していた零戦《れいせん》隊も、次々と繰り出される敵の新型戦闘機と圧倒的な物量を前に、防戦一方の苦しい戦いを強《し》いられるようになっていた。

　そんななか、オーストラリア本土上空で、イギリスの誇る名戦闘機・スピットファイアを相手に、なおも無敗を誇る零戦隊があった。第二〇二《ふたまるふた》海軍航空隊（二〇二空）。開戦劈頭《へきとう》のフィリピン空襲で、米軍機を圧倒した第三航空隊が改称した部隊で、昭和十八（一九四三）年頃には蘭印（現・インドネシア）セレベス島（現・スラウェシ島）南東部に位置するケンダリー基地に拠点を置き、西はスマトラ島から東は西部ニューギニア、北はボルネオ島（カリマンタン島）から南はオーストラリア北部

のアラフラ海まで、東西約四千キロ、南北約二千キロにおよぶ広大な空域の制空権を握っていた。飛行隊長は鈴木實少佐。支那事変（日中戦争）以来の活躍で、海軍戦闘機隊にこの人ありと知られた指揮官である。

「ところであなた、鈴木實さんには会われましたか？」

と、零戦《ゼロせん》搭乗員会代表世話人（会長）・志賀淑雄《しがよしお》さんは言った。私が元零戦搭乗員の取材を始めて間もない、平成七（一九九五）年秋のことである。

「いえ、まだ。ご存命でしょうか」

「なに、会ってない？　それはいけない。鈴木さんは兵学校で私の二年先輩で、海軍を代表する戦闘機乗りの一人です。戦後はレコード会社に入って……まあ、詳しい話は本人に聞くといい。紹介するから会いに行きなさい。あなたの家のすぐ近所に住んでいますよ」

そして、教えられた番号に電話をかけて用件を伝えると、

「いいよ、いつ来る？」

と、きわめてざっくばらんな調子で、鈴木さんは取材を承諾してくれた。聞けば、鈴木さんの家は、我が家の前を走る道路をまっすぐ二キロほど南にくだった、同じ道

筋にあるという。志賀さん方も、東京の同じ区内で、やはり三キロほどしか離れていない。単なる偶然だが、不思議な縁を感じた。

数日後、鈴木さん方を訪ねる。午後一時、玄関の引き戸を開けて来意を告げると、美しい婦人が出てきて、

「お待ちしてました。どうぞ、お上がりになって」

と、朗らかに迎えてくれた。奥さんの隆子さんだった。

玄関を上がったところに小さな木の台があり、ご家族であろう名前が書かれた木札がいくつか置かれている。鈴木さんは奥の応接間にいて、私が入って挨拶すると、

「やあ、いらっしゃい。志賀君が君のことをくれぐれも頼むと言ってたよ」

と、にこやかな笑顔で迎えてくれた。鈴木さんはこのとき八十五歳。ツイードジャケットの下にタートルネックセーターという、洒脱《しゃだつ》なスタイルが印象的だった。

「うちは家族の生活時間がバラバラでね。玄関にあった木の札を見たでしょう、あれは各人が外出するとき裏返して、帰ってきたら元に戻して、最後に帰ってきた者が、全員の名前が揃《そろ》っているのを確認して鍵を閉める。海軍に『上陸札』というのがあって、外出するときは裏返して同じように使ったんですが、我が家でもずっとそれを採用してるんです」

横で隆子さんが、

「おかしいでしょう？　こんなの。そうそう、お茶をお出ししましょうね。お菓子もありますから、お若いんだからたくさん召し上がってね」

と言う。初対面であることを微塵《みじん》も感じさせない、打ちとけた口調に、私も緊張がいくぶんほぐれる気がした。

――その後、亡くなるまで六年におよぶ鈴木さんのインタビューは、こんなふうに始まった。

「いままでの人生を振り返ると、戦後のほうが時間も長いし、思いもかけない方向には行きましたが、仕事も充実していたし、そちらのほうが記憶に鮮やかですね。昔、戦闘機に乗って戦っていたということは、遠い夢のなかの出来事のような気がします。しかし、零戦はいい飛行機でしたよ。特に二一型は、自由自在、まるで自分の体の一部のように動いてくれた。まさに『愛機』でしたね」

鈴木實さんは、明治四十三（一九一〇）年四月二十日、東京市麴町区元園町（現・千代田区麴町一丁目）の半蔵門前に、裁判官の父・雄次郎さん、母・シンさんの長男として生まれた。生家の官舎があった場所には、のちに写真館の「東條會館」が建ち

（現在は近くに移転）、いまは「半蔵門ファーストビル」という、地上十五階、地下二階建てのビルがそびえている。

鈴木さんが満六歳になる直前の大正五（一九一六）年四月八日から十日にかけて、米人操縦士、アート・スミスによる曲芸飛行が、「飛行大会」と称して、東京の青山練兵場（現・明治神宮外苑）で行われた。このときの飛行機は、機体の骨組みに翼とエンジンをつけただけのような形の、カーチス・ヘッドレス・プッシャーという原始的な複葉機だったが、それを見るために三日でのべ三十数万人もの観衆が、赤土の砂《すな》埃《ぼこり》が舞う練兵場に朝早くから押し寄せたと伝えられている。

ライト兄弟が一九〇三（明治三十六）年、人類史上初めて飛行機の動力飛行に成功してから十三年、飛行機はまだまだ日本人にとってめずらしいものだった。

二十六歳（二十二歳の説もある）のスミスは、背広にハンチング帽を逆さにかぶった身軽なスタイルで飛行機に乗り、離陸すると、翼上の仕掛け花火に点火して黄色い煙をなびかせつつ宙返り、連続横転、螺旋《らせん》降下などの特殊飛行、いまでいうアクロバット飛行を、三日間で七回にわたり披露した。

「興奮しました。信じられないことが目の前で繰り広げられている。人間が鳥のように空を飛べるなんて、考えもしませんでしたからね。それもあんなに自由自在に……。自宅の二階の窓から三日間、夢中になって空を見上げたものです。このとき、幼心にはっきりと、大きくなったら飛行士になろうと決めました」

鈴木さんは小さい頃からスポーツ万能、飛び抜けて得意な競技はないものの、運動ならなんでも器用にこなすほうだった。東京府立一中（現・都立日比谷高校）では陸上部の主将を務めている。

この時代、民間航空は未発達で、飛行機のパイロットになるには、陸海軍の軍人になるのがいちばんてっとり早い。しかし、冬はグレイフランネルの背広にソフト帽、夏は白麻の背広にパナマ帽という瀟洒《しょうしゃ》ないでたちで出勤する父のもとで育った鈴木さんは、陸軍のカーキ色の土臭い制服が好きではない。中学五年のとき、海軍兵学校を受験するが、あえなく不合格。一年の浪人生活を経て昭和四（一九二九）年、海軍兵学校に六十期生として入校した。

「海軍と言っても艦《フネ》には興味がなく、はじめから飛行機、それも一人で空が飛べる戦闘機乗りが志望でした。海軍で偉くなろうとは思わなかったし、あまり成績がよすぎて出世コースに乗せられ、飛行機にまわしてもらえないと困る。勉強なんかやればできる、やらないだけだとうそぶいて、自習時間になるといつも練兵場で、仲良しの進藤三郎や山下政雄、野中五郎（落第して一期遅れで卒業。昭和二十〔一九四五〕年、特攻隊指揮官として戦死）なんかと飛行機の話ばかりしていました」

当時の海軍の思想はまだ、大口径の大砲を搭載した戦艦同士の決戦で最後の勝負が決まるという、「大艦巨砲主義」の考え方が主流であった。兵学校の教官も、砲術、水雷、航海などの分野を専門に学んできた士官が多く、飛行機畑の教官はほとんどいない。海軍は成績を重視するところで、在籍中は必ず、「ハンモックナンバー」と呼ばれる、兵学校卒業時の席次がついて回るといわれていたが、勉強もそこそこに飛行機の話ばかりしている鈴木さんたちは、兵学校でも変わり者扱いされた。

兵学校生徒の頃の鈴木さんについて、クラスメートで、のちに戦艦「大和」沈没時（昭和二十年四月七日）の副砲長をつとめた清水芳人さんは、筆者のインタビューに、「鈴木は、都会育ちならではの要領のよさがあって、課業のサボり方がうまかった。休暇で上陸（海軍では海上生活が基本とされ、陸上基地や学校からの外出も「上陸」と呼んだ）するときなど、私などは江田島の兵学校裏手にある古鷹《ふるたか》山登山や水泳に励んでいるのに、鈴木は、一部の生徒と語らって広島市内に出かけ、ダンスホールで踊ったりしていたらしい。

兵学校では、上級生が下級生を生活全般にわたって指導し、なにかと理由をつけては殴って鍛える伝統がありますが、殴られそうな場面になると、いつの間にかスッと姿が消えている。そんな気配の察し方は、天才的でしたよ。われわれ地方出身者の間では、陰で『鈴木』をもじった『ズル木』というあだ名で呼んでいました」と語っている。

あやうく海軍をクビになりかけた「飛行将校」ならぬ「非行将校」

昭和七（一九三二）年十一月、六十期生は兵学校を卒業、少尉候補生となる。一緒に卒業したクラスメート百二十七名のうち、鈴木さんは九十一番、ともに飛行機志望で仲のよかった山下さんは百四番、進藤さんは百九番と、ともにビリに近い成績だった。翌昭和八（一九三三）年三月、練習艦隊の軍艦「八雲《やぐも》」「磐手《いわて》」に分乗、北米方面に向け遠洋航海に出航した。

「ハワイからアメリカ西海岸に渡り、北から南へ、各地の港に寄港しながらまわりました。どこへ行っても、米海軍も一般の市民も歓迎してくれましたよ。われわれ候補生は、友好親善の大義名分がある限り、上陸も比較的自由に許されていて、進藤なんかはいつも上陸していましたが、ぼくはひたすら日米の軍艦を往復しての飲み食いに専念していて、あまり街には出なかった。しかし、ともかくアメリカという国を、クラス総員がその目で見、その地を自分の足で踏んだというのは大きな経験だった。海外旅行なんか、夢のまた夢の時代ですからね。……そりゃあ、たまげましたよ。国力の違いというか、街でもなんでも日本とは規模が違うし、あらゆるものが進んでいる。こんな国と戦争になったらえらいことになると思いました」

海軍兵学校出身の海軍士官が飛行機の搭乗員になるまでには、ひととおりの艦船勤務を経験してから、適性のあるものが飛行学生に選抜される。体力の消耗が激しい飛行機の搭乗員は、当時、三十歳が限界だと言われていたこと、士官は進級するといずれ艦長のポストに就くことがあるなどの理由で、まずは潮ッ気を吸い込み、海の武人としての素養を身につけることが重視されていたのだ。遠洋航海から日本に帰った鈴木さんは巡洋艦「加古《かこ》」乗組となり、昭和九（一九三四）年三月、海軍少尉に任官。さらに戦艦「金剛《こんごう》」での勤務を経て、昭和九年十一月、念願叶《かな》って海軍練習航空隊飛行学生を命ぜられ、茨城県の霞ケ浦《かすみがうら》海軍航空隊（霞空《かすくう》）に転勤する。

飛行学生となった同期生は三十四名。複座（二人乗り）の三式初歩練習機、次いで九三式中間練習機による飛行訓練を受けた。

「このために海軍に入ったわけだから、嬉しかったですね。教官が同乗する練習機で初めて飛んだときは、こんなすごいことが自分にできるのかな、と思いましたが、馴《な》れるのは早かった。クラスのなかでは、ぼくと進藤、山下あたりが操縦のうまいほうだったと思います」

ところがそんなとき、鈴木さんたち飛行学生は、長年の夢があわや水の泡になりかねないような事件を起こした。

海軍では、料亭のことをレス（レストランの略）、芸者のことはエス（Singer《シンガー》のS）、と呼ぶような隠語がある。酔って暴れて、物を壊したりすることを「イモを掘る」という。

「昭和十（一九三五）年二月のある土曜日、飛行学生の同期生総員で水戸に梅見に出かけたんですが、水戸のレスで、そのうちの何人かが酔っ払い、エスにつれなくされたことに腹を立ててイモを掘った。ぼくも、西洋音楽のレコードを約五十枚、『こんな外国の音楽が聴けるか！』と、酔った勢いで叩《たた》き割ったんです」

横須賀、呉、佐世保などの軍港地や、土浦など海軍基地のある町なら、この程度の騒ぎは、「酒の上での失敗」ということで、あとで弁償すれば大目に見られた時代である。だが、海軍と縁の深くない水戸の町で、それは通用しなかった。料亭での暴行、器物損壊事件は憲兵隊の知るところとなり、憲兵隊から陸軍大臣経由、海軍大臣宛てに、「海軍士官非行の件通知」と題した、当該士官の処分を求める公式文書が提出され、大問題になったという。

「霞空の飛行長・小田原俊彦少佐が海軍省に嘆願してくれたおかげで、『飛行学生罷免《ひめん》』という最悪の事態だけは免れ、罪一等を減じて『戒告』、『始末書提出』という処分だけで済みましたが、『飛行将校』ならぬ『非行将校』のあだ名がつけられた。まあ、元気があり余ってたんですね」

昭和十年七月、飛行学生を卒業すると、専修機種ごとに次の任地が言い渡される。鈴木さんは希望通り、千葉県の館山《たてやま》海軍航空隊で戦闘機搭乗員としての訓練を受けることになった。ここで複葉の三式艦戦、次いで九〇艦戦で空戦の技術を磨き、昭和十一（一九三六）年十一月、空母「龍驤《りゅうじょう》」乗組の分隊士（分隊長の補佐）として実戦部隊に配属された。

昭和十二（一九三七）年七月七日、中国・北京郊外の盧溝橋《ろこうきょう》で日本と中華民国両軍が衝突、北支《ほくし》事変が勃発《ぼっぱつ》。八月九日、居留民保護のため駐留していた上海《シャンハイ》特別陸戦隊の鈴木さんのクラスメート・大山勇夫《いさお》海軍中尉と、斎藤與蔵《よぞう》一等水兵が中国保安隊に殺害された事件を機に、戦火は上海に飛び火し、第二次上海事変が始まった。九月二日、これら事変を総称して「支那事変」と呼ぶことが閣議決定されている。

日本海軍陸戦隊四千は三万の中国軍と対峙《たいじ》、八月十三日、本格的な戦闘が始まる。陸上戦闘を支援するため、日本海軍は「加賀《かが》」「龍驤」「鳳翔《ほうしょう》」の三隻の空母を上海沖に派遣。各母艦に搭載された戦闘機は、「龍驤」が九五式艦上戦闘機、「加賀」「鳳翔」は九〇《きゅうまる》式艦上戦闘機で、いずれも複葉機だった。

八月二十二日、「龍驤」を発艦した鈴木さんのクラスメート・兼子正中尉以下四機の九五戦は、上海市街北郊の宝山《ほうざん》上空で、中華民国空軍のアメリカ製戦闘機、カーチス・ホーク十八機と交戦、その六機を撃墜するという戦果を挙げた。

「兼子は東京府立一中の一年後輩でもあり、仲良くしていました。スポーツ万能でいい男でしたが、操縦はあまり上手じゃなかった。『龍驤』で訓練中、着艦に失敗して飛行機ごと海に転落し、そのまま沈んでしまったから、ああ、彼も呆気《あっけ》なく死んだか、と思っていたら、しばらくして海面からポーンと、何メートルか跳び上がってきてびっくりしたことがあります。海中かなり深いところで脱出に成功して、ライフジャケットの浮力で勢いよく浮かび上がってきたんですね。

――ともかくその兼子が、自分より先に初陣《ういじん》を飾って戦果を挙げたという。飛びたい盛りですからね、チクショウ、あの野郎、俺より先に敵機を墜《お》としやがった、と心中穏やかではありませんでした」

だが、鈴木さんの初陣の機会は、早くもその翌日にやってくる。

八月二十三日、鈴木さん（当時・中尉）は四機の九五戦を率い、上海上空の哨戒《しょうかい》任務をおびて「龍驤」を発艦した。高度四千メートルで宝山上空を旋回していると、はるか西方から、敵戦闘機二十七機が、高度二千メートルでこちらに向かってくるのが見えた。敵は、複葉のカーチス・ホーク、低翼単葉のボーイングP－26の混成で、示威飛行を行うかのように整然と編隊を組んで飛んでいる。

「敵機を見つけたときは、とにかく嬉しかったですね。神様、よくぞ獲物をお与えくださったと。敵機のほうがはるかに数が多いのに、全然怖さを感じませんでした。

敵機はこちらに全く気づいてません。ぼくは、太陽を背にして列機を誘導し、敵編隊を右下方に見る位置に回りこむと、バンクを振って突撃を下令したんです。

四機で後上方から襲いかかり、いちばん端の一機を墜としたときに、敵もようやく気がついて、大混戦になりました。敵機のほうがずっと多いので、目標には困りません。照準器に入る敵機を、手当り次第に撃ちまくりました。しかし、自分では弾丸が当たっているつもりでしたが、なかなか墜ちない。あとで考えたら、だいぶ遠くから撃ってましたね」

鈴木隊四機は、それぞれ十発から三十発もの被弾があったものの、九機を撃墜。鈴木さん自身も三機を撃墜した。

「あんまり嬉しくて、帰りは無線電話のスイッチを入れたまま、『墜とした、墜とした』と言い続けていたようです。母艦に帰ってから、『お前、ずっとはしゃいでおったな』とずいぶん冷やかされましたよ」

この日の戦闘に対しては、第三艦隊司令長官・長谷川清中将より感状が与えられた。またその後、昭和十五（一九四〇）年四月二十九日付で行われた支那事変の論功行賞では、「殊勲甲の特」として、尉官（大尉、中尉、少尉）としては異例の功四級金鵄《きんし》勲章を授けられた。

「この頃、『龍驤』では、出撃があるたびに第一航空戦隊司令官・高須四郎少将から褒美《ほうび》にジョニ黒（ジョニーウォーカー黒ラベル。スコッチウイスキー）が届けられていたんですが、ぼくはその酒の飲み過ぎのせいか胃をこわしてしまい、昭和十二（一九三七）年十二月、霞ケ浦海軍航空隊の教官として内地に帰り、そのまま入院してしまったんです」

霞ケ浦空で教官配置を半年。この間、見合いで陸軍将校の娘と最初の結婚をしている。

飛行帽を日本橋髙島屋に特注する伊達男は別府の芸者衆にも大人気

昭和十三（一九三八）年六月、大尉に進級。八月、練習機教程を終えた搭乗員に戦闘機の実用機訓練をほどこす佐伯《さえき》海軍航空隊分隊長となり、ほどなく、佐伯基地が手狭になったため、同年十二月、実用機の訓練部隊が新たに開隊した大分海軍航空隊に移されると、大分空の分隊長となった。

「教官として、実戦部隊への巣立ちを前にした搭乗員の指導にあたるのは、思いのほか面白く、われながら教官の仕事が向いているようでした。佐伯空も大分空も、別府に行くのに便利で、休日にはほかの士官と連れだってレスに通い、美味い魚を食って酒を飲んで、エスプレー（芸者遊び）に励んで……。天国のようなところでしたね」

飛行機の搭乗員は、本俸のほかに航空加俸や危険手当など、さまざまな加算がつくので羽振りがいい。鈴木さんは、飛行服は東京・赤坂溜池《ためいけ》の洋服店に、飛行帽は日本橋髙島屋で作らせた特注品を身につけ、上陸時は背広（海軍ではプレーンと呼ぶ）にソフト帽という姿である。鈴木さんはこの頃、海兵の二期後輩で、「海軍一のナイスボーイ（男前）」との呼び声の高かった、四元《よつもと》淑雄大尉とともに、別府の芸者衆の人気を二分していたという。四元大尉は、のちに結婚して姓が志賀になる。――そう、私を鈴木さんに紹介してくれた、志賀淑雄さんその人である。

別府には「菊奴《きくやっこ》」という名妓がいて、鈴木さんとは相思相愛の仲だった。

「戦争が終わってしばらく経った頃、勤務先のキングレコードに、菊奴から、『息子はだんだん貴方に似てきました。周りの人は貴方の子だと噂しますが、真実を知るのは神様だけですね』という、意味深長な手紙が届いたことがありました。その後、ついに会うことはなかったですが」

話が別府の芸者におよんだとき、私は思わず、傍《かたわ》らで話を聞いている隆子さんの顔を見た。隆子さんは、

「いいんですよ、うちは戦後の再婚同士ですから、私は気にしてません。手紙のことも知ってます。むしろ、菊奴さんには私も会って、当時のことをいろいろ聞いてみた

いと思います」

　と言う。それを聞いて鈴木さんが、

「勘弁してくれよ、もう」

　と苦笑いしたところで、時計の針が午後七時を告げた。

「あら、もうこんな時間。主人が戦争の話をするのを聞くのははじめてなんですよ。毎年、お正月には家族揃って靖国神社にお参りするんですけど、主人はなにも言いませんの。お夕飯、なにか取りますから、ごゆっくり」

　お心遣いはありがたいが、インタビューを始めてすでに六時間が過ぎている。八十五歳の身に、これ以上の負担をかけてはいけない。私は、夕食を辞退して、翌週ふたたび鈴木さん方を訪ね、話の続きを聞くことにした。

　鈴木さんが大分空で教官を務めている間にも、中国大陸上空での戦いは続いている。昭和十五（一九四〇）年九月十三日には、この年七月に制式採用になったばかりの零式艦上戦闘機（零戦）十三機が中華民国空軍のソ連製戦闘機・ポリカルポフE（И《イ》）15、E16約三十機と空戦、一機も失うことなく二十七機を撃墜したとの知らせが届く。零戦の初空戦を指揮したのは、第十二航空隊分隊長・進藤三郎大尉だった。

十二空零戦隊はその後も出撃を重ね、中国空軍の航空兵力をまさに虱潰《しらみつぶ》しに殲滅《せんめつ》していった。敵飛行場や陣地からの対空砲火は熾烈《しれつ》だが、空中で零戦に対抗できる敵機はなかった。初の空戦から半年が過ぎても、十二空では零戦での戦死者はまだ出ていない。まさに無敵の戦いぶりと言えた。

新聞では連日のように、「海軍新鋭戦闘機」、すなわち零戦の活躍が報じられ、飛行学生で同期の横山保大尉（海兵五十九期）、進藤大尉、二年後輩の飯田房太《ふさた》大尉らの名前が紙面を賑《にぎ》わせている。

「あいつら、うまいことやりよるなあ」

と、鈴木さんは羨《うらや》ましく思った。初陣こそ華々しかったが、それからもう三年近く、内地での教官勤務が続いている。

「そろそろ、戦地に出してくれてもいい頃だが、と思っていると、昭和十五（一九四〇）年十一月、転勤命令を伝える電報が届いた。ところが、次の配置が鹿屋《かのや》海軍航空隊分隊長と聞いて、ちょっとがっかりしました。

鹿屋空は九六陸攻を主力とする部隊でしたが、戦闘機一個分隊、搭乗員十二名が新たに付属することになり、分隊長としてぼく、補佐役の分隊士には五期後輩の宮野善治郎中尉が着任しました」

そしてこの部隊に、鈴木さんにとっては思いがけず、新鋭機・零戦が配備されることになった。

「飛んでみてびっくり、こんな安定した飛行機があるんだな、と。従来の九五戦や九六戦で、操縦桿から手を離して飛ぶなんて考えられませんが、零戦は手を離してもまっすぐ飛んでくれる。主脚のブレーキが弱いのが難点でしたが、エンジンは信頼性があるし、空中性能もいいし、実にいい飛行機でしたよ」

搭乗員の人数分、零戦が揃うと、鈴木分隊はまず、空母「加賀」を使っての着艦訓練を行った。

上空から見ると、母艦の飛行甲板は波間をただよう木の葉のように小さく見えて、しかも上下左右に揺れるので、慣れないうちは着艦するのに躊躇《ちゅうちょ》を感じる。しかし零戦は視界がよく、着艦のしやすさは従来の九五戦や九六戦の比ではなかった。

昭和十六（一九四一）年に入ると、九州では悪天候が続き、訓練が思うに任せなかったため、鈴木分隊は台湾・高雄《たかお》基地へ移動、ここで射撃、空戦訓練を重ねた。

整備不良の機で着陸に失敗し、瀕死の重傷を負う

昭和十六（一九四一）年四月十日、鈴木さん以下、鹿屋空戦闘機隊の搭乗員十二名に、十二空への転勤命令が下った。一個分隊、飛行機も合わせての抽出《ちゅうしゅつ》だった。最前線への出発だが、海軍では、少なくとも現役の士官は、戦地に赴《おもむ》くときも陸軍のように「出征」という言葉は使わず、ふつうに「転勤」と言った。旗や幟《のぼり》を立て、町会挙げての壮行会などはやらない。たいていの場合、誰にも見送られず、いつもと変わらずに出発する。これは、常在戦場の心意気を示す、海軍流のダンディズムでもあった。

「ぼくはこのとき、上海のオートバイ店に立ち寄って、イタリア製の変わった形のゴーグルを、分隊の搭乗員の人数分買ってきて、部下たちに配りました。こんなちょっとしたことが、隊員の結束を高めるのに役に立ったんじゃないかと思います」

このとき、十二空では士官搭乗員の多くが交代した。鈴木さんは、転出した横山大尉に代わって先任分隊長（数人いる分隊長のなかで序列がいちばん上）の任に就くことになった。昭和十五（一九四〇）年十一月より飛行隊長を務めていた真木成一少佐

の手記によると、この時期の十二空戦闘機隊は、

「零戦常用九機、補用二機の四個分隊計四十四機で、搭乗員は飛行隊長以下、准士官以上八、下士官兵三十六名で、定数と員数はキッチリ同じ。各自愛機を持ち贅沢《ぜいたく》とも言える時代」

だったという。漢口《かんこう》基地に着任した鈴木さんは、従軍記者の取材に対し、

〈まづ僕が行つてびつくりしたのは、子供だ子供だと思つてゐた教へ子たちが、みんな見違へるやうな海鷲《うみわし》に成長してゐる、そのたのもしい姿だつた。羽切や大石、中瀬にしても、みんな僕が手をとつて操縦を教へたものだ。それが撃墜マークをもう十五も十七もつけてゐた。（中略）自分の教へ子がこんなにお国のために立ちよる。さう思ふのはぞくぞくするほどうれしかつた〉

と答えている。

だが、鈴木さんたちが着任した昭和十六年四月頃には、零戦隊の中国空軍との戦闘も一段落しつつあった。爆撃隊は敵陣地爆撃に忙しかったが、敵の戦意も戦力も、前年ほどではない。零戦の護衛が必要な場面は、もうそれほど多くなかった。重慶《じゅうけい》、成都《せいと》への空襲は、散発的に継続していたが、中国空軍は、さらに奥地の甘粛《かんしゅく》省・蘭《らん》

州《しゅう》で再建を図っていた。

海軍航空隊は、再建中の敵航空兵力を撃滅するため、漢口をはじめ華中方面の航空部隊の約半数を、山西省《さんせい》・運城《うんじょう》基地に進出させ、蘭州方面の攻撃を開始した。

鈴木さんも、十二空戦闘機隊の一部を率いて運城基地に進出した。ここは黄砂がひどく、サングラスにマスクなしではいられないような飛行場だった。空を飛んでも、操縦席に砂が入ってきて、鼻腔もまつ毛も口の中もジャリジャリになる。地上の唯一の目標である黄河が、黄砂に遮《さえぎ》られて上空から見えないことさえあった。

蘭州攻撃で、黄塵《こうじん》の合間から、はるか彼方に赤茶けたゴビ砂漠が見えたとき、

「奥地へ、奥地へと誘いこまれて、とうとうこんなところにまで来てしまったのか、えらい戦《いくさ》になったなあ」

と、鈴木さんは初めて、先行きに対する漠然とした不安を覚えたという。

この頃、日本側は、中国軍の暗号電報をほぼ完全に解読していた。

五月二十六日、敵信傍受でもたらされた情報により、鈴木さんの率いる零戦十一機は、誘導の九八式陸上偵察機一機とともに運城基地を発進、天水《てんすい》の敵飛行場攻撃に向かった。

「天水に行ってみると、敵は一機も見当たりません。我々の来襲を察知して、空中に避退していたようです。しばらく敵機が戻ってくるのを待ちましたが、諦《あきら》めて帰る途中、五機の敵戦闘機と遭遇、たちまち全機を撃墜しました。そして、念のため天水飛行場の上空に戻ってみると、いるわいるわ、十八機の敵機が着陸して、まさに燃料補給の真っ最中なんです。それっと低空に舞い降りて、一機一機、丹念に銃撃を加えて、全機炎上させて帰ってきました」

この日の戦闘に対しても、支那方面艦隊司令長官・嶋田繁太郎大将より、鈴木さんにとって二度めとなる感状を授与された。

漢口に、暑い夏がやって来た。八月十一日、ひさびさの成都攻撃が、真木少佐の指揮下、行われることになり、鈴木さんも第二中隊長として参加することになった。

出撃当日の早朝、鈴木さんは、その日に搭乗する予定の零戦の試飛行に上がった。三十分ほどの飛行で一通りのチェックをして、エンジンＯＫ、機体も異常なし、そう判断して鈴木さんは、脚を出し、フラップを下げ、漢口基地に着陸した。だが、地面が迫り、着地したところで、鈴木さんの記憶は突然、途切れてしまう。

「飛行機がつんのめって逆立ちしたところまでは憶《おぼ》えていますが、後のことはわかりません。気がつくと、なんだか白い人が周りに並んでる。これはどうしたことだろう、と思いました」

鈴木さんが薄目を開けると、誰かが、

「こいつ、生きとるぞ。早く軍医を呼んでこい」

と別の誰かに命じた。

「軍医？……ここは病院かと、初めて事故に遭ったらしいことに気づいた。眼球と口は動きますが、首から下はほとんど感覚がない上に、縛りつけられているようで身動きがとれない。着陸したとき、車輪が回転せず、そのままつんのめる形で転覆したらしい。あわてものの誰かが、『鈴木が死んだ』と隊内電話で知らせ、士官たちが夏軍服に着替えて葬送の準備をしに集まってきてたんです」

首の骨を折る重傷だった。

事故の原因は、車輪のブレーキ部品の錆《さ》びつきによるものと考えられた。黄砂の付着が腐蝕《ふしょく》を早めたのかもしれないが、整備不良であることは明らかである。

漢口での入院は半月以上におよんだ。とにかく体を動かしてはならないということで、首から下の上半身を石膏《せっこう》のギプスで固められ、身動きのまったくとれない状態にされた上で、病室のベッドに寝かされた。昼は四十度にもなる漢口の暑さは耐えがたく、つけっぱなしの扇風機が二台も焼きついた。九月中旬には、対米英開戦準備のため十二空が解隊され、鈴木さんも日本内地の病院に転院することになる。

二度の感状に輝く鈴木さんを、司令部はきわめて丁重に扱った。転院先の希望を聞かれると、鈴木さんは迷わず、「別府」と答えた。大分の官舎には妻の菊子さんがいるし、別府には芸者の菊奴がいる。鈴木のために、陸軍が患者輸送機として使っていたフォッカー輸送機（アメリカ製の単発輸送機、フォッカー・スーパーユニバーサルを中島飛行機がライセンス生産したもの）が用意されることになり、その飛行機にベッドごと積みこまれて、九月十四日、大分基地に移送された。

「そこで一度、ギプスを外されて歩いてみたら、フラフラするけど、歩けることは歩ける。車で別府の海軍病院に運ばれましたが、その日は日曜で、病院には当直の軍医大尉がいるだけでした。その軍医とは、遠洋航海で一緒になって気安い仲だったので、元気を装って、『せっかく帰ってきたんだから、料亭でフグが食いたい』というと、『じゃ、内緒で行ってらっしゃい』と外出させてくれたんです」

鈴木さんは「杉乃井」でフグを食い、ひさびさに菊奴の酌《しゃく》で酒を飲み、深夜、ひそかに病院に戻った。翌朝、軍医が病室に、血相を変えてとんできた。

「お前、たいしたことないって言うから外出を許可したのに、カルテを見たら絶対安静と書いてあるじゃないか。もしもバレたら俺はクビだよ！」

鈴木さんは、ふたたびギプスに上半身を固められ、寝たきりの入院生活を余儀なくされた。

日本有数の保養地であった別府には、訓練を終えた艦隊が入港することが多かった。艦隊が入ると、司令長官や司令官、参謀などが、「視察」と称して、遊びに行くついでに海軍病院を訪れる。十月上旬のある日、支那方面艦隊司令長官から横須賀鎮守府司令長官に親補《しんぽ》されたばかりの嶋田繁太郎大将がやってきた。

「あれ、君にはこの間、感状をやったんじゃなかったか」

「申し訳ありません。事故をやりました」

鈴木さんは頭を掻《か》こうとしたが、ギプスで固定されているので手が届かない。なんともバツの悪い思いがしたという。

嶋田大将はこの直後、十月十八日に組閣された東條内閣で、海軍大臣を務めることになる。

入院先の病院で聞いた開戦のニュース。首に故障を抱えたまま最前線へ

「臨時ニュースを申し上げます、臨時ニュースを申し上げます。大本営陸海軍部、十二月八日午前六時発表。帝国陸海軍は、本八日未明、西太平洋において、米英軍と戦闘状態に入れり」

ラジオが告げる開戦のニュースを、鈴木さんは、別府海軍病院の病室で聴いた。着陸事故で頸椎《けいつい》骨折の重傷を負って三ヵ月半、上半身のギプスがようやく取れ、首に固定具をつけているものの、自力で起き上がれるようになった頃であった。

ハワイの「決死的大空襲」が、ラジオで報じられる。母艦から発進したということは、進藤三郎大尉や志賀淑雄大尉、飯田房太大尉ら、旧知の搭乗員が活躍しているのであろうことは、容易に想像がつく。

見舞いにやってきたクラスメートで呉海軍航空隊分隊長の山下政雄大尉の話では、フィリピン空襲には台湾の第三航空隊、台南《たいなん》海軍航空隊が参加しているらしい。中国の空で一緒に戦った十二空の部下たちの多くは、三空に編入されている。緒戦の捷報《しょうほう》を聞くたび、彼らの顔が心に浮かんで、鈴木さんはいてもたってもいられない気持ち

になった。

遠洋航海でこの目で見てきたアメリカの強大な国力を思えば、米英を相手に戦争するなど、無謀きわまりないとは思う。しかし鈴木さんは、軍人として、戦闘機隊の指揮官として、国の一大事にこのままベッドの上で寝ているわけにはいかないと思った。

鈴木さんは、病室で体を動かし、ひそかにリハビリに励んだ。そして昭和十七（一九四二）年の早春、まだ首は回らず、両手に痺《しび》れは残っていたが、病院を抜け出して呉鎮守府へ、転勤の直訴に赴いた。

「飛行機に乗れなくても、地上で教えるぐらいならできる。どこかの練習航空隊の教官にしてください」

じつは、この大いくさを始めるにあたって、海軍航空隊の内情はお寒い限りである。たとえば、戦闘機隊の分隊長を務めるべき大尉の定員は、母艦、基地航空隊、内地航空隊を合わせて三十八名だったが、じっさいには入院中の鈴木さんをふくめ三十七名と、はなから定員割れの状態だった。しかもすでにそのなかから戦死者も出ていて、要するに人が足りない。

海軍にとっても渡りに船だったのだろう、まもなく、鈴木さんに大分海軍航空隊分隊長兼教官の辞令が出た。昭和十七年二月一日のことである。

大分空は、戦闘機搭乗員となるための仕上げの訓練を行う部隊だけあって、教官（准士官以上）、教員（下士官）には名うてのベテラン搭乗員が揃っている。だが、零戦は前線に送る分で手一杯で、大分空では、まだ複葉の九五戦、単葉固定脚の九六戦が使われていた。

鈴木さんは、さっそく九六戦で慣熟飛行を始めた。半年ぶりに乗る戦闘機は、以前とまったく変わりなく、意のままに動いてくれた。

飛べるとなったら、とことん腕を試したくなる。鈴木さんは、大分空の教官、教員たちに、

「これから、俺が一番機で、九機編隊の宙返りをやる」

と宣言した。それ以来、飛行学生、練習生の飛行訓練が終わったあと、鈴木さんが大分空の教官、教員を引きつれて編隊飛行の訓練を行うのが日課になった。

鈴木さんは昭和十七年十月二十日付で大分空の飛行隊長に昇格、十一月一日には少佐に進級。そして、満三十三歳の誕生日を目前に控えた昭和十八（一九四三）年四月

一日付で、第二〇二海軍航空隊飛行隊長に発令された。行き先は、蘭印セレベス島の南東部に位置するケンダリー基地である。

「二〇二空は、大陸でぼくがいた十二空をもとに編成された第三航空隊が、昭和十七年十一月一日に改称された航空隊です。

開戦以来、フィリピンから東南アジア一帯を転戦してきた部隊で、きわめて練度の高い歴戦の勇士が揃っていました。司令は、大分空時代に副長だった岡村基春中佐だし、搭乗員も整備員も、支那事変以来の古い連中が大勢いて、若い搭乗員も、その多くは大分空での教え子だから、やりやすかったですね」

二〇二空は、ケンダリーを拠点に、セレベス島マカッサル、西部ニューギニアのバボ、チモール島クーパン、アンボン島アンボン、西部ニューギニアの南に位置するケイ諸島のトアール、ラングール、バリ島デンパサルなど東南アジア各地の航空基地に、必要に応じて零戦数機ずつの派遣隊を置いている。

この頃、オーストラリア空軍は豪州北部のダーウィンを拠点に戦力を増強し、蘭印の日本軍占領地に、連日のように爆撃機による夜間空襲をかけてくるようになっていた。

ダーウィンは天然の良港といえる入り江（ポートダーウィン）に面した港湾都市で、蘭印、西部ニューギニアに近く、連合軍の重要な反攻拠点となり得る位置にある。

昭和十八（一九四三）年一月には、日本軍の空襲を撃退するべく、スーパーマリン・スピットファイアMk・V戦闘機で編成された三個飛行隊約百機が豪州に派遣され、それまで豪州本土の防空を担っていた米陸軍のP－40と交代する形でダーウィン地区に展開したことが敵信傍受で明らかになった。

ダーウィン地区に展開したのは、オーストラリア空軍（RAAF－Royal Australian Air Force）に属する第四五二、四五七飛行隊とイギリス空軍（RAF－Royal Air Force）に属する第五四飛行隊で、この三隊で第一戦闘航空団を編成している。航空団指揮官は北アフリカ戦線で二十機を超えるドイツ軍機を撃墜した豪州空軍の英雄、クライブ・R・コールドウェル中佐。パイロットの多くも北アフリカ、ヨーロッパ戦線での実戦経験者が揃っている。これまでアメリカ製戦闘機・カーチスP－40を装備し、ニューギニア戦線で零戦に対し苦杯をなめ続けていたオーストラリア空軍にとって、まさに切り札ともいえる精鋭部隊であった。

「欧州でずいぶん活躍して威張《いば》っている部隊が来たそうだ、という情報はありました。ダーウィンには物資が集積されていて、ここから連合軍が反攻してくるにちがいない。それを潰《つぶ》すのがわれわれの当面の課題でした」

「総員、髭《ひげ》を伸ばせ」名指揮官の元、「ヒゲ部隊」誕生

スピットファイアは、昭和十五（一九四〇）年、ドイツ空軍の空襲をイギリス本土上空で迎え撃った「バトル・オブ・ブリテン」と呼ばれる戦いで、メッサーシュミットBf109など優勢なドイツ機を相手に一歩も引かず、ホーカー・ハリケーンとともに母国の空を守りきった戦闘機で、「救国の名機」とも呼ばれる。

性能は、零戦二一型の最大速度が二百八十八ノット（時速約五百三十三キロ）なのに対し、スピットファイアMk・Vのほうが三百十八ノット（時速約五百八十九キロ）と三十ノットも速く、カタログスペック上では上昇力も勝っている。だが、航続距離を比べると、スピットファイアは通常だと増槽（航続力を伸ばすための落下式燃料タンク）をつけた零戦の四分の一程度、四百三十浬《カイリ》（約八百キロ）しか飛べない。武装は、スピットファイアは主翼によってさまざまなバリエーションがあるが、豪州に送られてきたMk・Vbと呼ばれる機体は二十ミリ二挺《ちょう》、七・七ミリ四挺の

機銃が装備されており、この点では零戦と大差はなかった。データで見る限り、スピットファイアが日本側基地に飛んでくることは不可能だが、向こうのホームグラウンドで邀撃《ようげき》されると、相当な苦戦が予想された。

昭和十八(一九四三)年三月二日、二〇二空零戦隊と豪州空軍スピットファイア隊との戦いの幕が切って落とされた。この日、鈴木さんの前々任の飛行隊長・相生《あいおい》高秀少佐の指揮する零戦二十一機はクーパン基地を出撃、四百五十浬(約八百三十三キロ)を翔破《しょうは》して、豪州本土、ダーウィン南郊のバチェロール飛行場を銃撃した。地上にあった十機を撃破して帰途につこうとしたところ、敵戦闘機九機と遭遇、空戦に入る。日本側の記録によると、このときの敵機はベルP−39エアラコブラ五機、ブリュースターF2Aバッファロー四機とあるが、豪側の記録ではこの日、零戦隊を迎え撃ったのはコールドウェル中佐率いる第五四飛行隊のスピットファイアMk・Vである。二十分におよぶ空戦で、日本側は六機、豪州側は三機を撃墜したと報告したが、実際にはどちらの飛行機も一機も墜ちておらず、まずは互角の勝負に終わった。

続いて三月十五日、相生少佐が転出し、鈴木さんが着任するまで一ヵ月だけ飛行隊長を務めた小林實大尉の率いる二〇二空零戦隊二十七機が、第七五三海軍航空隊の一式陸上攻撃機二十二機を掩護《えんご》してダーウィンを空襲、迎え撃つスピットファイア数十機と空戦となり、うち十五機を撃墜したと報告している（豪空軍記録ではスピットファイア四機喪失）。零戦の損失は、田尻清治二飛曹機一機が行方不明。田尻二飛曹は、この出撃の数日前までマラリアで入院していた。

鈴木さんが輸送機でケンダリー基地に着任したのは、この直後のことである。さっそく、第二十三航空戦隊（二十三航戦）司令官・石川信吾少将、三〇二空司令・岡村中佐、協同作戦を行う陸攻隊の七五三空司令・梅谷薫大佐らと今後の作戦の打ち合わせが行われた。

二十三航戦の航空参謀は、真珠湾攻撃で第一次発進部隊制空隊指揮官を務めた板谷茂少佐が務めている。司令部の状況分析によると、昭和十八（一九四三）年四月初頭における敵空軍の情勢は、先に展開していたスピットファイア部隊以外にも、

①豪州北西部に四発重爆、コンソリデーテッドB－24が出現、兵力は概《おおむ》ね三十二機程度である

②双発爆撃機はノースアメリカンB－25が出現、若干数の双発戦闘機もあわせて、双発機は八十機程度が配備されていると見られる

と、着々と戦力を増強していることが見てとれるものだった。

そこで、石川司令官は、特に蘭印の日本軍拠点にとって脅威となるB－24を壊滅させ、整備されつつある敵の新しい飛行場を事前に潰すべく、先制攻撃をかけることを決断した。実施時期は四月三十日と決まった。石川少将は二〇二空零戦隊、七五三空陸攻隊に、それまでに十分の訓練を積むことを命じた。

石川少将は、戦前より対米強硬派で知られ、ナチス・ドイツを信奉し、日本の軍備拡大を主張、海軍部内でも右翼的な政治活動の目立つ人物として問題視する向きもあった。昭和十五（一九四〇）年十一月、海軍省軍務局第二課長となり、海軍国防政策第一委員会の中心的人物として、「日独伊三国同盟の堅持」「南部仏印進駐」などの強硬論を唱え、日本を太平洋戦争に導いた張本人の一人と目されている。しかし司令官としての石川少将は、積極果敢で部下の動かし方、戦争の戦い方を心得た、有能な指揮官として人望があった。

訓練の実施に先立ち、石川少将はケンダリー基地に全搭乗員を集めて司令官としての訓示を行った。

「生死は神に委《ゆだ》ねよ。敵の撃滅に全力を尽くせ。諸君をむだ死にさせぬよう俺が全力を尽くすから、信頼せよ。生命を大切にせよ。自爆するのは勇者にあらず。攻撃が終わったら必ず生きて帰れ。大東亜建設はお前たちの屍《しかばね》で築くのではなく、敵の屍、敵機の残骸で築くのだ。作戦の意義を考えよ。ニューギニア東部の敵の反攻に対して二十三航戦はこれを牽制する重要な役割を果たしている」

鈴木さんはすぐに、零戦隊の訓練にとりかかった。だが、部下となった搭乗員のほとんどは百戦錬磨のベテランで、初歩的な単機空戦から訓練を始める必要はない。そこで鈴木さんは、いきなり全機全力をもっての編隊空戦の訓練を行うことにした。

幸い、二〇二空の拠点・ケンダリー基地は南方の油田地帯に近く、燃料はいくらでもある。鈴木さんの考えた編隊空戦訓練は、これまでの海軍戦闘機隊に例を見ない大規模かつ斬新なものであった。

「零戦を、二十数機ずつの二隊に分け、一隊はぼくが指揮してケンダリー基地から、もう一隊は分隊長・山口定夫中尉や塩水流《しおずる》俊夫中尉が指揮して二百浬（約三百七十キロ）離れたマカッサル基地から、それぞれ燃料満載、機銃弾全弾装備の戦闘準備が完了した状態で発進する。互いにいかに相手を早く発見するか、列機が敵機を発見した場合、どのようにしてそれを指揮官に伝えるか、指揮官は味方編隊をいかに有利な態勢に誘導するか、太陽をいかに利用するか、雲のあるときはどうするか、などなど、個人技よりもチームワークに重点を置いた訓練です。

これは、主に指揮官クラスを訓練するのが目的だったんですが、そんななか、敵機発見の早い者を見出して指揮官の列機につけたりもしました。戦闘機同士の訓練だけではなく、七五三空の一式陸攻隊と合同で、いかに敵戦闘機の邀撃から陸攻を掩護するか、また立場を逆にして陸攻を敵爆撃機、掩護戦闘機を敵戦闘機に見立て、いかに敵戦闘機の妨害を排除して敵爆撃機を攻撃するかという、実戦さながらの襲撃訓練も行いました」

指揮官の技倆《ぎりょう》は、離陸して編隊を集合するとき、列機にもたちどころに伝わる。ケンダリーを離陸して二十七機の大編隊を組むときでも、鈴木さんが一番機として先頭に立つと、列機は不思議と集合がしやすかったという、元隊員たちの証言がある。

連日、零戦全機に燃料、機銃弾を満載し、酸素ボンベをつめ、完全装備で準備しなければならない整備員のなかには過労で悲鳴を上げるものもいたが、「これも戦闘に勝つためだ」と、鈴木さんはあえて心を鬼にした。

「大編隊による訓練を何度か繰り返し、もう大丈夫だと確信が持てるようになったとき、搭乗員たちを集め、『以後、総員が髭を伸ばせ。思い思いの形でよろしい』と命じました。『わが隊は、今後豪州ポートダーウィンへの攻撃を再開する。スピットファイアは零戦の好敵手となるだろう。だがお前たちは、技倆では絶対に敵に負けない。このさい、見た目でも敵を圧倒してやろうじゃないか』ってね」

鈴木さんが言うまでもなく、戦地では水が不自由なこともあり、隊員には無精髭を生やしている者が多い。だが、飛行隊長が命じたことで、搭乗員たちの髭は無精髭ではなく部隊が結束するシンボルになった。その後、二〇二空の零戦搭乗員は、「ヒゲ部隊」と称して、戦闘だけでなく夜の町でも数々の武勇伝を残すことになる。

二〇二空の搭乗員は総じて気性が荒く、陸軍の兵隊に喧嘩《けんか》をふっかけたり、酒に酔って憲兵とトラブルになったりと、部下の行状に関する苦情はしょっちゅう寄せられるが、鈴木さんは、実戦に差し支えることがない限り、部下たちが多少ハメを外すことがあっても黙認し、ときには戦地で貴重品であった内地の煙草《たばこ》や清酒を手土産に、喧嘩の相手に謝りにも行った。

「戦争は、勝てばいいんだ。いくら行儀がよくても、実戦に弱いやつはいらない」

というのが、鈴木さんの信念だったのだ。

零戦隊の分隊長は、長身でスマート、快活な山口中尉、背は低いが豪快で野武士的な塩水流中尉、いずれも二十代半ばで好対照の二人の海兵出身士官が務め、分隊士には操縦歴が十年を超える宮口盛夫少尉、支那事変以来歴戦の小泉藤一《ふじかず》少尉、空母「加賀」零戦隊の一員として真珠湾攻撃に参加した石川友年飛曹長、開戦劈頭《へきとう》のフィリピン空襲に参加して以来ずっと戦地暮らしの坂口音次郎飛曹長らがいる。鈴木さんは、彼ら分隊長、分隊士クラスの搭乗員を集めて、

「この戦争が正しいかどうか、そんなのは後世の歴史家が判断することだ。ここは学校じゃないから、国のため、天皇陛下のため、家族を守るため、そんな観念的なことは論じなくていい。われわれは、敵に勝つためだけに訓練を行う。空戦になれば、向かってくる敵機を叩き墜とす、それだけを考えろ。目の前の敵機との戦いに全力を尽くせ。戦争は、始まった以上は勝つしかないからな」

と自らの考えを述べた。その考え方は、やがて全搭乗員に浸透していった。

豪州の最前線で、英国の名機・スピットファイアを圧倒

ダーウィン空襲に備え、二〇二空が猛訓練を重ねている間にも、敵爆撃機による日本側基地への爆撃は間断なく続いていた。昭和十八（一九四三）年四月二十四日の夕暮れ、ケンダリー基地はオーストラリア本土から飛来したB－24九機による空襲を受ける。これまで敵機の来襲はほぼ夜間に限られていたから、ちょうど日本側の警戒の

うすい時間で、奇襲を食った形になった。

この爆撃で零戦三機、一式陸攻四機、ガソリンのドラム缶千三百本が炎上し、零戦五機、陸攻四機が大破、死傷者十六名を出す損害を受けた。十九機の零戦が邀撃に発進したものの、二機が離陸のさいに衝突し、搭乗員二名が戦死した。

「やりやがったな！」

鈴木さんは、この報復を心に誓った。

空襲による被害で、四月三十日に実施予定だったダーウィン空襲は五月二日に延期される。五月一日、零戦隊と陸攻隊は、豪州本土に近いチモール島西端のクーパン基地に進出した。緑が多く牧歌的な雰囲気のケンダリー基地とちがい、クーパン基地は滑走路の土がむき出しの、いかにも前線を実感させる殺風景な飛行場だった。石川司令官も、自ら陸攻に乗り込みクーパン基地に進出し、作戦の重要性と司令部の期待の大きさを身をもって搭乗員たちに伝えた。

明けて五月二日朝六時。鈴木さんの率いる二〇二空零戦隊の二十七名の搭乗員と、平田種正少佐が指揮する七五三空の一式陸攻二十五機、百七十五名の搭乗員がクーパン基地に整列する。先ほどまで轟々《ごうごう》と聞こえていた試運転のエンジン音がやみ、一瞬の静寂がおとずれる。基地の上空は快晴、熱帯とはいえ早朝の空気は眠りから覚めたばかりの肌には冷たく感じられた。

「成功を祈る」

という、石川司令官の簡潔な訓示を受ける。素焼きの杯に御神酒《おみき》を注ぎ、司令官の「別杯」の音頭に全搭乗員がいっせいにそれを飲み干し、地面に叩きつけて割る。鈴木さんは、司令官に敬礼すると搭乗員たちのほうへ向き直り、「かかれ！」と号令をかける。中隊長としてそれぞれ九機を率いる山口、塩水流両中尉も列機の搭乗員に向かって「かかれ！」と復唱する。搭乗員たちはきびすを返して、それぞれの乗機に向けて歩いてゆく。

搭乗員のなかには、日の丸の鉢巻《はちまき》を飛行帽の上に締めて決意のほどを表している者もいるが、ほとんどの者はふだんの訓練と変わりない様子で、談笑しながら乗機に向かうその姿には、余裕さえ感じられた。

午前六時五十分、陸攻隊が離陸を開始する。陸攻のほうが航続力があり、巡航速度も遅いので、敵戦闘機が来る心配がなければ、若干先行させるほうが効率がよい。

七時半、鈴木さんが操縦する二〇二空の一番機が離陸滑走を開始した。零戦は、この時期のラバウル・ソロモン方面の零戦のような緑色の応急迷彩は施されておらず、明るい灰色塗装のままである。零戦隊は陸攻隊と合流すると、高度を四千メートルにとる陸攻隊の後上方千メートルの位置に編隊を組み、スピードを合わせるため蛇行しながら一路、ダーウィンに向かった。

東南東に飛ぶこと約二時間、バサースト島手前百浬（約百八十五キロ）の地点で編隊は徐々に高度を上げ始め、陸攻隊は高度八千メートル、零戦隊は九千メートル近くにまで上げる。ここで、陸攻隊の後尾の中隊長機が、酸素吸入器の氷結のため引き返した。飛行機同士の無線連絡がうまく伝わらず、後続の五機の陸攻も、事情がわからないまま中隊長機にならって引き返す。さらにエンジン不調で一機が引き返し、結局、陸攻は十八機になった。陸攻の機数が減ったのは残念だが、敵地は近い。酸素マスクもものものしい零戦隊の搭乗員たちは、ピッタリ編隊を組んだ列機と目と目でうなずきあう。

「せっかく伸ばさせた髭が、酸素マスクで見えないな」

と、鈴木さんはふと思ったという。高度九千メートルの気温はマイナス二十度を下回る。鈴木さんの口髭も酸素マスクの下、吐く息で凍り始めている。

ポートダーウィンの入り江が見えると陸攻隊はふたたび高度を下げはじめた。敵の対空砲火が編隊のすぐ下で花火のように炸裂《さくれつ》する。高度七千五百メートルで、陸攻隊は入り江の東側にあるダーウィン東飛行場に爆撃を開始した。ときに九時四十分。

陸攻隊は、二百五十キロ陸用爆弾三十六発と六十キロ陸用爆弾九十発、さらに七十キロ焼夷《しょうい》弾十六発を投下、爆弾のほとんどは飛行場の敵施設に命中し、五ヵ所で大火災が起きるのが確認された。また飛行場をはずれた六十キロ爆弾六発によって、一ヵ所から大きな火柱が上がった。

「爆撃を終了し、陸攻隊が海上に避退をはじめたとき、ぼくの左後ろについていた二番機・橋口嘉郎一飛曹が七ミリ七機銃を撃ちながら前に出てきて、小刻みにバンクを振った。敵機発見の合図です。ぼくは首が左に回らないので、二番機が敵機を発見した場合、ややオーバーアクション気味に前に出て知らせるよう、あらかじめ言い渡していました」

橋口一飛曹の指差す方向を見ると、スピットファイアが約十機ずつ、三つの編隊に分かれて上昇してくるのが見えた。

「ああ、来よるな」

高度がこちらのほうが優位なこともあって、鈴木さんは自分でも不思議なほど落ち着いていた。瞬時に太陽の向きと敵味方の速度を計算し、右手で燃料コックを「増槽」から主翼のタンクに切り替えると、レバーを引いて増槽を落とし、翼を大きく振って「突撃準備隊形」を列機に令した。左右後方に位置する山口、塩水流両中隊長も小刻みにバンクを振って「了解」を伝える。続いて鈴木さんは、右バンクを振って塩水流中隊に陸攻隊につくように命じる。塩水流中隊八機は、翼を翻《ひるがえ》して陸攻隊の後を追った。鈴木さんは残る十八機の零戦を率い、敵機が陸攻隊に取りつく前に有利な態勢から攻撃しようと、編隊を率いてぐんぐん太陽の方向に回っていった。

豪空軍はバサースト島のレーダーで日本機の来襲を予知し、ダーウィン、シュトラウス、リビングストンの三つの飛行場から三個飛行隊三十三機のスピットファイアを発進させ、優位な態勢で迎え撃とうとしたが、日本側の爆撃開始が予想より早く、後手に回ってしまった。指揮官・コールドウェル中佐は、零戦隊が優位にあるので攻撃の機会を我慢強く待ち続け、日本側の編隊が帰途について高度を下げるところを狙おうとしていた。

こうして、鈴木少佐とコールドウェル中佐、ともに一九一〇年生まれの二人の指揮官による戦いが始まった。鈴木さんには、陸攻隊の帰途を狙おうとするコールドウェルの意図が手にとるようにわかった。互いに太陽の方向に回りこもうとするから、しばらくは大きく旋回しながらにらみ合いのような駆け引きが続く。鈴木さんは、敵機との間合いをじりじりと詰めながら、味方陸攻隊の動きも観察している。

「やがて追い風に乗った陸攻隊が速度を上げて帰投コースに入り、一部の敵機が陸攻隊を追おうと針路を変えたのを見届けて、バンクを振って突撃を下令しました」

零戦隊は優位な高度から急降下し、スピットファイアに襲いかかった。

「戦闘機の編隊は、味方も敵も、指揮官機(一番機)が先頭を飛ぶ。編隊同士の空戦では、指揮官機が敵の指揮官機を狙わなければ、あとに続く列機が敵編隊を攻撃する態勢に入れない。指揮官機が敵の末端の飛行機を狙うと、続く列機は敵機に追いつけないからです。まず敵の指揮官機を狙うことで味方の攻撃を容易にし、なおかつ敵編隊を攪乱《かくらん》する、これが編隊空戦の王道でした。ぼくは敵の指揮官機をOPL照準器に捉えて一撃をかけましたが、敵機は間一髪で左に機体を滑らせ、急旋回して射弾を回避しました。うまい操縦だな、と思いましたよ」

こいつを追いかけて二撃目を加えたいところだが、指揮官機が自ら乱戦に巻き込まれることは避けなければならない。鈴木さんは二番機、三番機の二機を連れて、空戦圏の千メートル上空まで上昇し、空戦状況の監視にあたった。

「部下は優秀、戦争の仕方は百戦錬磨。非常に気が楽でした。自分で敵を墜とす必要は有利な態勢に誘導し、無事に連れて帰るのが指揮官の仕事。敵発見のあと、部下をありません。最初の一撃をかけたら、あとは部下に任せて、そのまま上空に上がって全般を見ます。自分がグルグル格闘戦に入ったら、なにがなんだかわからなくなりますからね。列機二機をしたがえて、ピンチになった味方機を助けたり、こっちに向かってくる敵機には、列機がスッと離れて行ってそいつを撃ち墜とし、すぐにぼくの横に戻ってくるという具合で、危なげなかったですね」

スピットファイアは、果敢に格闘戦を挑んできた。態勢を立て直した五四飛行隊は逆に高度をとって垂直に近いダイブで零戦隊を襲い、そのまま組んずほぐれつの格闘戦に入った。コールドウェル自身が率いる四五二飛行隊も、空戦の輪の中に突入してきた。陸攻隊に挑んだ四五七飛行隊の十一機は、塩水流中隊の反撃で攻撃をはばまれ、陸攻に射撃ができたのは四機だけだった。

「スピットファイアはスマートで、全くすばらしい飛行機だと思った。上昇力は零戦と大差なさそうだが、スピードははるかに速く、特に降下に入ると驚くほど速い。ただ、旋回性能は零戦のほうが圧倒的に優れているらしく、格闘戦に入った零戦はみな、簡単に敵機の後ろについています」

碧《あお》いアラフラ海に、炎上する飛行機のオレンジ色の火焔《ほのお》と、噴き出す黒煙が幾筋も立ち昇った。

「飛行機が急旋回するとき翼端からツーッと引く飛行機雲、ガソリンの霧を白く吐きながら下降するスピットファイア。いくつかの黄色いパラシュートが水母《くらげ》のように空に開く。飛行機が墜ちると海面に水柱が立ち、やがて白い波紋が広がる。それは、まるで海に大きな花がいくつも咲いたかのような美しい光景でした……」

空戦は、十五分で決着がついた。もはや見渡すかぎり空中に敵機の姿はなく、飛んでいるのは零戦のみである。格闘戦で高度が下がり、海面すれすれを飛んでいる者もいる。鈴木さんは上空で大きくバンクを振って、「集合」を令した。

零戦は、一機も欠けていなかった。それぞれ、風防のなかでニコニコしながら、指を一本、二本と立てて、撃墜した敵機の数を示している。

午後二時、クーパン基地に全機が帰還。陸攻隊も、七機が被弾したものの午後四時半までに全機が無事帰投した。

鈴木さんが搭乗員たちの戦果を集計すると、撃墜したスピットファイアは二十一機（うち不確実四機）にのぼった。零戦隊の損害は、七機が被弾したのみだった。

「敵機を撃墜したのはもちろんですが、零戦隊、陸攻隊ともに一機の損失もなく任務を果たせたことが、なにより嬉しかった」

と、鈴木さんは回想する。整列した搭乗員たちに、石川司令官は、

「戦闘機隊の掩護と空戦結果は見事である。陸攻隊の弾着も良好であった」

と、賛辞を贈った。

豪空軍の記録によると、昭和十八（一九四三）年五月二日の空戦によるスピットファイアの損失は、海上に撃墜されたもの五機（パイロットの死亡二名）、さらに燃料不足で五機、エンジン故障で三機、合計十三機であった。遠距離を飛んで攻めていく側の零戦が燃料に余裕を残していたのに対し、スピットファイアのほうがホームグラウンドでの邀撃戦で燃料不足をきたしたというのは不思議な構図である。豪側は、日本機十機（うち不確実四機）を撃墜したと報告している。このように、空戦の戦果の判定に敵味方で相当の開きが出るのはめずらしいことではないが、この空戦での実際の損失機数を比べると、十三対ゼロという、零戦の一方的勝利であった。豪空軍司令部はただちに、

「戦闘機隊の被害は甚大」

と、事実上の敗北宣言を発し、この日の戦訓から以後、零戦との格闘戦をなるべく避けることを決定している。

ただ、豪空軍もやられっ放しでいるわけではなかった。この日、祝杯を挙げた直後のクーパン基地に、ブリストル・ボーファイター双発戦闘機三機が来襲。低空で銃撃を加え、零戦二機を炎上させたうえ、緊急発進した五機の零戦の追撃を振り切って逃げ去った。夜になるとB－25爆撃機四機が単機ずつ来襲し、夜間戦闘機のないクーパン基地の周囲に爆弾を降らせ続けて搭乗員を眠らせなかった。

「敵ながら天晴《あっぱ》れな闘志だ」

と、鈴木さんは思った。敵の戦意が旺盛であればあるほど、こちらの闘志もふつふつと湧いてくる。

豪州本土奥地への片道九百キロを超える長距離爆撃を掩護

昭和十八年五月十日、二〇二空司令・岡村基春中佐は、宮口盛夫少尉の率いる零戦九機に、敵爆撃機が発進したと思われる、豪州本土・ダーウィンの東方三百浬（約五百六十キロ）の位置にあるステワード（ミリンギンビ）飛行場の強行偵察と銃撃を命じた。チモール島のクーパン基地からでは遠すぎるので、宮口隊はクーパンの東六百浬（約千百十キロ）ほどのところにあるケイ諸島ラングール基地に進出、そこから発進している。

宮口隊は、午前九時二十分、ステワード上空に到着。六機が地上の敵機を銃撃している間に、宮口少尉の小隊三機は、邀撃してきたスピットファイア七機と空戦、うち六機を撃墜したと報告している（豪側記録では喪失一機）。宮口機は敵機に撃たれ、火災を起こしたが運よく火が消え、無事生還。しかし、引き揚げようとしたところで海上から対空砲火を撃ち上げてくる小型船を発見、これを銃撃した酒井國雄一飛曹機が被弾して船に突入、自爆。もう一機も被弾、海上に不時着した。

ラングール基地からは、五月十三日にも、ステワード飛行場の上空制圧に、石川友年飛曹長が率いる零戦九機、二十八日にはステワード飛行場を爆撃する陸攻隊の直掩で、石川飛曹長以下零戦七機が出撃。二十八日にはスピットファイア六機と空戦、うち二機を撃墜している。零戦隊による次の大規模な出撃までの、小競り合いの時期と言っていい。

鈴木さんが、ふたたび零戦隊を率いて豪州本土に飛んだのは六月二十八日のことである。これに先立って、二〇二空零戦隊は、飛行距離を少しでも縮めるため、チモール島の東端に新設されたばかりのラウテン飛行場に進出した。これにより、ダーウィンまでの距離が百浬（約百八十五キロ）ほど近くなった。ラウテンは、波打ち際に沿った道路をそのまま滑走路として使用し、立ち木や雑草などの植物も残し、上空からは一見して飛行場だとはわからないよう、巧妙に偽装された秘密基地だった。

この日、ラウテン基地を発進した鈴木さん率いる零戦二十七機は、クーパン基地を発進した一式陸攻九機と合流、ダーウィン上空へと向かった。

陸攻隊は、豪軍が兵舎として使っているとの情報があったダーウィンの鉄道工場を爆撃、黒煙が二ヵ所から上がるのを確認した。このとき、対空砲火を受け陸攻一機が被弾、左エンジンから発火したものの、新たに装備された、液化炭酸ガスによる自動消火装置が作動し、消火に成功している。

爆撃が終わり、陸攻隊が海上に避退しようとしたところに、スピットファイア約十機が襲いかかってきた。機数が少ないので、別の敵機が追い討ちをかけてくるのではないか、と鈴木さんは判断し、坂口音次郎飛曹長、野田光臣上飛曹の率いる二個小隊六機だけをこれに向かわせ、引き続き警戒態勢をとる。敵機に向かった零戦隊はスピットファイアと約十分間、激しい空戦を演じ、三機の撃墜（うち不確実二機）の戦果を報告した。零戦隊は野田小隊の三機が被弾し、一名が重傷。鈴木さんが警戒した後続の敵機は現れなかった。豪空軍の記録によると、この日、スピットファイア四十二機が出撃したものの、情報が錯綜《さくそう》したため一部しか日本機と遭遇できず、空戦で一機を失ったのと引き換えに零戦四機を撃墜、陸攻二機を不確実撃墜したという。双方の実際の喪失機数は、スピットファイア一機、零戦ゼロであった。

「この日のスピットファイアは、以前にも増して戦意が旺盛で、また格闘戦に入ることをなるべく避けようとしているように見えました。零戦隊は全機帰還したとはいうものの負傷者も出て、敵は五月の空襲のときより相当手ごわくなっているのはまちがいないと思いましたね」

と、鈴木さんは回想する。

その頃、ダーウィンから南南東約八十浬（約百五十キロ）の内陸に位置するブロックスクリークには、米軍のコンソリデーテッドB－24重爆撃機が大増勢されていた。B－24は爆弾二・三トンを積んだ状態で千八百浬（約三千三百三十キロ）もの長大な航続力を誇り、これにより、セレベス島全域からボルネオ島南部にいたるまでの広い範囲が空襲の危機にさらされることになった。六月二十三日には、セレベス島の日本軍拠点の一つであるマカッサルが、初めてB－24十七機による昼間空襲を受けている。

この事態を受けて、第二十三航空戦隊司令官・石川信吾少将は、麾下《きか》の二〇二空零戦隊、七五三空陸攻隊をもってブロックスクリークを攻撃することを決断、六月二十九日、クーパン基地に司令官、参謀、航空隊司令以下の士官が集まり、作戦会議がもたれた。

ダーウィン付近に敵戦闘機が集結している以上、そこからさらに奥にあるブロックスクリークを攻撃するには、大きなリスクがともなう。ダーウィンとブロックスクリークの間には十指にあまる飛行場が整備されていると推定されていて、往路、復路ともに敵戦闘機のホームグラウンド上で邀撃され、波状攻撃を受ける恐れがあった。しかも、ダーウィンよりもさらに遠距離となるので、いかに長大な航続力を誇る零戦でも、空戦可能な時間は限られてしまう。先任参謀・河本広中《こうもとひろなか》中佐、航空参謀・板谷《いたや》茂《しげる》少佐以下、幕僚、指揮官の多くがこの作戦に反対した。石川司令官はこれに対し、

「絶対にやる。俺が指揮して行くから、飛行機を用意せよ」

と、断固として言い放った。そして、自ら航空図を開いてコンパスを当て、ダーウィンを中心に百浬（約百八十五キロ）の円を描き、続いてダーウィンへの入り口に当たるバサースト島を中心とする百浬の円を描いた。ダーウィンを中心とする円は、スピットファイアの邀撃圏内、バサースト島を中心とする円は、敵のレーダーの探知圏

内を示す。石川少将は言った。

「これらの円にクーパンからの接線を引け。その接点からまっすぐブロックスクリークに進撃する。攻撃を終えたらまっすぐ海に出よ。被弾した機はどこでもよいから不時着せよ。クーパンに帰ると限るな。あとの収容は俺がやる」

確かに、石川少将の言う接線を飛べば、敵の警戒圏ぎりぎりのところからブロックスクリークに進入できる。だが、海上を遠く迂回《うかい》することによって飛行距離がさらに長くなり、前進基地のラウテンから飛んでも片道が五百浬（約九百三十キロ）をゆうに超える。参謀たちは顔を見合わせた。できるかできないか、あとは零戦隊を直接率いる鈴木さんの決断次第である。

「これは、できるかできないかじゃない。やるしかない、と思いました。ここで敵爆撃機を叩いて空襲を未然に防がなければ、やがて大きな損害につながるのは目に見えていましたからね」

と鈴木さんは回想する。

黙って司令官や参謀のやりとりを聞いていた鈴木さんが、

「やりましょう」

と口火を切ると、石川司令官が、我が意を得たように力強くうなずいた。河本、板谷両参謀は、驚いたような顔で鈴木さんを見たという。

「隊長、どうだ、確信が持てるか」

石川少将が聞いた。鈴木さんは、頭の中ですばやく計算して、

「ラウテンから発進するなら大丈夫です。敵の哨戒圏を迂回しても、ブロックスクリーク上空で十分間、空戦ができます」

と答えた。傍らに控えた塩水流中尉が一瞬、不安気な表情を浮かべて何か言いかけたが、鈴木さんはすかさず、

「できるさ！」

と、小声だが気迫のこもった口調でそれを制した。

鈴木さんの言葉に勇気づけられたように、陸攻隊指揮官・平田種正少佐をはじめ、会議に参加していた指揮官たちが次々と「やりましょう！」と立ち上がった。こうして、会議の翌六月三十日、ブロックスクリーク攻撃は決行されることになった。石川少将は、なおも自らが陣頭指揮することに意欲を見せたが、

「司令官が行くとなると、麾下の二〇二空、七五三空の司令も出撃しないといけない。そうなると飛行機が足りなくなる」

と、参謀たちが押しとどめた。その日の夕方、鈴木さんはラウテンに戻り、作戦に

ついて搭乗員に指示を与えた。それは、

「敵地の奥深くまで進攻するので、何度も空戦が起こる可能性がある。だから向かってくる敵だけを相手にし、逃げる敵を深追いはするな。陸攻隊が爆撃を終えるまでは、多少不利な態勢になろうとも、絶対にこちらから攻撃を仕掛けず、隠忍自重、ただ陸攻隊の掩護を第一義に考えよ」

というものだった。こんどの出撃はいままでとは違う。六月二十八日の空戦を見ても敵は零戦との戦い方をかなり研究してきているし、相当な苦戦の予感が鈴木さんの頭をよぎった。

「自分が指揮官として出るのは当然のこととして、本来ならば中隊長には海兵出の士官を充てるんですが、この日、連れてゆく搭乗員は、階級よりも腕で選んで搭乗割（編成表）を書いた。四個中隊編成で、第一中隊の九機はぼくが直率、あとは一個中隊を六機ずつとする。第二中隊長には宮口少尉、第三中隊長には坂口飛曹長、第四中隊長には石川飛曹長と、兵から叩き上げたベテランばかりを指名しました」

鈴木さんが回想するように、二十七機の搭乗員のうち、海兵出身の士官は隊長の鈴木少佐だけという、きわめて実戦的な人選となった。

六月三十日午前九時、鈴木さんの率いる零戦二十七機はラウテンの秘密基地を次々と発進、クーパンから飛来した一式陸攻二十四機と合流した。高度を四千メートルにとり、バサースト島のレーダーを回避して南下した編隊は、目指すブロックスクリークの西方百浬付近で左へ九十度変針する。そこから零戦隊は高度を八千メートルにまで上げ、陸攻隊の後上方から覆いかぶさるように飛んで目標に向かう。

やがて編隊は豪州本土にさしかかる。十一時四十分、この日、鈴木さんの二番機についていた金丸健男上飛曹機が、機銃発射とバンクで敵発見の合図をしてきた。

「体を左によじって見ると、はるか左、つまりダーウィンの方向から、高度を上げながらこちらに向かってくる敵機の編隊が見えた。その数、二十数機。そこで空戦にそなえて増槽を捨てると、部下たちも全機がこれにならって増槽を落とす。いつもならここで『突撃』を下令するところですが、今日は陸攻隊の爆撃が終わるまでは隊形をくずすわけにはいかない。ひたすら辛抱でした」

敵機は徐々に高度を上げ、優位な態勢に入りつつある。この日、邀撃に発進したスピットファイアは、コールドウェル中佐の率いる三十八機と記録されている。

いよいよ敵機との間合いが詰まる。ここで鈴木さんは、バンクを振って部下の全機を集合させ、敵機と陸攻隊の間に割り込むように、陸攻から見れば盾《たて》となる態勢に零戦隊を誘導した。

「陸攻隊にちょっとでも手を出したらただではおかないぞ、という構えです。敵発見から十数分のことですが、ずいぶん長い時間に感じられた。部下たちもじりじりしているに違いないが、編隊をガッチリと組んだまま、一糸乱れずについてきよる。頼もしく感じましたね」

十一時五十七分、いよいよブロックスクリークに到達。はるか眼下の飛行場には、B－24とおぼしき敵の大型機が二十二機、翼を並べているのが見えた。陸攻隊は狙いすまして爆弾を投下する。敵飛行場の爆撃機の列線に弾着の閃光《せんこう》が走った。この爆撃で、敵爆撃機十五機が炎上、燃料集積所にも爆弾が命中したらしく、一面が火の海になった。爆撃は大成功だった。これで、零戦隊の第一の任務は達成された。

「スピットファイアは前回と同様、爆撃を終えて避退に入った陸攻隊に襲いかかろうとする。ここでぼくは、ふたたびバンクを振って突撃を下令しました」

零戦隊は三機の小隊ごとに分かれ、いっせいに敵編隊に突入した。

この日のスピットファイアは、これまで以上に零戦に対し、闘志をむき出しに戦いを挑んできた。零戦隊が垂直旋回から格闘戦に持ち込もうとすると、正面からこれを受けて立つ、そんな戦いぶりで猛然と食い下がってきた。鈴木機にも、敵の一番機とその列機が空戦を挑んできた。

「スピードをなくせば命取り。失速した瞬間に敵機の餌食《えじき》になってしまうから、極度にスピードを落として小さく回る『ひねり込み』の技は使えません。二番機、三番機がピッタリと掩護してくれるので、敵機はぼくの機を撃つ隙《すき》がない。だが敵も相当な技倆とみえて、数機が連携しながら一歩も引かず、こちらも有効弾が与えられない。機体の性能の優劣と、搭乗員の技倆は互角のように感ぜられました」

高度八千メートルで始まった空戦が、わずか十分で地上すれすれにまで下がり、それでも勝負がつかなかった。鈴木さんが地上への激突を心配したわずかの隙に、燃料が不安になったのか、敵機は水平飛行に入り、猛スピードで離脱していった。

零戦隊の燃料も、そろそろ限界である。鈴木さんは、部下をまとめて態勢を立て直そうとしたが、二番機、三番機以外の零戦隊は散り散りになってしまい、無線が通じないので連絡のとりようがなかった。鈴木さんはいったん、列機二機を連れて帰投針路の西に機首を向け、高度を四千メートルにまで上げた。敵機が追ってこないので空戦場に引き返してみると、もう敵も味方も一機も姿が見えなかった。

「こんなに苦戦を強いられたのでは、味方にも相当の被害が出ただろうな、と、憮然《ぶぜん》とする思いで帰途につきました。午後二時半、列機と三機でラウテン基地に着陸したときには燃料はあと三十分ぶんしか残っていなかった。ラウテンには、先に九機の零戦が帰還していました。

『あとの十五機はやられたのか。いや、まさか。零戦が墜ちるのは見なかった』……心配しながら南の空を見ていると、やがて、はるか遠くに零戦の姿が見えてきた。双眼鏡で見ると、十三機いる。が、二機足りない！　とうとう二機を失ってしまったか、と悔し涙が出そうになったところで、またかすかな爆音が聞こえてきた。海岸の見張所から、『味方戦闘機二機、基地に向かう』との電話が入って、期せずして、隊員たちの間から万歳の声が上がりました。このときは嬉しかった。部下の一人一人を抱きしめたいような思いがしましたよ」

戦果を集計すると、撃墜したスピットファイアは十六機（うち不確実三機）にのぼった。陸攻隊も、九機が被弾し二名が機上戦死したものの、全機がクーパン、またはラウテンの味方基地に帰還している。

クーパン基地で作戦成功の報告を受けた石川司令官は、明らかに感激の面持ちであった。石川少将は自ら筆をとり、鈴木さんに賞詞を贈った。これは鈴木さんにとって、支那事変で授与された二度の感状よりも達成感をともなう栄誉であった。

豪州側の記録では、この日の空戦で喪失したスピットファイアは六機、それに対し、零戦二機、陸攻六機を撃墜したとある。爆撃による被害は、地上でB－24三機が破壊され七機が損傷、ほか飛行場施設が被弾したという。空戦につきものの戦果の誤認はあるが、戦いの結果でいえば、またも六対ゼロの、零戦隊の完全勝利に終わった。

米英軍の動きに振り回されて右往左往する海軍上層部

ブロックスクリーク攻撃は、昭和十八（一九四三）年七月六日にも零戦二十六機、陸攻二十二機をもって行われた。鈴木さんは、前回の攻撃で出番のなかった塩水流中尉に経験を積ませるべく、この日の零戦隊の指揮を任せた。零戦隊の編成は、指揮官機が代わり、第四中隊長の石川飛曹長機が酸素吸入器故障で引き返したほかは、六月三十日の出撃と全く同じである。零戦隊は三十六機のスピットファイアと空戦、十四機撃墜（うち不確実三機）の戦果を報告し、二機が被弾したのみで全機帰還したが、初めて一式陸攻二機を撃墜された。陸攻の被弾機は十三機を数え、五名の機上戦死者を出している。陸攻隊の偵察員・丸岡虎雄上飛曹は、主操縦員が機上戦死、副操縦員も重傷を負い、操縦不能になったのを見るや自ら操縦席に座り、操縦経験がほとんどないにもかかわらず操縦桿をとって、無事クーパン基地に着陸した。この日、豪州空軍の記録によるとスピットファイアの喪失は八機で、零戦二機、陸攻七機を撃墜したとある。

二度のブロックスクリーク攻撃は成功を収めたが、零戦隊、陸攻隊とも機材、弾薬の補充が続かなくなり、大規模な攻撃はしばらく休みになる。それに対し、敵爆撃機による日本側占領地への爆撃はなおも間断なく続き、零戦隊は次第に、来襲する敵機の邀撃に忙殺されるようになっていった。

九月上旬、零戦隊にほぼ二ヵ月ぶりとなる豪州への出撃命令がくだった。豪州奥地の敵情を偵察する、陸軍の一〇〇式司令部偵察機二型二機を護衛せよという。偵察任務を成功させるとともに、あわよくば邀撃してくる敵戦闘機と一戦を交えようとする計画である。一〇〇式司偵は双発のスマートな姿をもち、最高速度は時速六百キロを超える、陸軍の誇る高速偵察機である。海軍には、これに匹敵するほどの性能をもつ偵察機はまだなかった。

この頃、二〇二空では幹部級の人事異動とともに、搭乗員の補充、交代が行われている。司令・岡村中佐は千葉県の茂原《もばら》基地で新編中の第五〇二海軍航空隊司令として転出し、後任には岡村中佐と海軍兵学校同期の内田定五郎中佐が着任した。内田中佐は戦闘機乗りでこそないが、大正末期に飛行機搭乗員になった、海軍航空隊の草分けの一人である。分隊長・山口大尉、塩水流中尉も転出し、海軍機関学校出身の平野龍雄大尉、海兵出身の粟信夫中尉と交代する。飛行練習生を卒業したばかりの若い搭乗員もずいぶん増えた。二十三航戦司令官も、石川少将から、おとなしくあまり表に立たないタイプの伊藤良秋大佐（のち少将）に代わっている。

五月、六月の豪州攻撃のときと比べ、やや心もとない顔ぶれになったが、分隊士や下士官の搭乗員には、依然としてベテランが多く残っている。鈴木さんは、彼らベテランが若い指揮官を育て、守り立ててくれることを期待した。

九月七日午前七時十分、鈴木さんの率いる零戦三十六機はラウテン基地を発進、一〇〇式司偵二機を掩護してダーウィンに向かう。零戦隊は、鈴木さんと平野大尉がそれぞれ率いる、十五機ずつ二個大隊の制空隊に、偵察機を直掩する坂口飛曹長率いる六機を加えた編成である。

ダーウィン上空に敵機の姿はなかった。ここで偵察機は零戦隊と分かれ、全速で南下してブロックスクリークなど奥地の写真偵察に向かった。敵機がいないのなら、長居は無用である。鈴木さんは零戦隊をまとめて帰途についた。ところが――。

九時二十五分、バサースト島沖に差しかかった頃、突然、左後方で何かが光るような気配がした。鈴木さんが体をひねって振り返ると、二番機・寺井良雄一飛曹機が紅蓮《ぐれん》の炎を噴き出し、主翼が真っ二つにちぎれてまさに墜落するところであった。

「しまった！」

鈴木さんは、冷水を浴びせられる思いがした。零戦隊をひそかに追ってきたスピットファイアが、死角の後下方から撃ち上げてきたのだ。

「すかさず、三番機の瀬沼武重二飛曹がその敵機を追ったけど、追いつけなかった。さらに後方から、三十数機の敵機が迫ってくるのが見えた。ぼくはバンクを振って『突撃』を下令し、反転して敵編隊に挑みました」

しかし、この日の敵機は格闘戦を嫌って、撃たれるとすぐに急降下で離脱する。二十分間におよぶ空戦で、零戦隊は四機が被弾したが、敵機十八機（うち不確実三機）を撃墜したと報告。豪空軍の記録によると、この日のスピットファイアの喪失は三機で、零戦八機を撃墜したことになっている。互いに、翼端から引く飛行機雲が白煙に見えたせいか、急降下で離脱する敵機を「撃墜」と誤認する例が多かったのだ。

「戦闘機同士の空戦で、まず狙われるのは指揮官機、それはぼく自身がいつも実践しているとおりです。寺井は、もしかすると敵機がぼくの機を狙うのに気づき、身を挺《てい》して盾になってくれたのかもしれません……」

これまで指揮した戦いで、部下を失ったことは一度もない。鈴木さんは、油断から思わぬ奇襲を受け、初めて列機を失ったことを悔いた。

「寺井は、三重県出身の二十歳。百七十五センチを超える長身でね、桑名中学では野球部のエースピッチャーだったそうです。いつも朗らかで下士官兵搭乗員のムードメーカーでした。寺井たち甲飛六期生は、三番機の瀬沼二飛曹ら乙飛十一期生と同じ時期、ぼくが分隊長を務めていた大分空の戦闘機課程を卒業していて、いわば教え子だったんです。ぼくは、彼らのことを自分の分身であるかのように思っていた。出撃前、二番機に指名した寺井に『頼むぞ』と声をかけたとき、『はい、どこまでもついて行きます』と明るく答えた面影は忘れられません」

二〇二空が豪州上空でスピットファイアと戦っている間にも、連合軍の反攻はいよいよ激しくなり、ニューギニアを足がかりにさらに北上の気配を見せ始めた。九月七日の出撃を最後に、豪州本土への本格的な空襲は取りやめられることになり、零戦隊とスピットファイアの戦いも幕を閉じた。

昭和十八（一九四三）年三月二日の初対決から九月七日までののべ九回の空戦で、零戦隊はスピットファイア三十八機（実数）を撃墜、零戦の被撃墜は三機（うち空戦によるもの二機）であった。鈴木さんが飛行隊長として着任して以降の戦果に限ると、スピットファイア三十四機撃墜に対し零戦の被撃墜は二機（うち空戦によるもの一機）。いずれにしても一方的な勝利であり、ガダルカナル島失陥以後、各地で日本軍が苦戦を続けるなかにあって、二〇二空零戦隊が、陸攻の掩護の任務をほぼ果たしながらこれだけの結果を残したことは、戦史に特筆されていい。

豪州攻撃をとりやめた二〇二空の攻撃目標は、こんどはニューギニアに向けられた。チモール島ラウテンからケイ諸島ラングール基地に移動した平野大尉の率いる二十七機の零戦隊は九月九日、十七機の一式陸攻を掩護してニューギニア中南部のメラウケに新設された敵飛行場を空襲、カーチスP-40十八機と空戦、四機を撃墜したが、歴戦の宮内少尉、後藤庫一一飛曹、阿川甲子郎二飛曹を失った。以後、米陸軍航空隊との戦いが始まり、零戦隊の戦死者もおいおい増えてゆく。

「片やニューギニアで米軍機と戦い、一方ではベンガル湾に英国艦隊が出没し、B-24による味方基地への空襲も激しくなって、戦況が急に悪化してきたのが肌で感じられました。昭和十八年十一月中旬には、南西方面艦隊司令長官・高須四郎大将より、インド東部のイギリス軍拠点だったカルカッタ（現・コルカタ）を、陸軍航空部隊と合同して空襲せよとの命令がくだりました。『龍一号』作戦です。海軍からは二〇二空零戦隊、七五三空陸攻隊が全力で参加することになりました」

十一月二十二日、東南アジアやニューギニアの各基地に分散配備していた零戦隊をケンダリーに呼び戻し、カルカッタ空襲の準備が始まった。ちょうどこの日、ケンダリー基地では、内地から来た慰問団による演芸会が行われている。

「そのなかに女優の森光子がいたんです。指揮所前で、慰問団と二〇二空幹部で集合写真を撮ったんですが、森光子は十八歳ですと、自己紹介しました。いま思えば、じっさいには二十三歳だったのを、サバを読んでそう言ってたみたいですね。指揮所に掲げられた木の看板は、通常、司令の名をとって『海軍内田部隊指揮所』と書かれていますが、機密保持のため、記念撮影のときには裏返して『海軍戦闘機隊指揮所』と書かれた面を写すことになっていました」

十一月二十三日、カルカッタ攻撃に向け、鈴木さんの率いる二〇二空零戦隊がケンダリー基地を発進する。

この出撃は、特別に秘密を要求された。というのは、東南アジア全域から零戦が一機もいなくなったことを敵に悟られては一大事だからである。二〇二空の搭乗員は、ふだん白い防暑服の上に飛行服を着ているが、今回は外出しても戦闘機隊だとわからないよう、全員が草色の第三種軍装の上に飛行服を着用することを指定された。

零戦隊は、途中に立ち寄ったバタビアで二泊、二十五日にシンガポールのテンガ飛行場に着陸し、そこで陸軍部隊との打ち合わせを行った。

「このとき、有名な『加藤隼《はやぶさ》戦闘隊』、陸軍の飛行第六十四戦隊と協同作戦の打ち合わせを行いました。軍神とよばれた加藤戦隊長はすでに戦死していて、このときの戦隊長は広瀬吉雄少佐でした。空の武人らしい、立派な風格のある人でしたよ」

ところが、ここまで来て、「龍一号」作戦はいったん中止される。十一月二十一日、中部太平洋ギルバート諸島のマキン、タラワに米軍が上陸、数日後には両島ともに占領され、太平洋の戦況に緊迫の度が増したためであった。七五三空の陸攻の大部分が太平洋にまわされることになり、インドの英軍拠点を攻撃するどころではなくなったのである。二〇二空零戦隊も、ふたたびケンダリーに帰された。どうも、海軍上層部が米英両軍の動きに振り回されて、右往左往している感があった。

「こんなに言うことがコロコロ変わる、腰の定まらない指揮をされたのでは、勝てる戦も勝てなくなる」

鈴木さんは憂鬱《ゆううつ》な気がしたという。

カルカッタ攻撃は十二月に入って再開が決まり、スマトラ島北部のサバンに進駐していた新郷英城少佐の率いる三三一空零戦隊二十七機がビルマ（現・ミャンマー）のダボイに進出し、十二月五日、陸軍の「隼」戦闘機七十四機と協同で海軍の一式陸攻八機、陸軍の重爆十八機を護衛して出撃した。新郷隊はカルカッタ上空で英空軍のホーカー・ハリケーン八機と空戦、六機を撃墜（うち不確実二機）したと報告している。だが、この攻撃は一度きりの単発で終わった。

マキン、タラワを手中におさめた米軍が、太平洋で一大攻勢に転じてきたのである。

トラック、マリアナでの米軍との死闘を経て、特攻部隊の飛行長となる

昭和十九（一九四四）年二月十七日、中部太平洋における日本海軍の一大拠点、トラック諸島が米機動部隊艦上機の急襲を受け、所在の海軍航空兵力が壊滅的な打撃を受けた。トラックの航空兵力が壊滅したことで、海軍はラバウル方面で連日、邀撃戦

を繰り広げている航空部隊を取り急ぎトラックに移動させることにした。これは、ラバウルの零戦隊が事実上、消滅することを意味していた。

二月二十日、ラバウルからトラックに呼び戻された零戦隊は、二五三空と、鈴木さんのクラスメートで空母「龍鳳《りゅうほう》」飛行長・進藤三郎少佐の率いる第二航空戦隊（二航戦）零戦隊である。しかし、二航戦零戦隊はすでに戦力を消耗し飛行機はなく、二五三空の零戦も二十三機が残っていたにすぎない。

そこで、セレベス島にいた二〇二空零戦隊もトラック救援に駆り出されることになり、二月二十三日、鈴木さん以下四十三機でケンダリーを発進、フィリピン・ミンダナオ島のダバオに進出。翌二十四日、パラオ経由でペリリューへ、さらに二月二十七日、マリアナ諸島のテニアン基地へと移動を重ねた。ここで、スマトラ島からベンガル湾のイギリス軍ににらみを利かせていた新郷少佐の率いる三三一空零戦隊三十三機と合流、二月二十九日、両隊揃ってトラックの春島基地に到着した。

ここで、海軍航空隊の制度変更が行われた。航空隊本体や空母から飛行隊を「特設飛行隊」という一つのユニットとして独立させ、必要に応じて別の航空隊の指揮下に入ったり、臨機応変な機動を可能にさせられるというもので、「空地分離」と呼ばれる。提唱者は、ミッドウェー海戦の作戦指導で失敗したにもかかわらず、海軍の作戦立案を司《つかさど》る軍令部第一部第一課部員の要職に就いていた源田實中佐である。

航空部隊の移動が激しい現状に即した制度変更との触れ込みだったが、困ったことに特設飛行隊の飛行隊長には人事権がなく、部下の履歴などの書類もまわってこない。自分の隊の搭乗員が他の基地に着陸するとそちらで勝手に使われたり、他隊の搭乗員がいつの間にか自分の指揮下に入っていたりと、以後、飛行隊長が部下の把握にすら困難を感じ、搭乗員の行方不明者が続出するおかしな状況が続く。源田中佐は、机上でこうすれば航空作戦が円滑にいくと考えたのだろうが、激戦の最中にこんな大きな制度変更を行われても現場は混乱するばかりであった。

「空地分離」にともない、鈴木さんの二〇二空零戦隊は「戦闘三〇一飛行隊」と呼ばれ、鈴木さんは戦闘三〇一飛行隊長に、新郷少佐の三三一空零戦隊は「戦闘六〇三飛行隊」と呼ばれ新郷少佐が戦闘六〇三飛行隊長にそのまま就くことになり、戦闘六〇三飛行隊も二〇二空の指揮下に入ることになった。

トラックに進出した二〇二空は、三月二十九日以降、連日のように来襲するB－24爆撃機の邀撃戦に明け暮れたが、内地から配属されてきたばかりの若い零戦隊の士官のなかには、敵襲があっても邀撃に上がろうとしない者がいる。そんなとき、鈴木さんは率先して零戦五二型(防衛省防衛研究所所蔵の「二〇二空戦闘詳報」によると、機番号は301－105号)に飛び乗り、指揮官としての手本を示した。

「いかに危険な戦闘でも、先頭に立って、『俺について来い』というのが指揮官だ」

というのが鈴木さんの信念だった。

「五月二十七日、連合軍はニューギニア北西部のビアク島に上陸を開始しました。ビアク島は飛行場に適した平坦な土地が多く、フィリピン南部や西カロリン諸島への足がかりとなる戦略上の要衝です。聯合《れんごう》艦隊は、敵のビアク島攻略を阻止するため『渾《こん》』作戦を発令し、ぼくの隊もビアク島攻撃に出撃することになりました。しかし太平洋は広いですからね、トラックからサイパン、ヤップ、ペリリューを経て、ようやくニューギニア西端のソロン基地に進出。六月二日、零戦二十二機と陸軍の一式戦闘機『隼』十二機とが協同で、海軍五〇三空の『彗星《すいせい》』艦爆九機を直掩、ビアク島敵揚陸地点の攻撃に出撃したんです」

零戦隊は鈴木機を先頭に、海面すれすれまで急降下して敵艦に機銃弾を浴びせる。敵の防御砲火もすさまじく、二機が未帰還、他二機も被弾、不時着するという損害を受けた。

「ところが、ビアク島攻略は、敵の陽動作戦だった。日本側がビアクに気をとられている隙に、米海軍の機動部隊がマリアナ諸島に向かっていたんですね。われわれはまんまと敵の術中にはまってしまったわけです」

六月十一日、十二日と、米機動部隊はのべ千四百機にのぼる艦上機をもってサイパン、テニアン、グアム各島を攻撃。このたった二日間の空襲で、マリアナの日本側航空兵力は壊滅する。聯合艦隊司令長官・豊田副武《そえむ》大将は十三日、マリアナ沖での機動部隊同士の決戦を企図した「あ」号作戦決戦用意を命じ、ビアク島の「渾」作戦を中止した。

六月十五日、米軍がサイパンに上陸を開始。六月十八日、鈴木さんの率いる二〇二空は全力でペリリューからヤップ島に進出、全機六十キロ爆弾二発を搭載して、サイパンに上陸する敵輸送船団の爆撃に向かうことを命ぜられた。

正午、発進。鈴木さんは、指揮所脇に掲げられた「南無八幡大菩薩」の幟を見て、

「これじゃ、勝てないわけだ。司令部が神頼みをするようになっちゃおしまいだな」

と苦笑した。

「サイパン沖には敵輸送船がびっしりとひしめいていた。上空にはグラマンF6Fが

十数機。爆撃もそこそこに空戦に入った。Ｆ６Ｆは手ごわかったですが、数分間の空戦で四機を撃墜、全機がグアム基地に着陸しました。

この翌日には、クラスメートの岡本晴年（少佐）が率いる二五三空の零戦がトラックから進出、グアム島に着陸しようとしたところ、Ｆ６Ｆの奇襲を受けて、かなりの損害を出したようです。機動部隊の第三航空戦隊の空母『千歳《ちとせ》』には、進藤が乗っていたらしい。しかし当時は、指揮系統も通信も混乱していて、クラスの連中が近くで戦っていることを知る由《よし》もありませんでした」

日本海軍の機動部隊は、グアム島西方三百浬の位置にあって、六月十九日未明から四十四機の索敵機を出し、その「敵機動部隊発見」の報告をもとに次々と攻撃隊を発艦させた。

日本側の空母九隻、艦上機四百三十九機に対して、米機動部隊は空母十五隻、艦上機九百二機と、約二倍の開きがある。日本側は、先制攻撃をかけながら、四百五十機ものＦ６Ｆによる邀撃と有効な対空砲火を受けて攻撃隊のほとんどが撃墜され、それに対し得られた戦果はわずかであった。しかも、敵潜水艦の雷撃と敵機の空襲で、日本側は空母「大鳳《たいほう》」「翔鶴《しょうかく》」「飛鷹《ひよう》」を失う。二日間におよぶ戦闘が終わったとき、日本機動部隊に飛行機は六十一機しか残っていなかった。この日米機動部隊の戦いを、「マリアナ沖海戦」と呼ぶ。

　戦い疲れた二〇二空の搭乗員たちは、六月二十六日、グアムからダバオに後退した。サイパンは七月八日、テニアンは八月三日、グアムは八月十一日、それぞれ米軍に占領された。サイパンに進駐していた二六一空零戦隊の搭乗員たちは、飛行機を失い、脱出することもできないまま、守備隊とともに玉砕した。

　ケンダリーから太平洋の戦いに駆り出されて四ヵ月。この頃の鈴木さんは、真っ黒に日焼けした頬《ほお》はこけ、髭は伸び、目だけがするどく光っていて、死相が顔に現れていたと、ダバオで会った幾人かの証言がある。戦力を消耗した二〇二空は七月十日をもって解隊された。第三航空隊として開隊し、開戦以来、フィリピン、インドネシア、ソロモン、オーストラリア、ニューギニア、トラック、マリアナと転戦した部隊は、刀折れ矢尽き、ここにその歴戦の幕をおろした。

　鈴木さんは第二五二海軍航空隊飛行長に発令され、七月二十四日、横浜海軍航空隊の二式大艇《ふたごおふた》に便乗し、台湾の東港《とうこう》、九州の指宿《いぶすき》を経由して七月二十九日、館山基地に着任した。そして、神《こう》ノ池《いけ》海軍航空隊飛行長、谷田部《やたべ》海軍航空隊飛行長と数ヵ月おきに配置をたらい回しにされた挙げ句に、昭和二十（一九四五）年一月十八日付で、こんどは第二〇一《ふたまるいち》海軍航空隊飛行長に発令された。

「昭和十九（一九四四）年十月の比島沖海戦で聯合艦隊が惨敗したことは聞いていました。このとき、初めて特攻隊が出撃したわけですが、二〇一空は、そのフィリピンにおける特攻部隊だったんです。前任の飛行長・中島正中佐と交代とのことでしたが、これは厳しい配置を言い渡されたと思いましたね」

特攻についてどう思ったか、という私の質問に、鈴木さんが答えることはなかった。話題が二〇一空飛行長への転勤辞令に及んだ途端、それまでの二〇二空での話とは打って変わって口調が重くなり、そのあたりのことはあまり思い出したくないのだろうな、と察するのみだった。

鈴木さんが転勤を命ぜられたのは、すでに米軍がルソン島に上陸し、日本海軍航空部隊は搭乗員の台湾への引き揚げを決定、救出作戦が始められた時期である。二〇一空がいまどこにいるのかはわからなかったが、鈴木さんはとりあえず台湾へ向かうこととした。

終戦の二日前、台湾、石垣、宮古島駐留の全機に特攻出撃命令が下る

鈴木さんが台湾に着いたときにはすでに二〇一空の本部はフィリピンから引き揚げてきていて、鈴木さんは台中《たいちゅう》基地で前任者の中島正中佐との引き継ぎをすませると、そのまま台湾で待機することになった。

ほどなく、鈴木さんが着任した二〇一空は解隊されることになり、昭和二十(一九四五)年二月五日付で、旧二〇一空の特攻隊員を中心に、新たな特攻部隊として第二《ふた》〇《まる》五《ご》海軍航空隊が編成された。司令は玉井浅一中佐、飛行長が鈴木さん(少佐)、飛行機定数は戦闘第三〇二《さんまるふた》、三一五《さんひとご》、三一七《さんひとなな》の零戦三個飛行隊(各四十八機)、合計百四十四機。しかし、それを満たす見通しは立っていない。名目上は三個飛行隊の編成だが、飛行隊長も戦闘第三〇二飛行隊の村上武大尉一人しかおらず、三一五、三一七の隊長は最後まで欠員のままだった。

二〇五空の特攻隊は「大義隊《たいぎ》」と命名され、当初、百三名の搭乗員がそれに組み入れられた。大義隊隊員のなかには、支那事変以来のベテラン・角田和男少尉や松田二郎少尉もいたが、大半は二十歳になるかならぬかの若い搭乗員である。

二〇五空は、本部を台中に置き、台湾各地の航空基地に戦力を展開していたが、敵の矛先が沖縄に向かうことが明らかになると、沖縄により近い石垣島、宮古島にも派遣隊を設けることになり、鈴木さんは石垣島派遣隊指揮官として、同島に常駐することになった。

十八万二千名の米軍が沖縄本島に上陸を開始した昭和二十（一九四五）年四月一日、石垣島、台湾の新竹《しんちく》、台南の三つの基地から計二十機の「第一大義隊」が出撃、敵空母一隻に三機の体当たりを報告したのを皮切りに、二〇五空は、二十三回にわたって特攻出撃を重ねた。

沖縄戦が始まってからも、内地から台湾へ、大村（長崎県）、上海を経由して零戦の補充は続けられている。大義隊の目標とするのは、一に敵機動部隊であった。爆装特攻機として五度の出撃を重ねた小貫（戦後・姓が杉田となる）貞雄二飛曹の回想――。

「毎日、出撃状態で搭乗員が待機している。索敵機の敵艦隊発見の報告を受けて出撃するから、決まるのは当日です。出撃命令を受けると、飛行機はあちこちの掩体《えんたい》に分散して隠してあるから、少なくとも五百〜六百メートルの距離を、仲間の搭乗員や整備員と歩くことになります。離陸するまでは、やはり後ろ髪を引かれますね。怖いのを通り越して、なんで俺、十八や十九で死ななきゃならないのかな、まだ世の中のことを何も知らないのに、人生これで終わるのか、いやだなあ、親孝行もできなかったな、などといろいろ考える。でも、離陸して編隊を組んでしまうと、気持ちが吹っ切れて、よし、いちばんでかいのにぶつかってやれと、意識が敵のほうに向かうんです」

鈴木さんが率いる二〇五空石垣島派遣隊は、派遣隊、といっても、二〇五空で島に常駐するのは飛行長・鈴木少佐、分隊長・永仮良行大尉、搭乗員数名、それに要務士の米満英彦少尉候補生だけの小所帯である。

石垣島からも数次にわたって特攻隊が出撃したが、特攻隊員の一人、五月四日から六月二十二日までを石垣島で過ごした長田《おさだ》利平《りへい》二飛曹（後出）は、

「飛行長は、立場上口には出されませんが、内心は特攻に反対だったんじゃないかと思います。そばにいて、そういう気持ちが伝わってきましたよ」

と語っている。長田さんが感じた鈴木さんの気持ちは、戦後半世紀が経ったのち、インタビューを通して私にもひしひしと伝わってきた。だが、鈴木さんは、私に対しても、特攻に反対だったとは最後まで言わなかった。戦後になってから、保身のため

に「じつは特攻に反対だった」と言い出した元指揮官は何人もいるが、鈴木さんに限ってては絶対にそんなことはない。これが、現に特攻を命じる立場になった指揮官としての筋の通し方なのだろう、と想像するばかりだった。

六月二十三日、沖縄全土が敵に占領されたことで沖縄への特攻はその目的を失い、二〇五空の出撃は事実上終了した。二〇五空大義隊の特攻戦死者は三十五名であった。

沖縄作戦で失われた特攻機は海軍九百八十三機、陸軍九百三十二機で、特攻機による戦果は、米側記録によると米海軍だけで艦艇二十四隻撃沈、百七十四隻撃破、戦死者四千九十七名、負傷者四千八百二十四名にのぼった。これは、ガダルカナル戦以降の日本軍によるどの航空攻撃よりも大きな戦果であった。

八月十三日。台湾の高雄警備府の命令で、翌十四日をもって、台湾の各基地と石垣島、宮古島の日本海軍航空基地に残存する全兵力で、沖縄沖の敵艦船に体当たり攻撃をかける「魁《さきがけ》」作戦が発動された。「一億総特攻」の魁となって、全機特攻出撃せよ、というのである。鈴木さんは零戦五二型丙《へい》に乗って、列機一機をつれて台中基地へ作戦の打ち合わせに行った帰り、石垣島に着陸しようとしたところを、待ち伏せしていた敵戦闘機・グラマンＦ６Ｆ四機の奇襲を受けた。

Ｆ６Ｆは、鈴木機が主脚を出して、まさに着陸する寸前に、左後上方から降ってきた。四年前の着陸事故の後遺症で首が左に曲がらない鈴木さんにとっての死角である。曳痕《えいこん》弾が目の前をかすめ、鈴木さんは反射的に、左急旋回でなんとか攻撃をかわした。

ふたたび脚を収め、スロットルレバーを前方いっぱいに押してエンジンを全開にし、低空飛行のままスピードを上げる。敵機は、優位の態勢から、交互に攻撃してくる。鈴木さんは、敵機の姿を右上方に見るよう機体を滑らせる操作をしながら、海に向かって降下した。射弾を回避しつつ追わせておいて、海面すれすれで機体を引き起こし、あわよくば、敵機を海面に激突させようと考えたのだ。

「ところが、海面で身軽にヒラリ、と上昇に転じるつもりが、舵《かじ》の利きが鈍く、危うく海に突っ込んでしまいそうになった。この日、台湾の司令部から、特攻出撃の壮行会用の土産にもらった酒やチェリー（煙草）を、零戦の座席の後ろに満載していたので、機体が重くなってはいましたが、それにしても鈍重になったな、と思いました。あれは改悪でしょうね。あれもこれもと欲張って、いろんなものをくっつけて重くなって。

二一型の頃は、翼面も鏡のように平らだったのに、この頃になると工員の質も落ちていたのか、なんとなく凸凹《でこぼこ》していた。これでは空気抵抗が増えて、設計どおりの性能は出せるとは思えなかった。支那事変の頃は零戦のエンジンが故障するなんて考えたこともなかったのが、この頃になると故障も頻発《ひんぱつ》するようになっていましたからね」

敵機を激突させ損なった鈴木さんは、こんどは石垣島の於茂登《おもと》山にある対空陣地の方向に避退した。地上の高角砲、対空機銃がいっせいに敵機に向けて火を噴く。その勢いに驚いたのか、F6Fは鈴木機を追うのをやめ、離れていった。

「いま降りたら危ない」

鈴木さんは用心して、暗くなるまで上空で待機した。

「列機は石垣島への着陸をあきらめて台湾に引き返し、『飛行長行方不明』と報告したらしい。燃料ギリギリまで飛んで、夜になって滑走路の端を示すカンテラの灯《あか》りだけを頼りに着陸したら、台中から来ていた玉井司令が駆け寄ってきて、『よかった、生きておったか。貴様、司令部からの電報では撃墜されたことになっとるぞ』と言ってました」

「魁」作戦の作戦計画によると、二〇五空は、台中、宜蘭《ぎらん》、石垣島、宮古島の各基地にある飛行可能な零戦六十数機のうち、五十数機を爆弾を抱いて敵艦に突入する爆装機、残りを爆装機の掩護、戦果確認を任務とする直掩機として出撃させる。直掩機が戦果を確認して無事生還したら、こんどはその零戦に爆弾を積み、爆装機として再度、出撃させることになっていた。

最後の一戦を期した総攻撃であるから、その後の作戦のために指揮官が生き残る必要はない。鈴木さんは、石垣島から第一陣として十六機を発進させ、その直掩機が帰ってきたら、第二陣の一番機として出撃する予定であった。索敵機の撮影した航空写真を見ると、沖縄本島中城《なかぐすく》湾、金武《きん》湾の内外には、無数とも思える敵艦船が、びっしりと海面にひしめいている。

「これだけの艦がおれば、目をつぶって突っ込んでもどれかに命中する」

と、鈴木さんは思った。

だが、零戦に燃料、弾薬を満載して出撃準備を整えていたにもかかわらず、十四日は沖縄方面の天候不良のため、作戦が延期された。十五日の朝、エンジンの試運転を行い、搭乗員が機上で出撃命令を待ち構えているところに、台湾・新竹にある第二十九航空戦隊司令部から、「出撃待テ」の指令が届く。午後になって結局、この日の出撃も、うやむやのうちに中止された。

「トラックに乗って宿舎に帰る途中の集落で、顔見知りの島民に呼び止められました。ラジオで、陛下による玉音放送を聴いた、どうやら戦争が終わるらしい、という。『なにを馬鹿なことを』と思いました。現にわれわれは今日、特攻の命令を受けて待機していた。延期にはなったが、明日にはふたたび出撃することになるはずだ、と。『アメリカもうまい宣伝しやがるな』ぐらいにしか思わなかったですね」

玉音放送は、日本側の士気を失わせるための米軍の謀略だと考えたのだ。翌十六日になってようやく、司令部より、終戦の通達が鈴木さんのもとへ届いた。

「正直な話、やれやれ、と思いましたよ。これでもう、部下を殺さないですむ。その前からずっと押されっぱなしで、勝てそうにないのはわかっていましたから」

ところで、台湾の高雄警備府、二十九航戦司令部では、八月十一日には日本のポツダム宣言受諾のことを知っていたという。「魁」作戦と称して全機特攻を命じたのは、出撃が中止になって全搭乗員が安堵したところへ終戦を知らせることで、徹底抗戦への意欲をそぎ、暴発を未然に防ぐことが目的だった、という説が、関係者の間でささやかれている。

台湾に進駐してきた中華民国軍に武装解除されるも、自由を満喫

八月十七日、鈴木さんは、石垣島の零戦を台湾の台中基地に持って帰るよう命ぜられた。それからしばらくは、従来通りに空戦訓練を行ったり、数機ずつでの哨戒飛行を続けていたが、八月下旬になると、司令部からの命令でプロペラを外され、一切の飛行活動を禁じられてしまった。

九月上旬には、中華民国軍が、GHQ（連合国軍最高司令官総司令部）の委託に基づき、日本軍の武装解除のため台湾に進駐してくるという通達が入った。ところが、基隆《キールン》港に入港するという中国海軍が、予定日が過ぎ一週間近く経っても到着する気配がない。二〇五空では、数機の零戦にふたたびプロペラを取りつけて、捜索隊として飛ばせることになった。

このとき、台湾海峡で中国艦隊を発見したのは、総飛行時間約四千時間の記録を持つベテラン搭乗員、角田和男中尉である。角田が見たのは、沿岸漁業の地引き網船ぐらいの小さな船が数十隻、中には帆船の姿もある。それぞれ信号旗を満艦飾に飾り立て、赤、青の色彩鮮やかな数十条の大幟を翻す、戦国時代の海賊船団さながらの姿で

あった。目測では速力がわからないほど、ゆっくりと海峡を南下している。このぶんだと、基隆に到着するのにあと二、三日はかかりそうだ。

角田中尉から報告を受けた鈴木さんは、

「こっちが固唾《かたず》を呑んで待ち構えているのに、のんびりしてやがるなあ」

と、思わず苦笑いした。

中国軍の占領方針は、蔣介石《しょうかいせき》の「怨《うら》みに報いるに徳を以《も》ってせん（『以徳報怨』老子）」の言葉どおり、旧怨を感じさせない紳士的かつ穏やかなものであった。

宿舎が収容所と名を変えただけで、中国軍による監視もない。日本軍将兵は最後まで帯刀を許され、階級章もつけたまま、互いを呼び合うときも官職名のままだった。これまでと同じように、自由に外出することもできた。

鈴木さんは九月五日付で中佐に進級していたが、中国軍からも中佐の階級そのままの待遇を受け、中国空軍司令官・張柏壽《ちょうはくじゅ》中将の隣室に私室を与えられ、運転手つきの黒塗りの専用車をあてがわれた。その車を使って、毎晩のように台中の日本料亭に入り浸っても、何の咎《とが》めもなかった。

あるとき、張中将が、出かけようとする鈴木さんを、通訳を介して呼び止めた。

「貴官は夕刻になると宿舎から消えるが、いったいどこへ行っているのか」

「空が飛べなければ、私には酒を飲むしか楽しみがない。退屈でしようがないから、日本料理屋で敗戦のやけ酒を飲んでいる」

と、鈴木さんは答えた。すると、張中将が、

「俺たちも連れて行け」

と言う。仕方なく、張中将とその副官の二人を連れて店に行くことになった。玄関に出迎えた女将に鈴木さんは、

「中国の偉いさんだ。どうせわかりっこないんだから、そのへんでカエルでも捕まえてきて食わせてやれ。なんなら、何千円でもふっかけていいぞ」

と言った。

「ところが、日本間の座敷に通され、英語で語り合いながら飲んでいると、張中将の言葉のはしばしに、正宗とか澤之鶴など、日本の酒の名前が出てくる。どうやら、かなりの日本酒通らしい。おかしいぞ、と思い、『閣下は日本酒に詳しいようですが、どこで覚えられましたか』と聞いたら、張中将は表情も変えず、流暢《りゅうちょう》な日本語で『私は、かつて日本陸軍の航空士官学校に留学し、日本人の家で下宿をしていたことがある。だからよく知ってる』と。飛び上がらんばかりに驚きました。それまで、すべて英語か、通訳を介しての会話だったので、まさか日本語を解するとは思いもよら

ず、『いい気になりやがって、いまに見てろよ』とか、『俺たちは中国軍に敗《ま》けた覚えはないんだよ』などと、目の前で悪口や罵詈雑言《ばりぞうごん》を浴びせてたのが全部筒抜けだったんです。一本とられた！　と思いましたね」

さらに話してみると、張中将は、昭和十六（一九四一）年五月二十六日、鈴木さん率いる十二空零戦隊が中国・天水飛行場を急襲し、空戦で五機を撃墜、地上銃撃で十八機を炎上させ、壊滅させたときの中国軍の基地指揮官であったことがわかった。張中将は当時、少将だったが、敗戦の責任をとらされて上校（大佐）に降格されたという。

「こんなところで会うとはな」

張中将はニヤリとすると、うまそうに酒を飲み干したという。

ほどなく、中国側の要請で零戦を全機、引き渡すことになり、鈴木さん以下数名が教官として高雄基地に派遣され、中国軍パイロットを指導することになった。聞けば、これを中国本土に空輸して八路軍（共産党軍）との内戦に備えるのだという。日の丸が青天白日《せいてんはくじつ》の中華民国のマークに描き替えられてはいたが、ふたたびプロペラを取り付けられた零戦で、約一ヵ月間、鈴木さんは思う存分空を飛ぶことができた。

中国軍パイロットは、米軍の飛行服に身を包んだ少佐、大尉クラスの士官ばかり十数名。中国空軍は米軍と同じく、パイロットは士官だけであった。なかには、日本と同じような、大学出の予備士官もいる。

初めはよそよそしく、時に尊大なそぶりを見せた彼らも、互いに下手な英語、それでもわからないところは漢字の筆談でコミュニケーションをとるにつれ、日本海軍士官の漢文の素養に一目置くようになり、鈴木さんたち日本の搭乗員に親しみの態度を見せるようになった。

「お前たちはどうして、チャイニーズクラシック（漢文）を知ってるんだ。俺たちは大学で習ったばかりなのに」

と不思議がる中国軍パイロットに、鈴木さんは、

「じゃあ、日本の若い将校に、どれぐらいの漢文の実力があるか、試してみろ」

と、何人かの部下を集めて、黒板で実演をさせた。

「すると、彼らは張り切っちゃって、杜甫《とほ》の詩、赤壁《せきへき》の賦《ふ》や太公望《たいこうぼう》の故事をスラスラと書きよりました。それで中国の連中、驚きましてね」

日本の旧制中学で習った漢文は、中国の大学で教えるレベルのものであるらしかった。おかげで、日中搭乗員のコミュニケーションはとてもスムーズにいった。

終戦の年の年末に帰国するも、待っていたのは戦後の混乱の中の生活苦

台湾の日本軍将兵が内地に帰れるのは何年先になるか、予想もつかなかった。内地と違って物資は比較的豊富で、食糧事情も悪くはなかったが、鈴木さんの部下たちは畑を耕し、自給自足の準備を始めた。

昭和二十(一九四五)年も終わりに近づいた頃、鈴木さんに、張中将よりじきじきに、「留用《りゅうよう》」の打診があった。このまま中国空軍で雇い入れるから、妻子を台湾に呼べ、という。

「これはたまらん、と思いましたね。台湾には、占領状況監視のため、米軍の一部も派遣されてたんですが、親しくなっていた米軍中佐に誘われてジープでドライブへ行く道すがら、『俺は長くおらされそうだ。早く帰りたいんだがなあ』とぼやいていました。そうしたら間もなくの十二月二十六日、突然、二〇五空の隊員に帰国命令が出たんです。驚いてその米軍中佐に訊《たず》ねると、彼は、『お前が早く帰りたいっていうから、大統領にかけあったんだ。忘れたのか?』と言ってウインクした。おかげで、思いがけず早く帰れることになりました」

その日のうちに台中を引き払うことになり、ここで初めて武装解除を受けた。搭乗員の武装は軍刀と拳銃だけだが、それらを中国軍に引き渡した。

特攻隊員には「神風刀《しんぷうとう》」と称する白鞘《しらさや》の短刀が、聯合艦隊司令長官より授与されていた。刀を持ち帰ることは許されなかったが、特攻隊としての心の拠《よ》りどころであるから、これだけは引き渡したくない。隊員たちは、思い思いに地面に穴を掘って、短刀を埋めた。一人一人の飛行経歴をすべて記した「航空記録」は、航空隊の書類を管理する要務士の手でまとめて焼却された。

持ち物は、現金千二百円までと砂糖を少し、それに落下傘バッグに入る身の回り品だけと決められた。鈴木さんは、当時は貴重品であった愛用のカメラ、ライカⅢ型を、顔見知りになった中国軍パイロットにプレゼントした。

基隆港の倉庫で一泊ののち、兵装を撤去された旧日本海軍の小型海防艦（沿岸警備、船団護衛、対潜哨戒などを主な任務とする艦艇）にすし詰め状態で乗せられ、二十七日、台湾を後にする。

時化《しけ》模様のなかを出航して二日め、波が静かになり、島が見えた。部下たちがデッキで、「オーイ、日本が見えたぞーっ」と喜び合う声を、鈴木さんは艦橋で、遠くの音のように聴いていた。

十二月二十九日、鹿児島に上陸し、米軍による持ち物検査とＤＤＴ消毒を受ける。海軍の飛行場もあってなじみの深かった鹿児島の街は、山形屋デパートの残骸にかろうじて昔日の面影を残すのみで、完全に瓦礫《がれき》と化していた。

焼け残った市外の小学校で、その日のうちに復員手続きを終え、翌三十日、復員列車に乗せられて、流れ解散の形でおのおのの郷里に向かう。各自に持たされたのは、二食分の握り飯と米、乾パンのみだった。途中の駅では、食糧はなにも売っていないという。

三十一日の朝、広島駅で停車すると、ここも広大な焦土であった。

「広島に家がある進藤はどうしているだろう」

と思ったが、降りて確かめる気にはならなかった。ただ、百年は草木も生えないと聞かされていた原爆の跡の、ところどころに蒔《ま》かれた麦の芽の青さが心に沁《し》みた。

鈴木さんはとりあえず、父の実家のある新潟県岩船郡村上町（現・村上市）に戻ることにした。

妻・菊子さんと子供たちはみな無事であった。

昭和十三（一九三八）年、霞ケ浦海軍航空隊司令の媒酌《ばいしゃく》で結婚した、鈴木さんより八歳年下の菊子さんは、航空隊関係者の間では評判の美人であった。結婚後、鈴木さんが勤務していた大分県の佐伯海軍航空隊の官舎に暮らすようになってからも、ひそかに思いを寄せる士官が何人もいたという。

菊子さんは、復員してきた鈴木さんの姿に、はじめは嬉しそうな表情を見せたものの、だんだん、その態度は心なしかよそよそしいものに変わっていった。

さしあたって職がなく、実家に居候《いそうろう》の身としては、多少の遠慮は必要であるし、家の力仕事も率先してやらなければならない。ボロを着て甲斐甲斐《かいがい》しく立ち働く鈴木さんの姿に、菊子さんは冷ややかな視線を投げかけた。嫁、姑《しゅうとめ》の確執もあるようで、居心地の悪さを感じているのは明らかだった。

「このままではいけない」と、鈴木さんは、約二ヵ月で村上での生活を切り上げ、縁故を頼って単身、東京に出た。そして、かつての上官で、戦後いち早く財団法人「文化興農園」を設立、経営していた石川信吾・元少将の口利きで旧陸軍払い下げの軍用トラックを手に入れ、横須賀の西松組（現・西松建設）の雇われ運転手の仕事を始めた。トラックを買うのに七万円（日本銀行調査統計局の企業間物価戦前基準指数をもとに換算すると、現代の約三百二十二万円）もの借金をしたが、西松組との契約は月一万円で、当時としてはいいほうだった。

海軍時代の上官で、ミッドウェー海戦のとき、空母「飛龍《ひりゅう》」艦長として戦死した加来止男《かくとめお》少将の未亡人が住む、鎌倉・扇ケ谷《おうぎがやつ》の邸宅の一隅を借りて居を構え、妻子を新潟から呼び寄せる。食糧不足の折から、鈴木さんは馬鈴薯《ばれいしょ》の種芋《たねいも》を買ってきて、仕事の合間には畑仕事にいそしんだ。

ところが、こんどこそ家族水入らずの生活で喜んでくれると思いきや、鎌倉に移ってしばらく経った頃、菊子さんが意を決したかのように、

「私はそんなあなたと結婚したんじゃありません」

と言って泣いた。

「私は海軍士官と結婚したんですから、泥んこになって野良仕事をする、あなたのこんなみじめな姿は見たくありません。もう一緒にいたくありません」

妻は自分とではなく「海軍士官の制服」と結婚したということなのだろう。鈴木さんは、砂を噛《か》むような思いで、菊子さんの言葉を聞いた。

長期の留守中に何があったのかは知らないが、菊子さんの様子からは、別の男の影さえも見え隠れする。鈴木さんは、心が急に冷めていくのを感じた。妻の両親には、自分が心変わりしたのだと告げた。離婚は避けられないが、三人の娘の親権などがからんでことは簡単ではない。夫婦関係が冷え切ったままの同居は昭和二十五（一九五〇）年まで続いた。

はじめのうちは順調に行くかに思えたトラックの仕事にも、思わぬ壁が立ちはだかる。日本のあらゆる産業の非軍事化を目指していたGHQが、昭和二十一（一九四六）年十一月、日本の太平洋岸にあった製油所の操業を禁止するなどの措置をとり、昭和二十二（一九四七）年二月には石油製品に指定配給物資として配給切符制が実施され、肝心のガソリンが思うように手に入らなくなったのである。

仕事は、需要はあるはずなのに激減した。もとより借金で始めた商売であったから、仕事はあっという間に行き詰まった。闇値でガソリンを買っても、赤字になるばかりである。

少しでも利益率のよさそうな仕事をと、鈴木さんはなけなしのガソリンを使って、静岡から東京へ、ミカンの輸送を試みた。ところが、目方で仕入れるミカンは、途中の悪路で、傷んだり腐ったりするものが多く、東京に着いたときには大きく目減りしている。それでは安く買い叩かれてしまうので、途中の町で即売するか、傷みかけたものは自分で食うしかなかった。やはり静岡の漁港でイカを仕入れたこともあったが、これも、東京で売るより腐らせるほうが多く、ミカン以上の失敗に終わった。

伝手《つて》を頼ってレコード会社へ。一目ぼれした伴侶と新生活をスタート

進退窮まった鈴木さんは、昭和二十二（一九四七）年三月に上京し、なにか新しい就職の手がかりでもあれば、と藁《わら》をもつかむ思いで、キングレコード（当時の社名はキング音響）の総務部長を務めていた従兄の板垣勝三郎氏を勤務先に訪ねた。ところがこの日のうちに、鈴木さんに大きな転機が訪れる。

ここでたまたま会った同社の専務・小倉政博氏が、戦時中、海軍のセレベス民政部の司政官として、マカッサルにいたという。鈴木さんが、昭和十八（一九四三）年、二〇二空の飛行隊長としてマカッサルにもいたことがあると話すと、小倉氏は、

「ああ、あなた、どこかで見たことのある顔だと思ったんだ。ヒゲ部隊の隊長か」

と、よく覚えていた。二〇二空の搭乗員たちは鈴木さんの命令で髭を伸ばし、「ヒ

ゲ部隊」と称していたことは前に述べた通りである。小倉氏は鈴木さんに、

「あなたの部隊がマカッサルに来たら、料亭から何から、客はみんな逃げ出しちゃう。荒っぽいし飲んだら暴れるしで、みんな怖れてましたよ。上空哨戒は頼もしかったですがね」

と言い、互いの戦地での話にすっかり意気投合した。そして、その日のうちにキングレコードの親会社である講談社の野間省一社主に引き合わされ、講談社が、占領軍の方針による財閥解体をチャンスととらえて設立準備中の貿易会社、キング商事に「国内貿易課長」の肩書で入社することになった。ところが翌二十三（一九四八）年、キングレコードのほうに販売課長の欠員が出たのでそちらに回ることになり、鈴木さんは、思いもよらずレコード会社に勤めることになる。

「昭和十（一九三五）年、飛行学生のときに、水戸の料亭で酔って暴れ、外国のレコード五十枚を叩き割ったことを思い出しました。あの頃は、まさか自分が将来レコード会社に勤めることになろうとは、夢にも思わなかった。焼け跡で復興し始めたレコード店へ挨拶回りをしながら、『因果応報』という言葉が、頭をよぎりましたよ」

社員として入社したとはいえ、キングレコードは空襲で工場が焼け、資金不足のためその再建もままならなかった。給料も日払いで遅配は当たり前、鈴木さんは、新居

に定めた東中野の貸家を拠点に、売らずに手元に残しておいたトラックで、日雇い運転手の仕事もアルバイトとして続けざるを得なかった。

昭和二十五（一九五〇）年十一月、四十歳になっていた鈴木さんは、販売不振の九州支店長として、単身、福岡に赴任した。到着したその日は日曜日だったが、土居町にある支店の筋向かいで、たまたま営業していた喫茶店「紫苑《しおん》」に、会社の経理部長と打ち合わせに入った。

「紫苑」は、カウンター七席、テーブル二十席の小さな喫茶店で、博多生まれで当時三十歳の加納《かのう》隆子さんが経営し、二十五歳の民子さんと女性二人で切り盛りしている店であった。世間体を考えて未亡人、と称していたが、隆子さんは、見合い結婚した陸軍士官の夫と、夫の女性関係がもとで戦後間もなく離婚していて、一男一女の子供がいる。民子さんは別れた夫の従妹だが、隆子さんを慕って影のように寄り添っていた。

喫茶店は、隆子さんが生きてゆくための手段として、隆子さんの父・加納慶吉さんが資金を出して開かせた店であった。進駐軍物資の本物のコーヒー、砂糖、ミルクを出すことで、このあたりでは人気があった。隆子さんはいつも、髪を上げ、黒っぽい地味な和装でカウンターに立っている。

鈴木さんは、経理部長と並んでカウンター席に座った。鈴木さんと目が合ったとき、隆子さんは、

「なんて素敵な人なんだろう」

と、思わず息を吞んだという。

「こんなにいい男、見たことがない。一目惚《ぼ》れでした。でもよく見ると、本当はとてもお洒落《しゃれ》で粋《いき》な人だというのは、仕草からもわかりましたが、背広は将校マントの生地を裏返して仕立て直したテカテカのを着ていて、袖口なんかも擦《す》り切れてるし、靴も、コードバンで上等なんでしょうけど、闇市ででも買ってきたのか、ぶかぶかで足にちっとも合っていません。その上、靴の小指のところには穴まで開いていました」

と、隆子さんは回想する。「紫苑」には、ビクターやコロムビアなど、他のレコード会社の社員も出入りしていたが、キングが一番、復興に乗り遅れているようで、社員の服装もひときわ貧しかった。

隆子さんは、意識しながら、鈴木さんと話を合わせようとした。お世辞一つ言わなければ、優しい言葉の一つもかけない、しかし決して無愛想な感じではない鈴木さんの態度に、隆子さんはさらに惹《ひ》かれた。何より、やわらかい低音の声が耳に心地よかった。そして、話のはずみに、

「職業軍人って悲しい言葉ですね。誰も、偉くなって出世して、お金儲けしようとして戦ったんじゃないですのにね」

と言ったとき、突然、鈴木さんの目に涙が溢《あふ》れてきた。不意のことに、隆子さんは思わずうろたえた。

「ああ、この人も戦争で傷ついて、苦労してるんだな、寂しいんだな、なんとかしてあげたいと思いました。涙をごまかすかのように、笑顔で店を出てゆく後ろ姿を見送りながら、この人と一生、添い遂げることになりそうな予感がしました」

この日の隆子さんの印象について、鈴木さんはずっと黙して語らなかったが、八歳下の実妹・久子さんにだけは、

「隆子を初めて見たとき、体に電気が流れたような気がした。俺も一目惚れだったんだ」

と白状している。隆子さんは戦時中、下関税関長を辞めて中国・天津《てんしん》で岩塩を商う貿易公司を営んだ父について天津に渡り、そこで朝日新聞社主催の「ミス天津」に選ばれたこともある美しい女性であった。

鈴木さんは、「打ち合わせ」と称して、足繁く「紫苑」に通った。鈴木さんが帰るとき、隆子さんはうっとりとした視線で背中を追う。それに気づいた民子さんは、

「あんなカライモ団子（色の黒い人）のどこがよかと？」

と悪口を言ったが、隆子さんはうわの空である。

九州支店長としての鈴木さんに課せられた仕事は、工場再建の資金集めをすることだった。具体的には、これまで問屋を通して販売していた流通ルートを見直し、レコード店と直接契約する直販システムを構築し、レコードの優先供給を約束する代わり、各店から保証金をとるというものである。

鈴木さんは、九州中のレコード店をくまなく回り、店主に頭を下げて回った。鈴木さんが提示した保証金の金額は五万円。これは、総務省統計局の消費者物価指数で換算すると、平成二十九（二〇一七）年の約四十一万円に相当するが、昭和二十六（一九五一）年一月現在で五千五百円だった国家公務員の大卒初任給ベースで比較すると、約百六十五万円に相当する。先行して直販システムを取り入れたコロムビアの保証金が一万円だったのと比べると、破格の金額であった。

「工場再建のため、お願いします」

鈴木さんはキングレコードの窮状を訴え、ただひたすら頼んだ。はじめは、

「えらく吹っかけるじゃないか」

と冷淡だったレコード店主たちもしだいに熱意に動かされ、

「じゃあ、キングさんの復興のために協力しようか」

と、直接契約を結んでくれるようになった。鈴木さんは数ヵ月の間に百八十万円もの金を集め、それを東京の本社に届けた。これは、キングレコードの工場を再建する大きな力になった。

鈴木さんと隆子さんの仲はおいおい深くなってゆく。出会って三ヵ月後の昭和二十六（一九五一）年の早春には、二人で博多から太宰府まで汽車に乗って、初めてのデートらしきものもした。だが互いにほとんど会話を交わすことなく、手を握ることすらなく、黙って歩いて、天満宮の写真屋で二人一緒の写真を撮っただけで帰ってきた。それでも、隆子さんには満足だった。

鈴木さんはまだ、離婚が正式には成立していない。互いに気持ちは察しているが、やさしい言葉をかけるでもなく、「好きだ」とも言わない。そんな潔癖さが、また隆子さんの女心をくすぐった。

隆子さんの父・慶吉さんは、佐賀県の鳥栖《とす》に隠棲していたが、時おり娘の様子を見に博多にやってくる。昭和二十八（一九五三）年のある日、鈴木さんは、隆子さんの店を訪れた慶吉さんに引き合わされ、店の二階で一夕、食事をともにした。慶吉さんは下関税関長を務めていた昭和八（一九三三）年、日本政府首席全権として国際連盟脱退の演説をするなど飛ぶ鳥も落す勢いだった松岡洋右《ようすけ》（のち外務大臣）が、トランクやシルクハットに煙草を隠しひそかに国内に持ち込もうとしたのを摘発、「関門の狼」の異名で呼ばれたとの逸話がある硬骨の人である。慶吉さんと鈴木さんは、とても気が合うようだった。慶吉さんは隆子さんに、

「隆子は恋を知らずに結婚した。もし本当に好きな人ができたら、お父さんのことは忘れて嫁ぐんだよ」

と、諭《さと》すように言った。慶吉さんが亡くなったのは、それから間もなくのことであった。

父危篤《きとく》の電報を受けた隆子さんは、その日のうちに店を閉め、鳥栖の父宅に向かった。告別式の弔問客の席に、博多から駆けつけた鈴木さんの姿も見えた。

「お気の毒で……」

余計なことは一言も言わないが、鈴木さんの気持ちが隆子さんの胸に沁みた。父がいればこそ続けてこられた店だったので、隆子さんは、「紫苑」をたたむ決心をした。これから二人の子供を育てていかないといけない、でも鈴木さんはまだ離婚が成立していない。悔しいけれど、子供たちのため、山口県の萩にいる前夫のところに戻ろうと隆子さんは思った。

「鈴木さんとも、もうお別れ……」

萩に発《た》つ前の最後の晩、隆子さんは、店じまいして誰もいない店に鈴木さんを招いた。相変わらず鈴木さんは無口だが、それでも気持ちは通じ合っているように隆子さんは感じていた。重苦しい空気を変えようと、民子さんがタンゴのレコードをかけた。鈴木さんと隆子さんは目と目で頷きあうと立ち上がり、曲に合わせて一曲だけ踊った。曲は「ジェラシー」だった。海軍仕込みの鈴木さんのダンスは、軽く舞うようで、隆子さんはリードされるのが心地よかったと言う。

曲が終わり、店内にまた静寂がおとずれる。隆子さんは、細い糸にすがるような気持ちで、萩での住所を書いて鈴木さんに渡した。

翌日、隆子さんは民子さんと子供たちをつれ、心の中で泣きながら萩に向かった。元の夫の顔は見たくない。でも、自分さえ我慢すれば子供たちも育てられる……。

一週間ほど経った頃、突然、鈴木さんから手紙が届いた。広告チラシの裏に書かれたその手紙は、

「離婚が成立しました。結婚を申し込みます」

という、きわめて簡単なものだった。鈴木さんとしても、隆子さんと結婚するということは、自分の両親、引き取り育てることが決まった前妻との間にもうけた娘三人

に加え、隆子さんとその母親、祖母、子供二人と、十人もの扶養家族を抱え、責任を負うということであるから、大きな決心を要した。

隆子さんに迷いはなかった。隆子さんは博多に帰ると、ある霧の深い晩、民子さん一人を立会人に、鈴木さんと住吉神社に詣で、これを二人の結婚式に代えた。

昭和二十九（一九五四）年三月、鈴木さんはこんどは大阪支店長に転勤することになり、兵庫県西宮市津門綾羽町《つとあやは》に隆子さんとの新居を構えた。ほどなく、東京の前妻のもとにいた三人の娘たちも西宮にやってきた。

鈴木さんが大阪支店長になった頃のキングレコードの専属歌手には、昭和二十七（一九五二）年、「テネシー・ワルツ」でデビュー、大ヒットを飛ばし続けている江利チエミ、「赤いランプの終列車」でデビューしてヒット街道を驀進《ばくしん》中の春日八郎、のちに「南国土佐を後にして」がミリオンセラーになるペギー葉山、「酒の苦さよ～新相馬節」でデビューしたばかりの三橋美智也などがいた。

昭和二十九（一九五四）年八月、春日八郎の「お富《とみ》さん」が発売された。鈴木さんは見本盤を試聴して、この馬鹿に調子がよく明るい曲調が気に入った。歌詞の意味はよくわからないが、これなら伴奏なしでも手拍子で誰もが歌える。

「さっそく、販促の作戦を考えました。一つは『お富さん』と染め抜いた特製ののれんを作り、電話帳で探した『お富さん』という名の飲食店の店先に片っ端からさげてもらうこと。もう一つは、ラウドスピーカーのついた宣伝カーを借りてきて、二学期が始まったばかりの小学校の通学路で『お富さん』を流し続けることです。その効果はすぐに表れて、下校する子供たちが『お富さん』を口ずさむようになった。それで、『これは売れる』と判断、本社に思い切った大量の注文を出したところ大当たりしたんです」

「お富さん」は、発売後三ヵ月で三十万枚、最終的には百二十五万枚を売り上げる大ヒットとなる。中でも大阪支店での売り上げは、東京本社を上回り、突出して多かったといわれる。

大阪支店長としての実績が認められ、鈴木さんは、昭和三十五（一九六〇）年三月、東京本社に役員待遇の営業部長として呼び戻された。新幹線はまだない。大阪駅から東海道本線の特急「こだま」で東京に凱旋《がいせん》する鈴木さんを、大阪支店全社員が万歳で見送った。途中の名古屋駅ホームでも、名古屋支店長以下二十名ほどのキングレコード社員が、鈴木さんが乗る二等車（現・グリーン車）の前に待ち構えて、

「鈴木営業部長、本社ご栄転おめでとうございます！　万歳！」

と歓呼の声で鈴木さんを送った。

営業部長として、英国の大レーベル・デッカ社と販売契約を結ぶ

昭和三十五（一九六〇）年、営業部長としての最初の仕事は、イギリスの大手レコード会社、デッカ社との契約更改交渉だった。デッカはEMIと並ぶ大レーベルで、ウィーン・フィルハーモニー管弦楽団やオペラなどのクラシックを中心に、スタンリー・ブラック、フランク・チャックスフィールド、レイ・チャールズなどのアーティストを擁する世界有数のレコード会社である。

昭和二十八（一九五三）年、キングレコードが日本での販売契約を結び、「ロンドンレコード」のレーベルでレコードを販売している。デッカはA&M、サン、ドットなど多くのレーベルを傘下に持ち、デッカと契約すれば、それら多くの洋楽レーベルを日本で販売する権利も同時に得られる。だが、この頃は日本のレコード各社が洋楽に力を入れ始めた時期で、うかうかすると他社にさらわれかねない状況であった。

契約更改は二年に一度だが、デッカの極東支配人、デリック・ジョン・クープランド氏は日本人を頭から見下しており、横柄でわがままで担当者もほとほと泣かされて

いた。そこで鈴木さんの出馬となったのである。

「ホテルオークラの一室に現れたクープランドは、挨拶もろくにせず、ソファーにふんぞりかえって、『お前が新しい担当者か』と。年齢はぼくと同じか、少し年下ぐらいに見えた。それなら、戦争に行った経験があるはずだと思い、『ところであなた、戦争中はどこにいたんだ』と英語でたずねました」

鈴木さんの英語は、決して上手ではないが、兵学校仕込みのキングス・イングリッシュで、日常会話に不自由はない。

「カルカッタの造船所で高角砲の指揮官だった。俺は大英帝国陸軍少佐だ」

クープランド氏は胸を張る。しめた、と鈴木さんは思った。

「俺は戦闘機の指揮官で、大日本帝国海軍中佐だ」

クープランド氏の態度が変わった。

「なんだ、それじゃ俺より上官じゃないか」

軍人の階級は万国共通である。階級の上下は国境を問わない。もっとも、日本海軍はすでに消滅しているが――。

世界中どの国であろうと軍人経験者なら、自分より階級が上の者にはかならず一目置く。それを見越した鈴木さんの作戦だった。しかもカルカッタ空襲には、鈴木さんの率いる二〇三空零戦隊も参加するはずだった。二〇二空の出撃は米軍のギルバート諸島上陸のため中止になったが、のちに新郷少佐率いる三三一空零戦隊が空襲に参加している。

「カルカッタの空襲には俺も行くはずだった。俺たちの仲間が空襲に行って、大戦果を挙げている」

鈴木さんが言うと、

「あのとき、あんたの仲間が来ていたのか。でも爆弾は一発も当たらなかったぞ」

クープランド氏は、よほど打ち解けた口調で答えた。

「なにを言うか、そっちの高角砲だって、ちっとも当たらなかったじゃないか」

二人は顔を見合わせて大笑いした。そしてこのあと、キングレコードとデッカの契約は非常にスムーズに運ぶようになったという。

営業部長の仕事は多忙をきわめた。プロモーション用の新曲試聴には連日のように立ち会う。レコード店や、曲を流してくれるテレビ、ラジオ局の担当者の接待も多い。鈴木さん自身、音楽は好きだが、社員の中にはクラシック、ジャズ、歌謡曲、その他あらゆるジャンルのエキスパートが揃っているので、あれがいい、これがいいと持ってくる企画に、基本的にゴーサインを出すだけで、結果の責任はすべて鈴木さんが負う。部下としては、非常に力の振るいがいのある上司である。ただし、あまりに採算を度外視した企画や、同じ失敗を繰り返す部下に対しては叱《しか》りつける厳しさもあった。

梓みちよの「こんにちは赤ちゃん」がテレビで歌われ話題になった昭和三十八（一九六三）年、銀座にアドバルーンを上げて宣伝に力を入れるなど、鈴木さん自身のアイディアが大ヒットにつながったこともあった。「こんにちは赤ちゃん」は、この年のレコード大賞を受賞した。

新人の発掘も大切な仕事である。昭和三十九（一九六四）年、鈴木さんは、大阪支店長時代に懇意にしていた大阪の大手レコード店、大月楽器の社長・大槻《おおつき》藤太郎氏に、新人歌手の紹介を依頼した。大槻氏は関西レコード商組合会長で、大阪・馬場町の「大阪歌謡学院」という音楽教室の理事長も務めている。

「大阪歌謡学院」の生徒で大阪府立八尾《やお》高校二年生だった脇田節子《わきたせつこ》は、大槻氏の薦めで、キングレコードのオーディションを受けた。

歌謡学院の生徒のほとんどが歌手をめざしていたが、節子は、プロになる気は全くなかった。幼稚園の頃から地元・八尾市久宝寺で童謡を習っていたのに飽き足らなくなり、いわばお稽古事の延長として、小学校四年生の頃から歌謡学院に通っていたのである。

しかし、節子の歌唱力には天性の冴えがあった。昭和三十八年、高校二年生のときの八尾高校文化祭で、のちにピアニスト、作編曲家として活躍する同級生の上柴はじめ氏の弾くピアノの伴奏で歌った「南の花嫁さん」は、同窓生の間で伝説となって語り継がれている。

オーディションと言っても形式的なものであったらしく、鈴木さんははじめから、「おもしろい声の子がいる」と、節子を推薦されていた。節子のデビューはとんとん拍子に決まり、高校を二年で中退して東京に出て、歌手になることになった。話が決まって節子が横堀のキングレコード大阪支店に挨拶に行くと、そこに鈴木さんがいた。

十七歳の節子から見た五十四歳の鈴木さんは、恰幅《かっぷく》がよく、堂々たる「レコード会社の偉い人」であった。未知の世界の入り口に立ったような気がして緊張していた節子は、何を話したか覚えてはいないが、少し言葉を交わしただけで、

「この人、怖い人じゃない。声のいい方だな」

と感じた。おだやかな鈴木さんの話しぶりと、低音で温かい、緊張をほぐすような

声が印象に残った。

節子は昭和三十九（一九六四）年三月末、東海道本線の電車で東京に出た。大阪の八尾からいきなり出てきた節子にとって、東京で見るもの聞くものすべてがめずらしかった。街を歩いても、「どうしてこんなに人が多いの？」と思うほどで、道ゆく人が皆、自分に向かってくるような気がする。それは一種のカルチャーショックだった。

四月八日、文京区音羽の講談社裏手の高台にあったスタジオで、デビュー曲「母恋三味線」、カップリング曲の「船場のこいさん」を録音する。発売日は六月二十日と決まった。

芸名は、デビューのきっかけを作った大月楽器と、大阪の大手レコード店・ミヤコにちなんで、キングレコード文芸部長・町尻量光氏がつけた。

歌手・大月みやこの誕生である。彼女がのちにNHK紅白歌合戦に十年連続で出場するなど、日本歌謡界を代表する歌手として活躍するようになるとは、そのときは本人もふくめ、まだ誰も予想だにしていない。だが鈴木さんは、大槻氏から預かったこの子を大切に育てようと決心していた。

かつて海軍で鈴木さんにもっとも強い印象を残した部下の一人で、ガダルカナル島上空で戦死した二〇四空飛行隊長・宮野善治郎大尉は旧制八尾中学の出身、つまり新制八尾高校の大月みやこは宮野大尉の後輩にあたり、そんなことからも鈴木さんはみやこに親しみを感じている。もっともみやこは、鈴木さんが昔、戦闘機乗りであったことは知らない。

キングレコードの本社オフィスは、音羽通りに面した光文社ビルの六階にあった。エレベーターを降りると、通路の左側が制作部、右側が営業部、宣伝部である。鈴木さんの席は、右奥の窓際にあった。

この時代、レコード会社の専属歌手は、仕事のないときも毎日出社することが求められている。とはいえ、歌手にそれぞれ机や椅子が用意されているわけではない。大スターであった三橋美智也、春日八郎などなら応接用の椅子にも座れるが、デビューしたばかりの新人歌手が座っていられるような場所はなく、またそんな雰囲気でもなかった。

「でも、居場所がなくいつも通路に立っていた私に、席を立ち上がって『おう』と声をかけてくれたのが鈴木さんでした」

と、大月みやこは回想する。年齢も立場もあまりにも違うので、じっくり話をするような機会はなかったが、鈴木さんの存在は心強いものであった。

「そうそう、デビューした年の十月十日、東京オリンピックが開会されて、航空自衛隊のブルーインパルスが晴れた空に五輪を描くのが、鈴木さんの席の後ろの大きな窓から見えたんです。すごくきれいで、夢中になって見ましたね……」

赤、黄、青、黒、緑の煙を引きながら五輪を描くブルーインパルス・F86Fセイバー戦闘機の編隊アクロバット飛行の妙技を、大月みやこと並んで見ていた鈴木さんは

ふと、

「あれなら俺にもできるんじゃないかな」

とつぶやいた。開会式で、国立競技場上空で空に五輪を描くのは、当時、参議院議員を務めていた元三四三空司令・源田實氏がオリンピック実行委員会に提案したもので、国立競技場の天覧席についた天皇、皇后の真後ろで、ブルーインパルスの無線誘導、地上指揮にあたっていたのは、元三四三空分隊長で、当時航空幕僚監部勤務だった山田良市二等空佐（のち航空幕僚長）であった。

この頃から、鈴木さんの体に異変が起こる。昭和四十（一九六五）年春、全身に激痛が走り、いくつかの病院を転々としたが病名がわからず、結局、国立がんセンターで脊椎《せきつい》カリエスと診断され、手術を受けた。原因は、昭和十六（一九四一）年八月、漢口基地での着陸事故で頸椎を損傷したことではないか、との医師の説明であった。

洋楽部門の責任者となり、カーペンターズの大ヒットを仕掛ける

　昭和四十一（一九六六）年、仕事復帰とともに常務取締役兼営業本部長に就任した鈴木さんは、続いてデッカ・ロンドンレコード部長も兼務し、以前にも増して精力的に仕事を続けた。

ロンドンレコード部長を兼ねるので、海外アーティストの契約交渉やデッカグループの国際会議などで、社長になった町尻量光氏とともに海外に出張する機会も増えてきた。海外では、鈴木さんは、クープランド氏がつけた「セーラー（海軍軍人）」のニックネームで呼ばれていた。

　ここで鈴木さんの右腕の洋楽販売課長となったのが粟飯原《あいはら》博和さんである。粟飯原さんは昭和七（一九三二）年生まれ、戦時中、南満州鉄道勤務の父のもと、満州各地を転々として育ち、北朝鮮の羅津《らしん》で終戦を迎えた。そこから命からがら日本に引き揚げ、県立千葉高校、千葉大学を出て、キングレコードに入社した。それまでの九年間、名古屋支店のセールスマンとして、店ごとの売り上げデータを駆使したきめの細かい売り込みで、きわだった成績を挙げている。その手腕を見込まれての本社転勤で

あった。粟飯原さんは、鈴木さんが大阪から東京本社に栄転するさい、名古屋駅ホームで万歳を叫んだうちの一人でもあった。

粟飯原さんの、鈴木さんに対する第一印象は、ソフトな物腰だが近寄りがたい威厳がある、というものだった。実際に仕事をしてみると、大きな方向性は鈴木さんが示すものの、現場の細かいことにはほとんど口を出さない。部下としては非常にやりやすい反面、それだけ責任をもたされているという実感もあった。

毎月、何百種類もの音源がデッカ傘下のレーベルより届く。それをくまなく聴いて、海外でのヒットチャートの動き、日本人の好みなどから総合的に判断して、日本で発売するかどうかを決める。ところがヒットチャートや人々の気分はつねに動いているので、決断にも、行動に移すにも、そう時間はかけられない。

そんなとき、本来ならば稟議《りんぎ》書を提出して役員会議に諮《はか》らなければならない場合でも、鈴木さんは粟飯原さんが、

「常務、これでやりますから」

と言えば、たいていOKを出した。粟飯原さんの下には、寒梅賢《かんばい》さんという、ロックが好きで、音楽については天才的な勘を持つ部下がいる。

学生運動が盛んになり、若者たちは反体制を叫んでいた。時代の趨勢《すうせい》はロックに移

り、ローリング・ストーンズのレコードはキングレコードのドル箱であった。

ところがそんな時代に、ソフトで美しいメロディーで一世を風靡《ふうび》した兄妹デュオがいた。デッカ傘下のA&Mから売り出したばかりのカーペンターズである。栗飯原さんは、彼らのデモテープを聴いて、

「しみじみ心の洗われる音楽。ヤングからおじいちゃん、おばあちゃんにまで抵抗なく受け入れられる」

と確信した。曲の邦題は、歌詞の意味を考えて、寒梅さんがつけた。栗飯原さんは、カーペンターズの売り出しに、年間の広告予算をはるかに超える額を投入することを決意し、鈴木さんにゴーサインを出させた。

キングレコードの新聞広告は、講談社と共通の予算だったので、講談社に頼んでカーペンターズの枠をとった。やると決まれば、発売日までの二週間、人々が見るもの聴くもの全てをカーペンターズに結びつけて認知させたい。国鉄の車内中吊り広告は単価が高いので、都電、都バスの全車両、運転席の後ろの誰もが目にする場所に、カーペンターズのポスターを貼る。ラジオの人気DJと一席設けて、これを放送しろとは言わないが、

「これ、誰もまだ聴いてないから。海外での発売は○月○日だから、それまでは内密

に」

と言って見本盤を渡しておくと、指定した日以後に何度も流してくれる。そうやって前評判をあおっておいて、一気に発売する。リスナーの反応や売れ行きを見ながら、さらに広告媒体を変え、テレビスポットや国鉄の主要駅にポスターを貼るなどして追い撃ちをかける。

こうして、昭和四十五（一九七〇）年に発売された「遥かなる影」は大ヒットを記録し、キングレコードの洋楽部門は黄金期を迎えた。キングレコードのレコードジャケットの背表紙は青色だが、レコード店の洋楽コーナーの棚にズラッと並ぶ青の背表紙は、「青い山脈」と呼ばれ、競合他社からの羨望《せんぼう》と妬《ねた》みの的になった。

この年、キングレコード社内でも「洋楽本部」が「営業本部」から独立し、鈴木さんは洋楽本部長となった。

レコードが売れれば、広告枠も広がる。次の録音もふくめ、ローテーションも組みやすくなる。粟飯原さんは鈴木さんに、

「カーペンターズを本物にするためですから」

と言い、放送局の社長や編成部長との会食にしばしばひっぱり出した。昭和四十八（一九七三）年には「イエスタデイ・ワンス・モア」がふたたび大ヒット。この年に

発売されたアルバム「ナウ・アンド・ゼン」は初回プレスの十万枚があっという間に完売し、追加分も、観音開きのジャケットの印刷が間に合わないほどの売れ行きで、アルバムだけで五十万枚を売り切った。この頃、カーペンターズの日本でのレコード売り上げは、ライバルEMIが擁するビートルズをも凌《しの》ぐほどだった。

鈴木さんが洋楽本部長となって、粟飯原さんや寒梅さんとともに手がけたアーティストは、クラシックではウラディーミル・アシュケナージ、ポピュラーではトム・ジョーンズ、ポール・アンカ、シャルル・アズナブール、レイモン・ルフェーブル、クインシー・ジョーンズ、リカルド・サントス、セルジオ・メンデス、マントバーニなど多岐にわたった。

鈴木さんは語る。

「カーペンターズは、じつにいい男といい女の兄妹、という印象でしたが、妹のほうが食事をしてくれないので困った覚えがあります。その後、拒食症で亡くなってしまいました。

セルジオ・メンデスは大酒のみで大の日本酒党、レイモン・ルフェーブルは本当の紳士、リカルド・サントスはその後、ウェルナー・ミューラーと名前を変えましたが、兄弟みたいに仲良くしていて、ドイツに行ったとき一緒にヨットに乗せてくれたり、思い出は尽きないですね。

でもぼくは、べつに音楽の趣味はないんですよ。昔もいまも音楽、洋楽のことは全然わからない。契約となると、どうしても海外に出かけていって、アーティストと会わないといけないんですが、洋楽を知らない洋楽本部長でしたね……」

しかし粟飯原さんは、この鈴木さんの言葉に対し、

「音楽がわからない、洋楽を知らないということはありません。それは謙遜じゃないですか？ 音楽理論を掘り下げるわけでも、マニアックなわけでもありませんが、けっこう音楽に関心を持ち、全天候型の音楽知識はお持ちでした。朝から晩まで音楽びたりで、嫌いでは務まらない仕事ですし、音楽に造詣《ぞうけい》がなかったら契約相手にも馬鹿にされます」

と反論する。

鈴木さんはまた、テレビの歌番組に審査員として出演することも多かった。日本テレビ系列、読売テレビ制作の「全日本歌謡選手権」は、厳しいオーディションを勝ち抜いてきた歌手志望者が毎週五～六人登場し、十週勝ち残ればレコード会社との契約権を得るという、日本テレビの「スター誕生！」とともに本格派と目されるプロへの

登竜門的歌番組だったが、この番組に鈴木さんはレコード会社代表としてしばしば出場している。

淡谷のり子や船村徹ら、他の審査員がヘッドホンをきちんとつけて姿勢を正して歌を聴いているのに対し、鈴木さんはヘッドホンを片耳だけにかけ、ちょっと斜に構えた姿勢で聴いている。その姿は、いかにもダンディに見えた。ヘッドホンを片耳で聴くのは、戦闘機乗りだった頃、無線のレシーバーが片耳に装着するタイプだったので、そのほうが鈴木さんには聴きやすかったのだ。

鈴木さんはまた、番組スポンサーの経営者とも昵懇《じっこん》の間柄となり、神戸に本社のある加美乃素本舗《かみのもとほんぽ》の育毛剤の新聞広告で、写真のモデルを務めたりもしている。

昭和五十二（一九七七）年八月十三日には、NHK「第九回思い出のメロディー」に、司会者の森光子が戦地で慰問した将兵と再会するサプライズの設定で、二〇二空零戦隊の元部下、塩水流俊夫、普川秀夫、吉田勝義、八木隆次、増山正男、長谷川信市、大久保理蔵各氏と一緒にステージに上がり、「同期の桜」「若鷲の歌」を森光子とともに熱唱した。楽屋裏では、やはり二〇二空に慰問に来たことのある歌手の藤山一郎が、歌唱指導や彼らの世話をしてくれた。

昭和五十年代に入ると、キングレコードは、洋楽部門は相変わらず好調なものの、従来の歌謡曲に代わって若者の人気を呼ぶようになったニューミュージック（ポップ調のサウンドを基調とするシンガーソングライターの作品）の分野で出遅れ、邦楽部門の売り上げ不振から急激に業績が悪化していた。昭和五十三（一九七八）年六月、経営再建のため講談社から役員が派遣されることになり、町尻社長は退陣する。それを機に鈴木さんは常務を勇退し、顧問となった。顧問を退任し、キングレコードとの縁が切れたのは昭和五十五（一九八〇）年七月二十日のことであった。鈴木さんは七十歳になっていた。

孫娘に言い残した遺言は、「部下が散った空戦の海への散骨を」

鈴木さんのクラスメート・海兵六十期は、百二十七名中五十八名が戦死、あるいは殉職《じゅんしょく》し、戦争を生き抜いた同期生も、昭和六十（一九八五）年時点ですでに二十二名が他界している。

毎年四月、東京・原宿の東郷神社に隣接する水交会（海軍士官の親睦施設であった水交社の後身）で、同期生が集まって「昭八会」（昭和八〈一九三三〉年、遠洋航海に行ったクラスの意）という集いを開いていたが、

「みんなそろそろ、お迎えも近いことだし、旅行でもしようや」

と、なかでも仲のよい鈴木さん、進藤三郎さん、山下政雄さんの「六十期戦闘機三羽烏」に、聯合艦隊航空参謀を務めた多田篤次氏、艦船勤務だった豊島俊夫、砂田正二、鈴木敬弥、斎藤英治各氏の八名が語らって、「八千代会」と称し、年に一度、全員が夫婦揃っての旅行を始めることになった。

八千代会の旅行は、昭和六十一（一九八六）年の台湾旅行に始まり、カナダ、沖縄、萩・岩国・秋芳洞、十和田と続く。

青春の日、数年間を猛訓練の中でともに過ごし、同じ釜の飯を食い、同じものを見、同じ規律の中で暮らした同期生の絆の深さは兄弟以上で、そんな友情が老境に入ると格別に大切な、かけがえのないものに感じられた。鈴木姓の二人は、兵学校時代から、「ミノル」、「ケイヤ」と、下の名前で呼び分けられている。同期生が互いを呼び合うときは「俺」「貴様」のままである。

旅行に行くと、夫人たち女性陣は、朝から晩まで話題が途切れないかのように話がはずんでいる。男性陣は皆、機嫌がいいが、それほど口数は多くない。女性陣は、

「男の人たちはあれで楽しいのかしら」

といぶかしむが、男同士では、互いの顔を見ているだけで十分に気持ちが通じ合

い、それで満足だったのだ。

だがそんな時間も、それほど長くは続かなかった。はじめは皆がシャンと歩いていたのに、一人、二人とステッキを手放せない者が増えてくる。

平成三（一九九一）年夏、鈴木さんに胃癌が見つかった。初期の癌ではない。鈴木さんが意外にくよくよするのを知っていた隆子さんは、本人に告知はしないことと決めた。

「手術前に、最後の思い出を作っていらっしゃい」

という医師の勧めで、隆子さんは、

「この夏、進藤さんと山下さん、敬弥さんを誘って小豆島《しょうど》に行きませんか」

と、鈴木さんに提案した。小豆島には、老後をそこで過ごすつもりで鈴木さんがキングレコード営業本部長だった頃に買った家がある。

「いいね」

鈴木さんは嬉しそうに賛成した。

小豆島では、広島県三原市に嫁いだ鈴木さん夫妻の娘、松尾礼子さんと孫娘の芽実《めみ》さんが、全員の食事の用意や世話をする。十日間、皆が機嫌よく過ごして、鈴木さんが自分の癌に気づかぬよう、いつものようにさりげなく別れた。進藤さんは、鈴木さ

ん夫妻と別れて広島まで送られる道すがら、

「絶対大丈夫だ。ミノルが死ぬもんか。また来年も来る。きっと来る」

と、涙ぐみながら何度も言った。いっぽう、山下さんは、横浜の自宅に帰るまで一言も口を開かなかったという。

鈴木さんの手術は、胃の三分の二を切除して、成功した。平成五（一九九三）年八月七日には、鈴木さんは山下さんとともに、初めて「零戦搭乗員会」の総会に参加している。上野精養軒に百四十一名もの元零戦搭乗員が集ったこの会で、鈴木さんは「長老」として乾杯の発声を求められた。

「俺が長老か……」

八十三歳、参加者の中では最年長で海軍での序列も上ではあるが、せっかく昔の仲間と久闊《きゅうかつ》を叙《じょ》しあいたいと思ってきているのに、「長老席」と称する別格の席を用意され、しかも、大分空時代の教え子や二〇二空、二〇五空時代の部下が、「分隊長！」「隊長！」「飛行長！」と、当時の職名で語りかけてくる。これでは、自分の知らない連中に疎外感を与えてしまいそうだ。それに「党中党をつくる」のは、鈴木さんは嫌いであった。鈴木さんは結局、これきり会には出なくなった。

私が、零戦搭乗員会代表世話人をつとめていた志賀淑雄さんに紹介され、鈴木さんとの縁ができたのは、はじめに述べたように戦後五十年の節目を迎えた平成七(一九九五)年秋のことである。

鈴木さんの家は都営地下鉄十二号線(現・大江戸線)豊島園駅の側《そば》にあった。鈴木さんは隆子さんと一緒によく地下鉄に乗って二駅先の終点の光が丘へ行き、昔、陸軍成増飛行場だった光が丘公園の、滑走路の名残である南北に伸びた銀杏《いちょう》並木を散歩したり、ショッピングセンター内にあった映画館で映画を観《み》たりした。鈴木さんの観る映画はたいてい、『男はつらいよ』『釣りバカ日誌』など肩の凝らない邦画で、戦争映画やラブロマンス、深刻なストーリーのものは観ようとしなかった。

光が丘に行けば、昼食はたいていピザかスパゲティである。私も何度かご相伴にあずかったが、鈴木さんも隆子さんも、どちらかといえばあっさりしたものよりもこってりと脂っぽい食べ物のほうが好きだった。昼どきで、店が混んできて少しでも並ぶ人が出てくると、鈴木さんは食事もそこそこに、

「じゃ、行こうか」

と伝票をつかんで立ち上がる。その気配り、杖《つえ》が手放せないとはいえスマートな身のこなしは、かつての海軍士官時代の姿を彷彿《ほうふつ》させた。

「杖を突いて歩いていても、若い女性とすれ違うと背筋がシャンと伸びるんですよ」

と、隆子さんは愛《いと》しそうに笑った。

隆子さんには、一つだけ叶えたい願いがある。それは、一度でいいから鈴木さんと腕を組んで歩いてみたい、ということだった。

クラスメートの進藤さんも山下さんも、旅先など夫婦で手をつないで歩いていたし、腕を組んで写真を撮ったりもしている。だが隆子さんは、本当に一度も、鈴木さんと外で手をつないだり、腕を組んだりしたことがなかったという。あるとき、桜が美しく咲き誇る光が丘公園で、隆子さんが私にこっそりと、

「今日は主人と腕を組んだ写真を撮ってもらえないかしら」

と耳打ちをした。私は、さりげない記念撮影を装い、二人が並んだ写真を何枚か撮ったあと、

「それじゃ、せっかくですから腕を組んでみましょうか」

と声をかけた。隆子さんはニッコリと微笑んでそっと鈴木さんと腕を組もうとする。ところが鈴木さんは、しっかりと脇を締めて隆子さんの手が入る隙を与えない。どうも、そういうことが照れくさくてできない性分らしかった。

年とともに、クラスメート同士でも、心配なことが増えてくる。山下政雄さんは耳が遠くなった上に癌で入院し、あちこちの病院をたらい回しにされている。進藤三郎さんは柿の木に登って落ちたり、蓋《ふた》が開いていたマンホールに落ちたりで怪我が絶えない。鈴木さん自身も、糖尿病を抱え、平成九（一九九七）年の春先には、緑内障の手術で順天堂医院に入院している。

平成九年四月十一日、枝垂《しだれ》桜の美しい水交会で行われたクラス会に、進藤さんが決死の思いで広島から参加、進藤さん夫妻と鈴木さん夫妻を、私の運転する車で山下さんが入院する横浜の病院までお連れしたのが、「海兵六十期戦闘機三羽烏」が集った最後の機会になった。山下さんはそれからほどなく、六月二十六日に息を引きとった。

横浜に山下さんの見舞いに行って一ヵ月も経たない五月二日、鈴木さんも事故に見舞われる。鈴木さんは体の動きをよくするために、練馬春日町にある鍼灸《しんきゅう》院に通っていた。いつもはタクシーで出かけたが、その日に限ってちょうどよくバスが来て、隆子さんと二人でバスに乗った。すると発車して間もなく、前を走っていた車が急にUターンして、バスは急ブレーキをかけた。鈴木さんは席にかけた直後で助かったが、隆子さんがはずみで運転席の横まで吹っ飛ばされた。隆子さんは腰を強打して、歩けなくなってしまった。

　隆子さんが動けなければ、鈴木さんは家事もなにもできない。そこで鈴木さん夫妻は、広島県三原市に暮らす娘・松尾礼子さんのところに身を寄せることになった。松尾家は、瀬戸内海を見おろす高台にある。鈴木さんはここで、隆子さんとベッドを並べて療養生活を送った。

　隆子さんが車椅子でどうやら動けるようになると、鈴木さんは進藤さんに電話して、互いの家の中間にあたる広島空港横のエアポートホテルのロビーで待ち合わせ、夫婦揃って何度か会った。会ってもべつにおしゃべりをするわけではない。ただニコニコと向かい合って数時間、座っているだけで満足だった。

「生きておったら、また会えるさ」

　鈴木さんは、別れ際にはいつも、自らに言い聞かせるように言った。

　平成十（一九九八）年二月、鈴木さんの体に異変が起きた。激痛が体を貫くように走り、手足が全く動かせなくなった。医師に診せたところでは、やはり昭和十六（一九四一）年八月の着陸事故で頸椎を折った後遺症であるらしかった。鈴木さんは痛みに顔をゆがめ、昼も夜もうなり続けた。ついには隆子さんに、

「酸素吸入器に火をつけてくれ」

とか、

「車椅子で運んで線路に置いてくれないか」

などと言うようにもなった。隆子さんは、

「そうですね、死ぬときは一緒に死にましょうね。でも、火をつけたり電車に轢《ひ》かれたりすると皆さんにご迷惑ですから、私が歩けるようになったら、車椅子を押して一緒に海に飛び込みましょう」

と言ってなだめた。

激痛は四十日間にわたって続いた。鈴木さんは苦しい息の下で、

「俺は大勢の部下を死なせてきたから、その罰を受けてるんだ」

と言い、そう理解することでかろうじて苦痛に耐えているようであった。鈴木さんの脳裏にはいつも、戦死した列機の寺井良雄一飛曹をはじめとする部下たちの若い顔が浮かんでいた。

首の牽引《けんいん》のリハビリを重ねるうち痛みはおさまったが、全身の麻痺はそのまま残った。入院は十四ヵ月におよび、その間、ちょっとした傷がもとで壊疽《えそ》を起こした左足を膝の下から切断した。

そんな鈴木さんを進藤さんは心配して、毎月、宮島口の名物・あなごめし弁当を奥さんに持たせ、鈴木さんのもとへ届けさせた。進藤さんももはや、心機能が衰えて自力での外出は無理であった。進藤さんは平成十二（二〇〇〇）年二月二日、自宅のソファーに座ったまま、眠るように息を引きとった。

病床で進藤さんの訃報《ふほう》を聞いた鈴木さんは、しばらく瞑目《めいもく》すると、

「そうか、進藤も死んだか」

と何度もつぶやくように言った。

退院し、三原の礼子さんの家に戻った鈴木さんは、動かぬ体をベッドに横たえて、眼下の瀬戸内海を行き交う船を眺め、隆子さんや礼子さんのおしゃべりを聞きながら毎日を過ごした。私は都合八回、ここに鈴木さんを見舞っている。

鈴木さんは、首から上はしっかりしていた。頭はもちろん、耳も遠くないし、九十歳にして入れ歯もなく、自分の歯が全部残っている。だが、首から下は、手の先がわずかに動く以外は完全に麻痺していた。

風呂には朝、礼子さんやヘルパーが二人がかりで入れる。ちょうど、湯船に浸かって見える位置に、海軍兵学校の愛唱歌「江田島健児の歌」の歌詞を書いた紙を貼り、

鈴木さんは毎朝、この歌を口ずさんだ。礼子さんに紙と筆と墨を用意させて、ベッドを起こし、スケッチブックに字を書くリハビリも一生懸命にやった。痛みが引いてからは達観したのか、自分の体や介護に対して不平一つこぼさなくなったが、それでもストレスを感じることはあったらしく、紙に、

「不愉快不愉快ババアがうるせい」

と書きなぐることもあった。

平成十三（二〇〇一）年に入ると、鈴木さんの体は目に見えて衰えていった。秋のある日、私が見舞いに行ったとき、隆子さんがふと、

「あなた、もしも生まれ変わったら何になりたいですか？」

と聞いた。鈴木さんはちょっと考えて、

「そうだな、俺は鳥になりたいなあ。鷲のような大きな鳥になって、また空を飛んでみたい」

と、目を細めて答えた。

「空を飛ぶなら、飛行機はどうですか？」

重ねて聞くと、

「零戦は実にいい飛行機だったよ。零戦ならもう一度、操縦してみたいな」

苦しそうな息づかいながら、すぐにでも操縦したいような口ぶりだった。

「でも、いまはもう、ちょっと無理ですねえ」

隆子さんが言うと、鈴木さんは一瞬、顔色を変え、

「できるさ！」

と、ややムキになって答えた。

「零戦の操縦桿を握ったら、俺は誰にも負けけん」

力のこもった声だった。これが、私の聞いた鈴木さんの最後の言葉になった。

十月二十五日の夜、鈴木さんは毎晩、寝る前に嗜《たしな》んでいたブランデーを舐《な》めた後、咳《せき》が止まらなくなり、そのまま意識を失った。医師や家族が懸命に看病したが、十月二十八日午前三時七分、隆子さんに看取られて鈴木さんは九十一年の生涯を閉じた。

生前に用意した戒名は「実相院碧天飛龍居士」、寝たきりになる前、「葬式一切不用」との遺言書を用意している。遺言どおり、鈴木さんの葬送は親族のみで執り行った。ほどなく、隆子さんから私のもとへ葉書が届いた。

〈いつも二人で見てゐた海を
今は一人で見てゐます
どうして居なくなつてしまつたのでせう
呼ぶ声に振向いても姿がないのです〉

瀬戸内の夕景の絵葉書に書かれたこの文面は、暗記するほど何度も読み返した。これほど切々と思いを綴《つづ》った美しい恋文を、私はほかに知らない。

遺言とは別に、鈴木さんは、

「俺が死んだら」

と、孫娘の芽実さんにだけ言い残していた。

「遺灰はアラフラ海に撒《ま》いてくれ」

家族の誰も、鈴木さんの戦歴のことは、本人が話さなかったため、ほとんど知るところがない。芽実さんは、どうしてそんな、聞いたこともないような海の名前を祖父が口にするのか、はじめのうちは理解できなかったという。鈴木さんが零戦隊を率い、アラフラ海上空で豪空軍のスピットファイアと空戦を繰り広げ、そこで最愛の二番機、寺井一飛曹を失ったことを隆子さんや芽実さんが知るのは、ずっとあとのことである。

隆子さんは、瀬戸内海の尾道の対岸にある向島《むかいしま》の神宮寺に鈴木さんの供養塔を建てた。遺骨は遺志にしたがい、隆子さんの手元に置かれ、いつか芽実さんの手でアラフラ海上空に舞う日がくるのを待っている。そのときはもちろん、私も一緒に見送るつもりだ。

鈴木 實（すずき　みのる）

明治四十三（一九一〇）年、東京に生まれる。昭和七（一九三二）年、海軍兵学校を六十期生として卒業、飛行学生を経て戦闘機搭乗員となる。空母「龍驤」乗組の昭和十二（一九三七）年八月、第二次上海事変で初陣、四機を率いて二十七機の敵戦闘機を相手に九機を撃墜、感状を受ける。昭和十六（一九四一）年にも第十二航空隊分隊長として零戦隊を率い、中華民国空軍を相手に活躍。昭和十八（一九四三）年には、第二〇二海軍航空隊飛行隊長となり、蘭印（現・インドネシア）・ケンダリー、クーパン基地を拠点にオーストラリア本土のダーウィン空襲を指揮。豪空軍のコールドウェル中佐率いるスピットファイア部隊に対し、一方的勝利をおさめた。終戦時、第二〇五海軍航空隊飛行長、海軍中佐。戦後はキングレコードに勤務。大月みやこなど多くの歌手を世に出し、さらにカーペンターズやローリング・ストーンズをはじめ、海外アーティストを日本に紹介、さまざまなヒット曲を手がけた。平成十三（二〇〇一）年、歿《ぼっ》。享年九十一。

飛行学生の頃、霞ケ浦基地で撮られた写真と思われる。右から2人めが鈴木さん

昭和12年撮影の空母「龍驤」戦闘機隊。中列左より鈴木さん、隊長・小園安名少佐、舟木忠夫大尉

昭和13年、佐伯空時代。左・八木勝利少佐、右・鈴木さん。志賀淑雄さんのアルバムから見つかった、鈴木さん本人も記憶になかった１枚

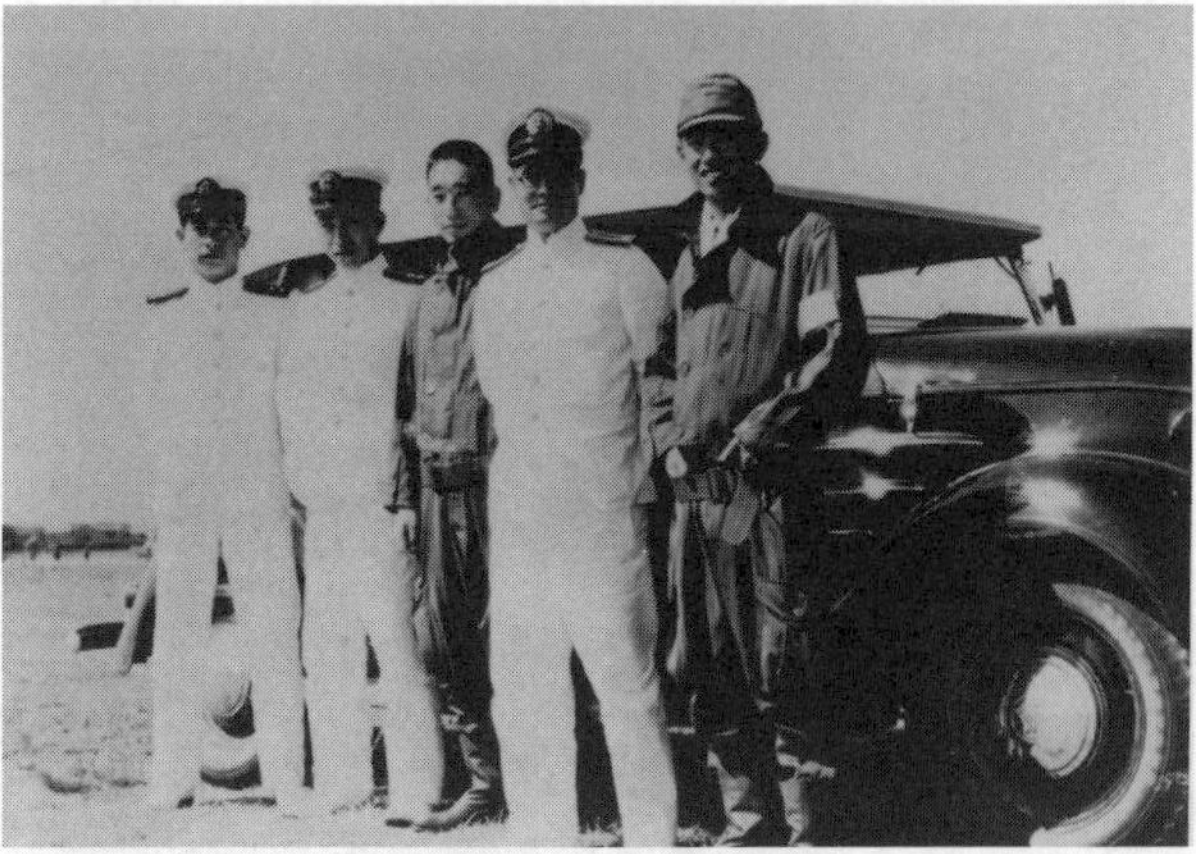

昭和13年９月頃、佐伯空分隊長時代。左より浅井正雄中尉、四元（志賀）淑雄中尉、岡嶋清熊中尉、八木勝利少佐、鈴木さん（大尉）

昭和16年、要務で出張した中国・青島で、麻の白い背広を着て外出する鈴木さん。当時十二空分隊長

昭和15年夏、大分空にて

昭和16年、漢口基地で。左より佐藤正夫大尉、鈴木さん、蓮尾隆市中尉、向井一郎大尉（後ろ姿）

昭和16年5月、運城基地でブリーフィングをする鈴木さん。その左は宮野善治郎中尉。砂塵除けにマスクをしている

昭和16年5月26日、中国大陸上空を飛ぶ零戦隊。胴体に赤帯2本の指揮官標識を記した機体が鈴木さんの乗機

昭和18年5月頃。ケンダリー基地指揮所にて。口髭をたくわえている

昭和17年の天長節（4月29日）、大分空にて。紺の第一種軍装の胸には、戦功を物語る功四級金鵄勲章、勲六等単光旭日章、そして従軍記章が輝いている

昭和18年5月2日、ダーウィン空襲を終え、帰投したクーパン基地で祝杯を挙げる。左向きでグラスに手を伸ばしているのが鈴木さん

昭和18年9月7日、戦死した鈴木さんの二番機・寺井良雄一飛曹（右）。チモール島クーパン基地にて

昭和18年11月22日、ケンダリー基地を訪れた慰問団と二〇二空の隊員たち。左から2人めは森光子、3人めが鈴木實少佐

昭和35年、キングレコードと英国デッカ社との契約交渉。左がデリック・ジョン・クープランド氏、右奥が鈴木さん

カーペンターズにゴールドディスク贈呈（昭和49年）。右から栗飯原博和さん、鈴木さん

第二章

佐《さ》々《さ》木《き》原《ばら》正《まさ》夫《お》

真珠湾攻撃から終戦まで戦い抜いた
空母戦闘機隊の若武者

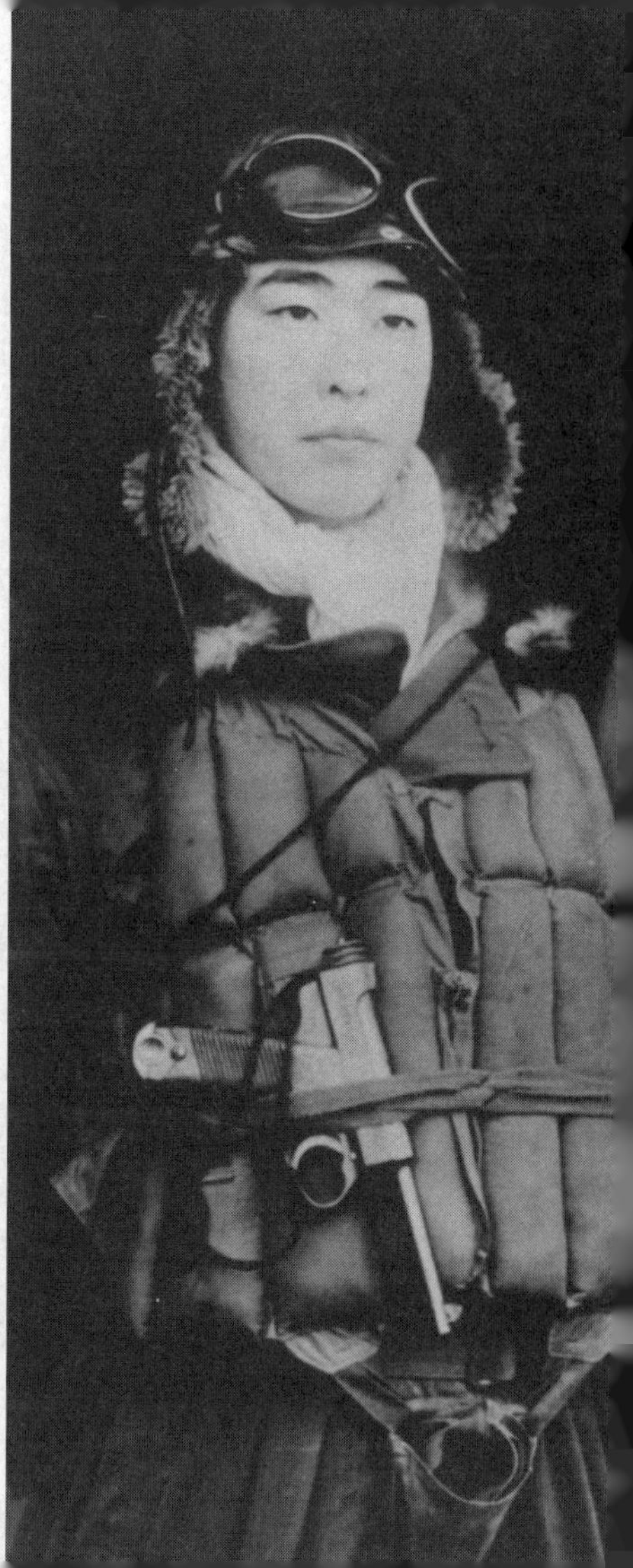

昭和17年6月、空母「隼鷹」艦上にて

予科練同期の戦闘機搭乗員二十一名のうち、終戦まで生き残ったのはわずか二名

「私は戦争中、ソロモンで負傷するまではずっと艦隊で、空母『翔鶴《しょうかく》』『瑞鶴《ずいかく》』に乗って戦いましたが、その間、日記をつけていたんです。みんな寝静まってから、一人デッキに出て、食卓の上の薄明かりで書いていました」

「日本三景」の一つ、宮城県松島のホテルの一室で、七十六歳の佐々木原正夫さんは静かに語り始めた。平成九（一九九七）年暮れのことである。

零戦は制式名称・零式艦上戦闘機。空母での運用を前提とした海軍の戦闘機だから、その搭乗員はみんな空母の経験があると思われがちである。ところが、じっさいには空母は数に限りがあり、また零戦の主戦場であった東南アジアからニューギニア、ソロモン諸島の戦いでは、ほとんど陸上の飛行場がベースになっていたので、空母に乗組経験のある人は、実はそれほど多くない。ましてや、空母で「海戦」を経験した元搭乗員は、戦後半世紀を経て、もう数えるほどしか残っていなかった。

佐々木原さんは、空母零戦隊搭乗員のなかでも屈指の戦歴をもち、元搭乗員仲間か

ら伝わってくる話によると、とくに射撃の名手であったという。そこで私は、松島に暮らす佐々木原さんに手紙を書き、取材を申し込んだ。佐々木原さんは、戦争の話は家族にもしたことがないからと、はじめは乗り気ではなかったが、自宅ではなくホテルの一室でのインタビューなら、ということで承諾してくれた。

初対面の佐々木原さんは、物腰柔らかで、挙措動作、言葉遣いに荒いところがどこにもなく、それでいて打てば響くようなシャープさを併せ持つ、インテリジェンスを感じる人だった。手には風呂敷の包み。それをテーブルの上でほどくと、古ぼけた二冊のノートと一冊のアルバムが現れた。

「持っていたほかの写真や資料はみな、空襲で焼けてしまいましたが、いつも持ち歩いていたこの二冊の日記とアルバムだけは残りました。日記は、いろいろ考えたりせず、その日、見たこと、聞いたことをそのまま書いているから、あとから読み返しても、その場にいた者にしか書けない緊迫感が伝わってくる気がします。戦後、書いた手記ではそうはいかない。これを読めば、私たちの当時の雰囲気がよくわかると思いますよ」

佐々木原さんは甲種飛行予科練習生（甲飛）四期生出身。甲飛四期は、昭和十六（一九四一）年九月に飛行練習生を卒業、対米開戦にかろうじて間に合い、真珠湾作戦に参加したもっとも若いクラスで、戦闘機専修の搭乗員二十一名のうち、十九名が終戦までに戦没している。生き残ったのは、佐々木原さんともう一人、昭和十七（一九四二）年五月十七日のニューギニア・ポートモレスビー攻撃で被弾、オーエンスタンレー山脈に不時着し、捕虜になった伊藤務さん（二飛曹・当時）の二人だけ。その伊藤さんも、当時、行方不明になったことから戦死と認定され、公式記録の上では佐々木原さんが唯一の生存者、ということになっている。

「我々は戦争という大きな歯車のなかの、一つの小さなボールベアリングのようなものでした。戦争のたびごとに同期生が死んでゆく。母艦に着艦すると、目の前を機上戦死した搭乗員が、目を開いたまま血だらけの姿で運ばれていく。戦争というのは有無を言わせないですからね。いいとか悪いとかではなく、目の前にそういう現実がある。朝、笑いあって出た友がやられる。次は自分の番か。――でも、いちいち怖ろしがっていたら戦争にならない。振り返れば大変な日々でした……」

佐々木原正夫さんは、大正十（一九二一）年十一月十七日、宮城県気仙沼《けせんぬま》で生まれた。小さい頃から飛行機に憧れ、ときどき頭上を飛ぶ複葉機を、姿が見えなくなるまで目で追い続ける少年時代だったという。

父親は森永製菓に勤めるサラリーマンで、父の転勤にともない仙台で小学校を、静岡県で中学校を卒業した。

「父が三島工場長になったので、沼津中学に進みました。将来は飛行機に乗りたくて、それなら陸海軍に行くよりほかなかったんですが、難関の海軍兵学校は中学校で五番以内、陸軍士官学校は十番以内の成績でないと、受けても無駄だと言って受けさせてもらえない。私の成績はそれには届かず、でもどうしても飛行機に乗りたい。すると、同じ中学校から甲飛二期に進んでいた先輩が夏休みで帰郷してきて、それなら甲飛を受けろ、と勧めてくれたんです。父は、『軍隊なんか行かずに、早稲田（早稲田大学早稲田高等学院）か水産学校に進んだらどうだ』と渋い顔でしたが、『もう願書を出したから』と振り切って受験しました。このとき、静岡県からは百二十四名が受験して、合格したのは私を入れて六名でした」

昭和十四（一九三九）年四月一日、甲種飛行予科練習生の第四期生として、茨城県の霞ケ浦《かすみがうら》海軍航空隊に入隊。

「私は海軍兵学校（海兵）が受験できなくて甲飛を受けたから、不満もなにもなかったんですが、海軍が甲飛を募集するときの謳《うた》い文句が『航空士官募集』だったから、入隊早々、ジョンベラ（水兵服）を着せられて、だまされた、と憤慨する者もいました。約束が違う、兵学校の服を着せろ、とゴネてるのがいましたね。同期生は二百六十四名、その多くは、『下士官の上、准士官の下』という、海兵と同等の待遇で入れると思い込んでたんです。それが、入ってみたら最下級の四等航空兵ですから」

甲飛は、従来の予科練の受験資格が「高等小学校卒業以上」だったのを、「中学四年一学期修了以上」とし、そのぶん、教育期間を短縮して進級も早め、小隊長（三機編隊の長）クラスの特務士官（兵から累進《るいしん》した士官）を急速養成するために始められた制度だった。

「それを海軍が『航空士官募集』なんて言うものだから……。一期生のなかには、海兵に合格しながら、早く飛行機に乗りたいと、それを蹴って甲飛に進んだ人もいるし、三期生はストライキを起こしたというし、海軍も困ったんでしょう。私たちには間に合いませんでしたが、八期生のときにようやく、服装だけは水兵服から七つ釦《ボタン》の詰襟《つめえり》に改められた。

しかし、甲飛は、従来の予科練（乙飛）が二年半かかって進級できる一等航空兵に、入隊二ヵ月でなれる。だから、同じく霞ケ浦で教育中だった乙飛の連中の我々に対する敵愾心《てきがいしん》もすごくて、しょっちゅう喧嘩《けんか》になっていました。喧嘩だっていうと、みんなソレッと兵舎を飛び出してゆく。喧嘩でもなんでも、どっちも絶対負けるな、というのが海軍の教育でしたから、それは激しいものでした」

座学と毎週のテスト、そして体育と、息つく暇もないような予科練での一年半を経て、昭和十五（一九四〇）年九月、飛行練習生として筑波海軍航空隊へ。ここで複葉の九三式中間練習機の操縦訓練を受ける。練習機教程を卒《お》えると、佐々木原さんは戦闘機専修と決まり、昭和十六（一九四一）年四月、大分海軍航空隊に転じて、複葉の九五式艦上戦闘機で訓練を受けた。その間の昭和十五年十一月には、入隊からわずか一年七ヵ月で、下士官である三等航空兵曹に進級している。

「それで十六年九月、飛行練習生を卒業したら、いきなり空母『翔鶴』乗組を命ぜられました。『翔鶴』はこの年の八月に就役したばかりの新鋭空母で、九月に就役した同型艦『瑞鶴』と、第五航空戦隊を編成、戦闘機隊は長崎県の大村基地、次いで鹿児島県の鹿屋《かのや》基地で訓練をやっていました。

戦闘機は、分隊長・兼子正大尉と帆足工《ほあしたくみ》大尉の二個分隊で、定数十八機。空母搭載の飛行機隊は、作戦のとき以外は陸上基地で訓練をするんです。大分空では九五戦にしか乗ったことがなかったから、まず単葉の九六戦で慣熟訓練をやり、すぐに零戦の操縦訓練に入りました。九六戦は非常に軽快な戦闘機でしたが、着陸が難しく、接地するときジャンプしてしまい、恥ずかしかった憶《おぼ》えがあります。零戦は初めてのときからとても操縦しやすくて、こんな素直でいい飛行機はないな、と思いましたね。とにかく猛訓練でした。操縦、編隊飛行、射撃、航法……地上に二十分と続けていられないほどです。雨が降らなければ飛行詰《づ》め。未明に起床したら、黎明《れいめい》飛行、メシ、射撃訓練、メシ、空戦訓練、メシ、最後に夜間着陸という具合で、休憩はない。なにか考える暇もありません。おかげで、戦闘機の操縦はすっかり体で覚えました。着艦訓練も、最初は狭い飛行甲板に降りるのがおっかなかったですが、短期間にマスターしました」

真珠湾作戦で初陣。出撃前、作戦計画伝達時に抱いた開戦への疑問

昭和十六（一九四一）年十一月一日付で、佐々木原さんは二等飛行兵曹に進級したが、戦闘機隊では新米搭乗員であることには変わりがなく、基地では「食卓番」とし

て、先輩搭乗員の食事の世話もしなければならない。さらに佐々木原さんには「電話機係」の役目が与えられた。

目標物のない洋上を飛んで敵を攻撃し、帰還しなければならない空母搭載機にとって、無線はなくてはならない命綱である。零戦には、九六式空《くう》一号無線電話機と、クルシーと呼ばれる無線帰投装置（一式空三号無線帰投方位測定機）が搭載されていた。

「電話機係というのは、その無線機を毎日、調整する係です。無線機は電信（モールス信号）、電話（音声通話）、両方使えるんですが、電話のほうは雑音があって半径二十四浬《カイリ》（約四十四キロ）の範囲でしか使えず、電信ならかなり長距離でも通じた。モールス信号は予科練で叩《たた》き込まれましたから、一分間に百二十字まではとれました。海兵出身者も同様の訓練を受けているはずです。じっさい、私ら、珊瑚《さんご》海海戦も南太平洋海戦も、ちゃんと無線を使って戦いましたよ。母艦の戦闘機乗りは、電信、電話、旗旒《きりゅう》信号、手旗信号、全部覚えないと商売になりませんでした」

これは余談になるが、よく、「零戦の無線は使い物にならなかった」と言われる。事実、大戦初期から中期にかけての南方戦線では、少しでも機体を軽くしようと無線機を降ろし、木製の無線ポールも切断して、空中では手信号だけを頼りに出撃していた例もかなりある。それは、南方特有の高温多湿の条件で故障が多かったこと、無線機に精通し、完全に整備できる整備員が足りなかったこともあるが、もっとも大きな問題は、搭乗員の養成課程にあった。

佐々木原さんが言うように、海軍兵学校、甲種、乙種の予科練では、飛行機に乗る以前に、基礎教育の段階でモールス信号をはじめ信号術をみっちりと習う。ところが、下士官兵搭乗員の養成コースのなかでもっとも歴史が古く、数の上での主力でもあった内部選抜の操縦練習生（操練）出身者の場合は、操縦の技倆《ぎりょう》は一流でも予科練教程がないので、前職が通信兵でもない限り通信訓練の機会も少なく、モールス信号の送受信を苦手としている者が多かった。

搭乗員の教程を卒業すると、軍服の左肘《ひじ》に「特技章」と呼ばれるマークがつくが、操練は簡素な「鳶《とび》」の羽根のマークだったのに対し、予科練を経て飛行練習生を卒業した者は「鷲《わし》」の羽根のマークがつく。予科練出身者のほうが進級も早い。つまり海軍は、予科練出身者には操練出身者より総合的な能力を身につけさせ、空中で指揮官が務まるようなカリキュラムを組んでいたのだ。操練の制度が、内部選抜者にも予科練教程を課す「丙《へい》種予科練習生（丙飛）」に改められたのは、昭和十五（一九四〇）年十月になってのことで、丙飛出身者の卒業は開戦には間に合わなかった。

ともあれ、零戦の無線は、ことに空母部隊においては、音声は近距離、モールスは遠距離、という使い分けのもとで使えた。無線機は、大戦中期以降は、より高性能な三式空一号無線電話機が装備されるようになる。雑音が多かった音声電話も、昭和十九（一九四四）年になって、雑音の原因がエンジンのプラグのスパークにあることが突き止められ、適切なシーリングをほどこすことで、最良の条件のもとでは横須賀－岩国間、約七百キロの距離での音声通話が可能になっている。

「十一月になると、航空部隊が攻撃隊と邀撃《ようげき》隊の二手に分かれ、攻撃隊は駆逐艦『朧《おぼろ》』を目標に、いかに邀撃をかいくぐって攻撃するか、邀撃隊は攻撃隊をいかに撃退して駆逐艦を守るか、という訓練が行われました。実戦さながらの激しい訓練に、同期生が乗った攻撃隊の九九艦爆（艦上爆撃機－急降下爆撃機）が不時着水し、漁船に救助される事故もありました。

その頃、大村の航空廠《しょう》で飛行機の可動部に寒冷地向けの耐寒グリスが塗られ、これから寒くはなるけど、なんの準備かと思っていたら、十一月十六日、十八日、戦闘機搭乗員の宴会が催され、翌十七日、飛行機隊は『翔鶴』に収容されました。十八日、基地物件（基地に置かれていた備品）を搭載し、十九日に大分沖を出航。午前六時、高知県宿毛《すくも》沖の沖の島近くを通過し、太平洋に出ました。目的はなにも。どこに行くのかさえもわかりません」

十一月二十一日の佐々木原さんの日記には、

〈午前金華山沖を過ぐ。（中略）次第に気温低下し東北の寒気迫る。朝甲板上の体操実に寒し〉

とある。「翔鶴」は北上を続け、二十二日、択捉島《えとろふ》単冠湾《ひとかっぷ》に入港した。湾にはすでに、戦艦、空母をはじめとする大部隊が集結していた。空気は冷たく、午後には小雪も舞い始めた。二十三日午後二時、艦内の作戦室に搭乗員が集められ、ここではじめて、艦長・城島高次《じょうじまたかつぐ》大佐より、真珠湾攻撃の作戦計画が伝えられた。

「択捉島の日没は早く、午後三時半には軍艦旗降ろしになりましたが、そのとき飛行甲板で、若い戦闘機分隊士の飯塚雅夫中尉にききました。『開戦をどう思いますか。勝つんですか、負けるんですか』と。『私にもわからない。作戦は理解できたが、勝つか負けるかまでは皆目見当がつかない』というのが、飯塚中尉の答えでした。私は、勝算があって始めるんならいいが、士官にもわからないような戦争をどうして始めるんだろう、と疑問に感じたのを憶えています」

二十四日、機動部隊旗艦の空母「赤城《あかぎ》」の搭乗員待機室に、空母六隻（「赤城」「加《か》

賀《が》」「蒼龍《そうりゅう》」「飛龍《ひりゅう》」「翔鶴」「瑞鶴」）の全搭乗員が集められ、オアフ島の模型と写真を前に、あらためて作戦の詳細と、真珠湾にいる敵兵力の概略が説明された。佐々木原さんはここで、各空母に乗っている多くの同期生に会ったことを日記に記している。

十一月二十五日、機動部隊は単冠湾を出航、一路ハワイへ向かう。この日、各搭乗員に、開戦当日の任務が伝達されている。佐々木原さんは、機動部隊の上空直衛を命じられた。

「そりゃあ、攻撃隊の制空隊として華々しく行きたいと思っていましたから、ガッカリしましたよ。このときは、乙飛一期の安部安次郎《やすじろう》飛曹長、支那事変で敵機に体当りして片翼で還《かえ》った南義美一飛曹ら、歴戦の搭乗員が多く、『俺たちが先に征《い》く、若いお前たちは次の作戦で出ればいいじゃないか』と。上空直衛は地味な任務ですが、もし敵機の攻撃を受けたときのことを考えると責任は重大ですから、与えられた任務でベストを尽くそうと、気持ちを切り替えました。真珠湾のときは、制空隊で攻撃に参加したのは甲飛二期までで、三期、四期の戦闘機乗りは全員が上空直衛でした。残念ながら、まだ未熟だったんです」

機動部隊は、荒天の北太平洋を隠密に進んだ。「翔鶴」の搭乗員たちは、昼間は詳細な作戦の打ち合わせを行いつつ、佐々木原さんら若手搭乗員には、零戦に搭載する機銃弾を弾帯に装塡《そうてん》する作業が課せられた。可燃物は大分を出航するさいに陸揚げしているが、ビールだけは通路に積み上げるほど搭載していて、搭乗員室では夜ごとに酒宴が繰り広げられる。十一月二十七日の佐々木原さんの日記には、

〈大分出港以来初めての入浴。入浴後飲酒。一部の者は二時頃迄《まで》飲酒し搭乗員寝室を騒ぎまはり就寝中の者を叩き起こして廻る者あり。三時頃迄遂に眠れず〉

と記されている。

そして十二月八日早朝、真珠湾攻撃隊は乗組員らが帽を振って見送るなかを次々に発艦していった。佐々木原さんの日記より——。

〈自分は第二直の直衛として七時半発艦（一番機半澤行雄一飛曹）、母艦上空二〇〇〇米《メートル》にて哨戒《しょうかい》に當《あた》る。戦闘隊形の逆の二番機の隊形（注：通常、二番機は一番機の左後方につくが、右後方についたと思われる）。一時間程は頑張つたが、段々尻が痛くなる。雲高は一〇〇〇～二〇〇〇米で雲の切れ間は相當《そうとう》あつた。雲の上すれすれに飛ぶので日光でぎらぎら反射する光線で目がまぶしくて、眠くなつてきた。随分こらへたがその中、下の母艦の中の一隻をのぞいた時、敵発見の丁型布板を認めて眠気も一ぺんにすつとんでしまつた。若《も》し敵に母艦が襲撃されたら上空

哨戒の任に當る者は腹を切らねばならぬ。直《ただ》ちに一番機にバンクを以《もっ》て通報し、その方向へ機首を向けると全速で飛行した。同時に二〇粍《ミリ》機銃空気弁開放し安全装置を外して戦闘準備を完了した。目を皿にして一生懸命に見張るが青空が際限なく續《つづ》いて居て一向飛行機の姿は見えない。十数分飛行して遂に母艦上空に引返す。

此《こ》の時自分達の上空を三機遅ればせながら戦闘機が敵機ありと目される進路をとつて飛んで行つた。後に聞く所によると此の小隊が遂に敵飛行艇が触接しつつあつたを発見し撃墜せし由《よし》。地団太踏んだが後の祭り、然《しか》し敵の高度は四〇〇〇位あつた由、あきらめもつく〉

緊張のなか、飛ぶこと三時間。予定の直衛時間を過ぎたが、母艦からは着艦せよとの指示がこない。やがて、攻撃隊が次々と帰投してくるのが見えた。

〈がつちり編隊を組んで一糸乱れず。悠々として所期の成果を収めたらしく、搭乗員が手を振つて我々の直衛圏内に歸還《きかん》できた安堵の色が見える。こちらも無性に嬉しくて思はず「オーイ」と叫んだ。第二次攻撃隊も低空を這《は》う様に歸《かえ》つてくる。いづれも生死を超へた喜びに躍り上がりたい様な気持を唯《ただ》手を振つて表はしてゐる。(中略)

四時間半にて上空哨戒を終り母艦に急速収容を行ふ。無事着艦してホツとした。

(中略)

自分は待機室で晝食《ちゅうしょく》をとり間もなく寝室へ歸つたが、一時間程して起きた時には目が判《はっ》きりせずあたりを見廻しても物がボンヤリ霞んで見えて、からだも変にだるくて、極度に疲労してゐることを知つた。戦闘機の待機は当直の者に委《まか》してひと先《ま》づ寝る必要があつた。

母艦群は一路全速を以て北上し、敵爆撃機の行動圏内から脱《のが》れるべく、日光のきらきら輝く海上を白波を蹴立てて航進する。

飛魚《とびうお》が艦のすれすれに飛んで水に入る〉

翌十二月九日の日記には、敵主力艦四隻撃沈ほかの戦果と、我が方の損害が二十九機であったことが記され、

〈実に未曾有《みぞう》の戦果である。萬歳《ばんざい》!!〉

と、躍るような大きな字で締めくくられている。

「上空直衛に不満を抱いていましたが、いざ飛んでみると、来るか来ないかわからない敵機を見逃すまいと見張りをしながら飛ぶ緊張感は、やはり訓練とは全く別物でした。終わってほんとうにグッタリと疲れた。戦争に慣れてくるとそうでもなくなりましたが、なにしろ、このときは初めての任務ですから」

珊瑚海海戦での初空戦で圧倒的多数のグラマンF4Fに圧勝する

真珠湾作戦を終えた「翔鶴」は、十二月二十四日、呉軍港に帰還。昭和十七（一九四二）年の正月を日本で迎えた。佐々木原さんの日記を見ると、航海中にも、真珠湾攻撃に関するホワイトハウスの発表（戦艦二隻が沈没、二隻が大破、飛行機三百機喪失、死者三千名、負傷者千五百名、日本の空母一隻を撃沈――損害を少なく、戦果を多く発表するのは洋の東西を問わない）や、日本軍の南方戦線での戦況が逐一入電し、乗組員に知らされていたことがわかる。

〈一月二日　午前五時起床、飛行服を着て、飛行準備。
六時二十分整列、六時四十五分戦闘機隊発進。宮崎神宮と宇佐神宮へ空中より参拝を行ふべく暁闇《ぎょうあん》を衝《つ》いて爆音高く飛行場（大分基地）離陸。佐伯《さいき》より海上に出て索《さく》敵《てき》南下、宮崎神宮上空にて編隊を以《もっ》て空中参拝を行ふ。其《そ》の際、封筒に一金参銭也を封じ空中より投下、武運長久を祈る〉

戦闘機隊らしく、初詣は索敵訓練を兼ねて編隊飛行を行い、空中から神社に参拝したのだ。宮崎神宮に続いて宇佐神宮へも参拝。索敵訓練の高度は千メートル、神社上空では三百メートルまで降下したという。

「『翔鶴』は、一月八日にはふたたび広島湾を出撃、内南洋の拠点トラック泊地に向かいました。空母は直射日光で飛行甲板が熱せられますから、艦が南へ向かうほどに艦内の暑さは耐えがたいものになり、搭乗員室の温度が三十六度にもなって、夜も余熱で寝られたもんじゃない。シャツはもちろん褌《ふんどし》まで脱いで、それでも汗びっしょりになりました。比較的快適なはずの搭乗員室でそれですから、艦の底の罐《かま》室は四十度を超え、若い三等機関兵が一人、熱射病で死んだりもして、かわいそうでした。一月十三日、トラック環礁《かんしょう》の泊地に入港しましたが、重巡洋艦、軽巡洋艦、駆逐艦、潜水艦、病院船などがぎっしり錨泊《びょうはく》していましたね。環礁内の夏島の飛行場には陸攻がたくさんいて、海上には大型飛行艇の姿も見えましたが、頭上を飛ぶ戦闘機はまだ旧式の九六戦でした」

トラックに進出した「翔鶴」はその後、ニューブリテン島ラバウル、ニューギニアのラエ、サラモア攻略戦に参加。佐々木原さんは一月二十三日、ラバウルへ上陸する陸軍部隊の上空支援に、分隊長・帆足工大尉の三番機として出撃した。三月にはいったん横須賀に帰り、すぐにまた蘭印（現・インドネシア）セレベス島に進出、さらにインド洋に出動して、四月五日、セイロン島（現・スリランカ）コロンボ、九日、同島トリンコマリの英軍基地を空襲。所在の艦船、航空機を壊滅させている。

「ところが私は、またも攻撃隊には加えられなくて、残念でした。古い搭乗員が攻撃隊で行くから仕方ないんですが……。四月九日、出撃準備で慌《あわ》ただしい飛行甲板上で、若い三等整備兵がプロペラに撥《は》ねられ、それを助けようとした搭乗員も右腕をペラに接触させてしまい、結局、二人とも腕を切断するという痛ましい出来事もありました。攻撃隊に参加した連中からも、ぼちぼち戦死者が出るようになり、九日の攻撃では仲の良かった林富士雄一飛曹が未帰還になりました。——日記に、〈彼一人 まだかへらずと 友は目に 涙たたへて 空み仰げり〉とあるのは、このときの気持ちを私が詠《よ》んだ歌です」

四月十五日付で戦闘機分隊長・兼子正大尉が転出し、「赤城」から山本重久中尉（五月一日大尉進級）が後任の分隊長として着任。四月十八日、日本本土が米空母「ホーネット」を発艦した米陸軍のノースアメリカンB－25爆撃機十六機による初空襲を受ける。翌十九日、本土空襲の報を聞いた佐々木原さんの日記には、

〈癪《しゃく》にさはる事さはる事 参謀部は何をしてゐるか！〉

と、上層部への苛立《いらだ》ちが率直に綴《つづ》られている。

本土への空襲を許してしまった日本海軍は、日本本土とハワイの中間に位置するミッドウェー島を攻略する作戦を決め、それに先立って、陸軍と協力する形で、東部ニューギニアの要衝、ポートモレスビーを攻略することを決めた。

ポートモレスビーを占領することができれば、アメリカとオーストラリア間の輸送路を遮断《しゃだん》でき、連合軍がオーストラリアを足がかりに東南アジアへ反攻してくるのを封じることができる。逆の立場で言えば、それだけに、連合軍にとってはなんとしても死守しなければならない場所であった。

日本海軍は、ポートモレスビー攻略作戦を支援するため、第五航空戦隊の空母「翔鶴」「瑞鶴」を主力とする機動部隊を、オーストラリア北東の珊瑚海に派遣する。米海軍は、日本側の上陸作戦を阻止しようと、空母「レキシントン」「ヨークタウン」を主力とする機動部隊を差し向ける。両軍機動部隊は、五月七日から八日にかけて激突した。

「珊瑚海海戦」と呼ばれる、この史上初の空母対空母の戦いで、零戦と米海軍のグラマンF４Fワイルドキャット戦闘機との間に、本格的な空戦が繰り広げられている。

佐々木原さんが、はじめて敵戦闘機と空中でまみえたのは、この海戦のときだった。

五月七日、五航戦とは別行動で、上陸船団護衛のためポートモレスビーを目指していた小型空母「祥鳳《しょうほう》」が、敵空母艦上機の集中攻撃を受けて沈没、ここに日米機動部隊の戦いの火蓋《ひぶた》が切られた。

「七日は日本側も攻撃隊を出したんですが、敵機動部隊が発見できず、油槽船と駆逐艦を攻撃、撃沈したのみで、薄暮に発進させた攻撃隊も、敵を発見できずに諦《あきら》めて爆弾を投棄した直後に敵空母を発見したんですね。味方艦爆が、電灯を煌々《こうこう》とつけて航行中の空母を、味方と思いまさに着艦しようとしたところで敵空母だと気づいたそうです。これで敵空母がいることがわかったので、翌八日は早暁に攻撃隊を出すことになった。私も第一次攻撃隊の制空隊として出撃することが決まりました。ここまで長かった、こんどこそやれる、と、欣喜雀躍《きんきじゃくやく》というやつですね」

佐々木原さんの日記より――。

〈五月八日　コラル海（注：珊瑚海）大海戦

本日早暁、艦攻八機　索敵に出発。

fc（注：戦闘機）十二機（実際には九機）、fb（九九式艦上爆撃機－急降下爆撃機）十九機、fo（九七式艦上攻撃機－雷撃、水平爆撃兼用）十機用意。

本艦の全能力を挙げて攻撃に移らんとす。寸秒の思ひで待つた索敵機よりの報告が到着、敵艦隊発見、東進しつつありと。

自分も制空隊に参加。二小隊三番機として山本大尉、松田一飛曹に続いて発艦。敵二〇〇度方位、二三五浬（注：約四百三十五キロ）、味方艦攻触接《しょくせつ》戦艦一、母艦二、重巡二、軽巡、駆逐艦合して九隻。その報告整然として見事なり。〇七二〇（注：午前七時二十分）、全機発艦。攻撃隊、スコールを回避し進撃。高度三千五百。艦爆隊を中央先頭に、雷装した艦攻が続き、制空隊がその両側に控へ、掩護《えんご》しつつ進む〉

進撃の途中、敵機動部隊を発見した索敵機（機長・菅野兼蔵飛曹長）が戻ってくるのが見えた。索敵機は帰りの燃料ぎりぎりまで敵艦隊に触接を続け、十二通もの適切な報告を打電したのち、帰途につくところだった。

「ご苦労さま、ありがとう」

と、佐々木原さんは心のなかで感謝したという。ところが、母艦に帰ると思われた索敵機は、すれ違いざまにバンクを振って反転すると、攻撃隊の先頭に立った。万が一にも敵を取り逃がすことのないよう、帰投できなくなるのを承知で、身を捨てて誘導を始めたのだ。

午前九時、攻撃隊は敵機動部隊を水平線上に発見した。空母二隻を中心に、護衛艦艇が周囲を取り囲むように航行（輪型陣と呼ぶ）するのが望見される。敵空母は、佐々木原さんの日記には「サラトガ型」「ヨークタウン型」とあるが、これは「レキシントン」と「ヨークタウン」の二隻だった。

九時二十二分、先頭を飛ぶ飛行隊長・高橋赫一《かくいち》少佐が搭乗する九九艦爆より信号弾が発射される。「突撃セヨ」の合図である。艦爆隊と艦攻隊は、敵空母に対し同時に攻撃を開始。制空隊は、邀撃してくるグラマンF4Fから攻撃隊を守るため、空戦を挑んだ。

「敵空母からは、次々と戦闘機が発艦するのが見えた。あらかじめ邀撃態勢を整えていたというより、あわてて飛び上がってくる感じでしたね。こちらの高度は三千五百メートル。上昇してくる約四十機の敵戦闘機に対し、零戦九機で優位（高度が高い）から突入しました。敵は翼端を断ち切ったような形のずんぐりしたグラマン戦闘機で、灰色に塗られている。私は側方から急上昇してくるグラマンに機首を向け、正面から反航して、相手が私の機を避けようと急反転したところへ、七ミリ七と二十ミリの機銃弾を叩き込んだ。するとそいつは、火を噴いて墜《お》ちてゆきました。

続いて、味方機に撃たれて白煙を噴きながら上昇してくるグラマンを狙い、距離五百メートルから撃ってこれも撃墜。そのとき、機首の七ミリ七機銃が発射できなくなったので、いったん高度をとって空戦場を離脱し、上昇しながら操縦席の両前にある七ミリ七の装塡レバーをガチャン、ガチャンと操作して詰まった薬莢《やっきょう》をはじき出しました。連続発射していると銃身が過熱し、焼きついて薬莢が詰まっちゃうんです。弾丸《たま》が出ることを確認してふたたび突入すると、味方の艦攻がグラマンに追われているのが見えたので、急降下して、距離二百メートルから射撃、これを海面に激突させました。機銃弾が命中したら手ごたえを感じますよ。弾丸が敵機に食い込むのが見えるんです」

佐々木原さんが回想するように、零戦は圧倒的多数のグラマンF4Fを相手に、きわめて有利な空戦を行った。「翔鶴」九機、「瑞鶴」九機、計十八機の零戦隊が、F4F四十機の撃墜を報告したのに対し、零戦隊の損害は被弾九機、失われた零戦は、帰投時に不時着水した一機に過ぎない。

「空戦しながら下を見ると、敵空母の上を味方の艦攻がスーッと飛び抜ける。あ、魚雷を発射したな、と思う間もなく、命中すると、高さ何十メートルもあろうかという、まるで海ぼうずのような巨大な水柱が上がる。日露戦争の、日本海海戦の絵を見ているようでした。突撃中に対空砲火に被弾して、火を噴きながら敵艦に体当たりした艦攻もいたし、海面には、墜落した敵機が燃える炎がいくつか見える。

艦攻隊に続いて艦爆隊が急降下爆撃に入りました。『サラトガ』（実はレキシントン）の飛行甲板は広大で、世界一の航空母艦と言われるだけのことはあるな、と思いました。艦爆は対空砲火に次々と火を吐き、火だるまになって墜ちてゆく。壮烈というか、あの弾幕のなかを突っ込んでゆくのは精神力の権化のように感じたものです」

攻撃を終え、母艦に帰投する途中、佐々木原さんは一機の米雷撃機を発見、これを撃墜している。

「このとき、私は四機を撃墜、うち一機は味方機との協同撃墜ですが、初陣《ういじん》としては上々の戦果でした。ところが、母艦に還ってみると、『翔鶴』の飛行甲板が被弾してめくれあがっているんです。そこで、無傷の『瑞鶴』に着艦したんですが……」

佐々木原さんの日記には、「瑞鶴」飛行甲板上の情景が、生々しく綴られている。

〈甲板上に南（義美）兵曹をり、一ノ瀬兵曹戦死せりと告げらる。暫《しば》し茫然とす。聞けば我が第一次攻撃隊発艦後約三十分して敵も我を攻撃せんとして発艦せりとの報あり。直衛機は全機直衛に上がれり。

一ノ瀬君は南一飛曹の二番機として飛行中、優位にある敵戦闘機六機の攻撃を被り、彼は瞬時に火達磨となり戦死せりと。同期生一ノ瀬君の戦死を悼む。

艦攻の新野兵曹長機上戦死、両眼を「カッ」と見開いたまま血だらけで我が眼前を

運ばれたり〉

この海戦で、五航戦は米大型空母「レキシントン」を撃沈、「ヨークタウン」にも損傷を与え、米軍の飛行機六十九機を失わせたが、日本側も小型空母「祥鳳」が撃沈され、「翔鶴」が被弾、飛行機約百機と、真珠湾攻撃以来歴戦の、多くの搭乗員を失った。戦果の上では互角以上の戦いだったが、この海戦のため、肝心のポートモレスビー攻略が中止に追い込まれ、作戦そのものは失敗に終わっている。これは日本にとって、開戦以来初めての大きなつまずきだった。

〈五月九日　十日のモレスビー上陸作戦見合はせ。

夕刻迫る南海洋上に、いよいよ幾多の戦友の英霊を捧げし珊瑚海を去るに当り、総員、甲板上に出てその冥福を祈り、一分間の黙禱《もくとう》をなす。（中略）

同期生、下道、一ノ瀬、明石、太田、井出原、大西、生島、福谷、森木、九名の霊よ。永久に心安かれと祈る。生残りし同期生六名〉（佐々木原さんの日記より）

「トラックに寄港したとき、『瑞鶴』から『翔鶴』に戻ったんですが、『翔鶴』は、搭乗員室の横にある高角砲に直撃弾を受けて、九名がそこで戦死したらしい。搭乗員室も天井に穴が開いていて、夜は星が見えました。そこで寝てたら、ときどきスコールが降って、水浸しになると屍臭《ししゅう》が鼻をつくんですよ。これはたまらん、と、ベッドを担いで整備員の部屋で寝たりしながら内地に帰りました」

傷ついた「翔鶴」は、五月二十一日、瀬戸内海に帰還、呉軍港のドックで修理に入った。そこで、佐々木原さんら五名の若手戦闘機搭乗員に、休む間もなく「臨時『隼《じゅん》鷹《よう》』乗組」が発令される。

北太平洋の米軍拠点・アリューシャン列島ダッチハーバー攻略作戦に参加

この頃、空母「赤城」「加賀」「飛龍」「蒼龍」を基幹とする第一機動部隊（南雲忠一中将指揮）によるミッドウェー島攻撃に始まる攻略作戦（MI作戦）と同時に、アリューシャン攻略作戦（AL作戦）も実施されることになり、第四航空戦隊の空母「龍《りゅう》驤《じょう》」「隼鷹」を基幹とする第二機動部隊（角田覚治少将指揮）が投入されることになった。第二機動部隊はアリューシャン列島東部の米軍拠点、ダッチハーバーを空襲、同時に陸海軍部隊がアリューシャン列島西部のアッツ、キスカ両島を占領する予定である。

「龍驤」は、小型空母ながら支那事変以来、歴戦の艦、「隼鷹」は、日本郵船のサンフランシスコ航路に使われる予定であった大型客船「橿原丸《かしはらまる》」を、建造途中で海軍が買収、空母に改造した艦で、防御力と速力はやや劣るものの、正規空母に近い飛行機搭載能力を持っていた。竣工《しゅんこう》したばかりの「隼鷹」は、なんと処女航海がこの作戦という、いわばぶっつけ本番の作戦参加だった。

「『隼鷹』は、新造空母で搭乗員が揃《そろ》わなかったんですね。そこで、『翔鶴』はどうせ一、二ヵ月は出られない、ということで貸し出されたんでしょう。今でいうアルバイトですよ。行った先で戦死するかもしれんし、『翔鶴』にまた戻れるかどうか、なにも言われないからわかりませんでしたが。『隼鷹』はすでに作戦準備を終えて青森県の大湊《おおみなと》にいるというので、汽車で向かい、五月二十五日に乗艦しました」

佐々木原さんとともに「翔鶴」から派遣されたのは、山本一郎一飛曹、田中喜蔵三飛曹、河野茂三飛曹、堀口春次三飛曹。

「隼鷹」飛行隊長は、「加賀」から転勤してきた志賀淑雄大尉。戦闘機の定数は十八機であったが、じっさいには一個分隊だけの編成で、固有の搭乗員は志賀大尉をふくめ九名しかいない。そこで、機動部隊で実戦経験を積んできた佐々木原さんらが臨時に駆り出されることになったのだ。

「隼鷹」にはさらに、ミッドウェー島駐留部隊となる予定の第六航空隊の零戦十二機が、搭乗員とともに便乗している。「隼鷹」はアリューシャン作戦終了後、南下してミッドウェー島に向かい、六空の零戦をそこで降ろすことになっていた。

佐々木原さんたちが乗艦するのを待っていたかのように、翌二十六日、「隼鷹」はあわただしく出港した。空母を護衛するのは第四戦隊の重巡「摩耶《まや》」「高雄《たかお》」と駆逐艦三隻。出港後、「隼鷹」では搭乗員総員が集められ、ダッチハーバー攻撃を六月四日に実施することが伝えられた。

北の海は霧が深く、「霧中航行用意」の艦内放送が何度も流された。海上はミルク色のベールにさえぎられ、探照灯の灯《あか》りがぼんやり明るく見える程度で、僚艦の姿もまったく見えない。先行する「龍驤」が、八百メートルの長さで曳《ひ》く浮標《ブイ》の立てる白波と、浮標につけられたドラの音だけが頼りである。視界がきかず衝突の危険があるが、電波を出せば敵に傍受されて位置が知れてしまうため、無線封止は大前提である。レーダーはまだ装備されていなかったから、濃霧の中での航海の苦労は筆舌に尽くしがたいものがあった。

戦闘圏に入る前、「隼鷹」の搭乗員室では、下士官兵搭乗員の出陣前の酒宴が催された。なにしろ寄せ集めの隊だから、こういうことでもなければ、所属原隊が違うもの同士が親しく語り合うこともない。来《きた》る作戦に向けて一体感を持ち、士気を高めるために、こんな機会も必要だった。本来、下士官兵の宴に士官が参加することは原則としてないが、この時、志賀大尉と宮野大尉は、ビールを従兵にかつがせて搭乗員室に出向いている。

「志賀大尉は温厚な隊長でね、怒った顔を見たことがない。私ら若い搭乗員にも目をかけてくれて、みんななついていました。宮野大尉は、歌を唄ったり、空になったビール瓶を笛のように器用にホーホー吹き鳴らして、八木節など披露されていました。いや、芸達者な賑やかな人だなあと思いましたね」

と、佐々木原さんは回想する。

六月一日、いよいよアリューシャンに近づき、この日から零戦隊は上空哨戒の任務についた。米側も、合計二十機のPBYカタリナ飛行艇を、日本艦隊を索敵するために飛ばしている。この日も天候はやはり荒れ気味であった。翌二日の佐々木原さんの日記――。

〈敵飛行艇に発見されたらしい。飛行艇らしき感度（注：電波のこと）極めて大にして、一時緊張す。上空哨戒二時間。緯度五十度の樺太《からふと》と同緯度に行くのだから寒さも激しいが、太陽も、つい十日前まで居た赤道のつもりとはまるきり違って午前二時頃日が出て午後十時頃日没である。然し真の闇は約一時間であとは薄明である。だから殆《ほとん》ど戦闘機隊は待機してゐなければならぬ。眠る時間はあまりない。冬の飛行服を着

て待機室で頑張る〉

三日、攻撃地点に達した四航戦は、日本時間の午後十時二十五分、「隼鷹」から志賀大尉の率いる零戦十三機、九九艦爆十四機を、ダッチハーバーに向け発艦させる。佐々木原さんもこれに参加した。ダッチハーバー上空には、日付をまたいで四日未明に到着する予定である。一時間後、「龍驤」からも零戦三機、九七艦攻十四機が発進した。

白夜の黎明をついて発進した「隼鷹」戦闘機隊は、十一時二十七分、米軍のPBY飛行艇一機と遭遇、北畑三郎飛曹長と佐々木原さんが本隊と分離してこれを攻撃する。

佐々木原さんの日記より――。

〈六月四日

七日のアッツ・キスカ上陸作戦の先鋒《せんぽう》を切つて、我が四航戦がダッチハーバー空襲の火蓋《ひぶた》を切ることになり、獲物は何処《いずこ》ぞと勇躍発艦、針路に入る。

六月三日二〇四五（注：午後八時四十五分）に起床したのであるが、二二四五（同十時四十五分）母艦を出て、暁闇と霧の北洋を夜目にもしるく航空灯をつけて編隊を崩さず北へ北へと進む。進撃約十五分、右側方を通過する飛行機を発見、中隊より分離してこれに後方より攻撃に移る。近づくと明らかにコンソリデーテッドPBY5型飛行艇、雲高五百の海上を約四百の高度で味方（艦隊）方向に近接しつつある。

気づかれぬように後下方より一番機の後より撃ち上ぐ。照準器（の光枠）が明るすぎて照準が出来ぬ。反転して第二撃、今度は二十粍を撃ちつ放す。この時小隊長は前方に回りつつあり。二撃後右側方へ出たら二十粍の射弾を受け、夜目にも曳光《えいこう》が鮮やかに自分の飛行機の周囲に飛ぶ。危険と見て急速後方に離脱。一撃の時は敵は撃たなかつた。

次いで三撃を後方より海面を這うようにして撃ち上げる。今度は二十粍が艇体へ命中するのをそのまま撃ちながら二十米まで近接。急速に右に翼端すれすれに交はる。真暗な中にも霧に浮かぶ翼端浮舟（フロート）がくつきりと見えた。

敵機は黒煙を吐きつつ遂に雲中に遁入《とんにゅう》す。一番機これを追へども撃墜に至らずして取り逃せり。残念。

一番機について飛行しウラナスカに向かふ途中、「龍驤」艦攻隊の後方より来たるに合同し、進む。我が中隊の反転するのとすれ違つたが、一瞬離れてしまつて、やむを得ずそのまま進撃を続く。

次第に東の方明るくなり北方が朝焼けしているのを見る。僚機の番号を判別し得るやうになり遂にウラナスカ島に到達す。

艦攻隊に先行してダッチハーバー上空に進撃、偵察すると、敵飛行艇一機発見、全速銃撃に移る。突如猛烈な敵弾を被り、弾幕の中を突破、島の東端に出て息を吐く。

付近に峻険《しゅんけん》なる岸壁立ち並び、寒気も激しけれど、白雪頂上より覆ひて北海の要港D港は谷間の如《ごと》き位置にあり。予想外に家屋立ち並びて軍事施設島内一杯に立ち並び、新建築多し。大格納庫、重油タンク、無線電信所、倉庫、工場群等、目標は多々あり。

水平爆撃隊の針路に入りて上空へ接近すれば、弾幕空中三〇〇〇米に展開し、壮烈なり。

島内三ケ所より猛烈な爆煙天に沖《ちゅう》し、工場群に全弾命中、火災を生じ真紅の焔《ほのお》海面を彩る。水平爆撃隊の投弾終了まで島周囲を高度千米で四十分間旋回、空中偵察を続く。時々射弾を受く。谷間を通る自動車を発見、急降下銃撃を浴びせれば炎上す。

敵機は一機の戦闘機とてなく、我が戦闘機わずか三機の制圧下に味方艦攻の爆撃完了〉

佐々木原さんは、帰途、敵潜水艦二隻を発見、これに銃撃を加えて、午前二時五十五分、味方艦隊上空に戻ってきた。雲が低く垂れこめ、霧も深く、「隼鷹」の姿がなかなか見つからない。かろうじて「龍驤」が見つかったので、バンクの合図で「隼鷹」への連絡を要請すると、三時二十八分、ようやく遥か霧の中から「隼鷹」の出す煙幕を発見、なんとか帰艦することができた。着艦してみると、プロペラに一発、右翼に一発、敵弾が命中した痕《あと》があった。特に右翼の一発は、補助翼の連結部分を貫通していて、あと数ミリでもずれていたら危うく致命傷になるところであった。

六月五日。第二機動部隊はふたたびダッチハーバーを攻撃。だが、アメリカの領土を攻撃されて、米軍も黙ってはいなかった。「龍驤」「隼鷹」の攻撃隊が発進してまもなく、アラスカ半島のコールド・ベイを発進したボーイングB－17爆撃機二機が低空で艦隊上空に飛来する。一機は「龍驤」を狙って五発の爆弾を投下したが命中せず、もう一機は高度が低すぎて、爆撃できずにそのまま艦隊上空を飛びぬけようとしたところを、重巡「高雄」の対空砲火に撃墜された。

〈本艦舷側すれすれにその残骸、海中に両脚浮遊しをり、海面にガソリン浮かぶを見たり〉

と、佐々木原さんは日記に記している。

B－17に続いて、魚雷を搭載した双発爆撃機マーチンB－26五機も出撃、夕刻、日本艦隊を発見する。一機は「龍驤」を狙い、右舷《みぎげん》から飛行甲板すれすれに魚雷を投下するが、距離があまりに近かったので、魚雷が艦の上を飛び越えて、左舷《ひだりげん》方向に水しぶきを上げた。他の機が投下した魚雷も、一発も命中しなかった。

この日、ダッチハーバーを攻撃した「龍驤」の九七艦攻は、弾薬庫を目標に爆弾を投下したが、ことごとく目標をはずしてしまい、かろうじて、目標をそれた爆弾が対空機銃の銃座に損害を与え、四人の米兵を死傷させただけにとどまった。零戦隊は海軍基地に機銃掃射を行ったが、対空砲火は意外に強烈で、一機が燃料タンクを撃ち抜かれ、かねてからの打ち合わせ通り、ダッチハーバー東方の無人島（アクタン島）に不時着した。しかし、この零戦は、湿地帯であることに気付かずに脚を出して着陸しようとしたために、ツンドラに脚をとられて転覆、搭乗員の古賀忠義一飛曹は戦死してしまう。

のちに米軍が、ほとんど無傷のこの零戦を発見、飛行可能な状態にまで修復し、さまざまなテストを通じて神秘のベールをはがしていくことになる。これによって、零戦の弱点が白日のもとにさらされ、敵はそれに対して有効な対抗策を打ち出してくるのだが、まさかそんな大事につながるとは、当時の参加搭乗員や司令部には知る由がない。

劣悪な環境の中、デング熱と戦いながらガダルカナル奪回戦を戦い抜く

ダッチハーバー攻撃を終えた第二機動部隊は、いよいよ最終目的地のミッドウェーへ、六空戦闘機隊を送り届けるために南下を開始した。しばらくして、若い搭乗員たちには、説明もないまま電信室への立ち入りが禁止された。彼らの間から不満の声が上がった。分隊長以上にのみ、電信室で傍受した戦況が知らされた。

ミッドウェー沖で日米機動部隊が激突、第一機動部隊の四隻の空母のうち、「赤城」「加賀」「蒼龍」の三隻が被弾したのだ。第二機動部隊が南下を始めた時点ではまだ「飛龍」が健在で、これと合流して敵機動部隊に反撃をかけるつもりだった。しかし、アリューシャンからミッドウェーまでは、空母が最大限に高速を出しても三日はかかる。戦機を失うのは明らかであった。そのうえ、残る「飛龍」も被弾するにおよんで、第二機動部隊の南下はその意味を失った。聯合《れんごう》艦隊はミッドウェー作戦の中止を決定し、六日夕、ふたたび第二機動部隊に北上を命じた。七日、アッツ、キスカ両

島に無血上陸が成功。惨敗の中でのささやかな成功だったが、これがのちに、戦局になんら寄与しないまま、「玉砕」の悲劇を生むもととなる。

アッツ、キスカの占領を受け、それを迎え撃ってくるであろう敵艦隊にそなえて、第二機動部隊はふたたび南下を始めた。佐々木原さんの日記には、

〈六月八日　ジグザグ進撃
六月九日　反転南下　ジグザグ進撃
六月九日　毎日、南下したり北上したり、西進東漸を繰り返す。〉

とある。

六月十四日、第二機動部隊は、ミッドウェー沖で第一機動部隊の生存者を収容した駆逐艦と、洋上で合流した。

〈一、二航戦の生き残り搭乗員、駆逐艦より移乗し来る。状況書くに及ばず〉（佐々木原さんの日記より）

「はじめはみんな口が重かったですね。やがて気持ちがほぐれてきたのか、実はやられたんだ、と。二甲飛（甲飛二期）の岩城一飛曹が、『赤城』の艦橋にいて退艦する直前、伝声管から機関科員の歌う『君が代』が聴こえてきた、と言っていました。機関室は艦の底にあって脱出できないんですが、従容として。いまも思い出すと涙が出

るんですよ、かわいそうで。岩城兵曹も泣きながら話してくれました」
敵艦隊に備えて北太平洋を遊弋《ゆうよく》していた「隼鷹」が大湊に入港したのは、六月二十四日のことである。ちょうど一ヵ月におよぶ長い航海だった。「隼鷹」は、被弾、故障した零戦九機を大湊基地に運び、修理、機銃の軸線整合、コンパスの自差修正をしたのち、二十九日に飛行機を収容、日本海から関門海峡を通過して呉に向かった。その間、二十七日には、AL作戦戦没者の告別式が艦内で行われている。七月一日、飛行機隊は「隼鷹」を発艦して岩国基地へ。七月五日には、「隼鷹」と、収容した「蒼龍」などのミッドウェー海戦の生き残り搭乗員たちの合同宴会が行われている。「隼鷹」の搭乗員にはそのまま八日までの休暇が与えられたが、撃沈された一、二航戦の搭乗員は、敗戦を秘匿《ひとく》するため、鹿屋、笠之原基地に送られ、軟禁生活を余儀なくされることになる。
作戦行動を終えて、ひさびさに内地に帰ってきてみると、見るものすべてが懐かしく、またまぶしく見えた。七月六日の佐々木原さんの日記には、
〈朝九時の汽車で広島へ行く。広島は流石《さすが》に大都会だけあつて非常に賑やかで、繁華街を通ると何となく嬉しくなる。色々に美しい人が大勢流れる如く路一杯に歩いてゐて、内地のよさをしみじみと感じられ。希《まれ》に入る人ごみに銀座を思い出した。〉

とある。

佐々木原さんたち五名の出稼ぎ組は、休暇を終えると、すぐにまた「翔鶴」に戻ることになった。

修理の終わった「翔鶴」は、「瑞鶴」「瑞鳳」とともに新たに第一航空戦隊を編成、米軍に占領されたばかりのソロモン諸島のガダルカナル島争奪戦を支援するため、八月十六日、瀬戸内海の柱島(山口県岩国市)泊地を出港した。

八月二十四日、第二次ソロモン海戦。珊瑚海、ミッドウェーに続く三度めの空母対空母の戦いとなったこの海戦で、米空母「エンタープライズ」を中破させ、飛行機二十機を失わせたが、日本側も空母「龍驤」が沈み、飛行機五十九機を喪失。ガダルカナル島への上陸を狙った輸送作戦も失敗に終わる。

「私はこの海戦では、母艦の上空直衛中、来襲したB-17を攻撃したんですが、全力で逃げやがってね。針路も見ずに全速で三十分、深追いしているうちに日が暮れてしまい、危うく帰れなくなるところでした。一度は自爆を覚悟しましたが、偶然、味方の重巡を見つけて、主翼の編隊灯を点滅させて、発光信号で母艦の方位を教えてもらったんです」

ラバウル・ソロモン方面の航空戦は熾烈《しれつ》を極めていた。ガダルカナル島奪回に向けての航空攻撃だけでなく、陸軍が攻略作戦を開始したニューギニア・ポートモレスビー方面の敵航空兵力にも対抗しなければならなかった。にもかかわらず、日本海軍の基地航空兵力は、このとき、零戦約三十機、陸攻約三十機程度に過ぎない。そこで、聯合艦隊は八月二十八日、「翔鶴」飛行隊長・新郷英城大尉の率いる「翔鶴」「瑞鶴」の零戦二十九機、艦攻三機を、ラバウルの南東百六十浬（約三百キロ）に位置するブカ島に急造された飛行場に派遣。佐々木原さんもその一員に選ばれた。

「ブカ島は、ブーゲンビル島の西隣に浮かぶ小さな島でね、たいへんなところだったんですよ。飛行場から一キロほど離れた海岸沿いの椰子《やし》林のなかにテントを張ってそこで寝るんですが、蚊《か》が多くて……蚊帳《かや》をつってもどこからか入ってくる。水も不足してるし、最悪の環境でしたね。一本の木に蛍《ほたる》が何万匹も棲息する『蛍の木』というのがあって、木がネオンのように光っていたのが記憶に残っています」

八月二十九日、ブカ基地の空母零戦隊二十二機は、ラバウル基地から飛来した一式陸攻十八機と合流してガダルカナル島の飛行場を空襲。敵機八機と交戦、四機撃墜（うち一機不確実）を報じたが、零戦、陸攻各一機が自爆している。

この日の空戦で、佐々木原さんは、零戦一機がグラマンF4Fに追躡《ついじょう》されているのを発見、一撃でこれを撃墜した。佐々木原さんは日記に、

〈目前に味方戦闘機一機、グラマンに追躡さるを発見。後方より一撃の下に撃墜〉

と記しているが、追躡されていたのは、「瑞鶴」の日高盛康大尉である（『証言　零戦　生存率二割の戦場を生き抜いた男たち』所収）。

「F4Fは強かった。格闘戦で後ろに回りこまれて、尾部にカーンと被弾して、もう駄目かと思ったところに、佐々木原機が駆けつけて、右横からダダダーッと、あっという間にその敵機を墜としてくれました。みごとな攻撃でした」

と、日高さんは回想している。この日、攻撃隊の進撃高度は七千五百メートルだったが、偶然にも日高機、佐々木原機がともに酸素吸入器の故障のため、高度三千メートルあたりの近い高度を飛んでいたため、救援が間に合ったのだ。

八月三十日には、空母部隊の零戦十八機がガ島飛行場を空襲、積乱雲の上下でロッキードP－400二十機、グラマンF4F数機と交戦している。この空戦で、零戦隊は敵機十二機撃墜（うち不確実二）の戦果を報告したが、日本側も指揮官・新郷大尉機をふくむ九機が未帰還となり、指宿《いぶすき》正信大尉機が被弾、不時着した。この日の佐々木原さんの日記には、

〈淋しい夜を送る。

明日は仇討ちだ〉

と記されている。

九月二日になって、新郷大尉は、被弾してガダルカナル島エスペランス岬に不時着水したところを、敗残のわが設営隊員に救助されたとの電報が入り、

〈欣喜雀躍す〉

と、佐々木原さんは日記に書いた。

九月四日、ブカ島に派遣されていた「翔鶴」「瑞鶴」の零戦隊は艦攻とともに母艦に復帰する。わずか一週間の派遣の間に、二十九機いた零戦は十五機に減り、しかも環境劣悪な基地で、生き残り搭乗員は全員が風土病のマラリアやデング熱にやられていた。

「私もデング熱でひどい目に遭いましたよ。一日おきに四十度の熱が出て、体がだるくて飛行どころじゃない。戦闘機隊全員が寝込んだもんだから戦争にならない。聯合艦隊軍医長が、見舞いだか調査だかに来たことがあります。私は、治るまでに一ヵ月かかりました」

「翔鶴」は九月五日、トラックに入港。一度、ガダルカナル方面に出撃したものの、

ふたたび九月二十三日より十月十一日までトラックに待機している。

その間の十月三日、飛行機輸送の特設空母「雲鷹《うんよう》」が入港、新型の二号戦（零戦三二型）が「翔鶴」に配備され、さっそく慣熟訓練が行われた。佐々木原さんがデング熱の完治を軍医に宣告されたのは、十月五日のことだった。

「南太平洋海戦」日本機動部隊が米軍と互角以上にわたり合った最後の戦い

昭和十七（一九四二）年十月十一日、「翔鶴」「瑞鶴」「瑞鳳」はトラック泊地を出撃、敵機動部隊をもとめてソロモン東方海域へ向かった。その頃、米艦隊もまた、日本艦隊を迎え撃とうと出動してきており、十月二十六日、ついに両者は激突した。のちに「南太平洋海戦」と呼ばれるこの空母対空母の海戦に、佐々木原さんは攻撃隊を掩護する制空隊の一員として参加している。佐々木原さんの日記より――。

〈太陽は大分高く上がつて午前七時頃!! 突如前衛部隊より敵艦上機四機見ゆとの報あり、『スハ』と緊張す。と同時にすみやかに敵雷撃機来襲の煙幕各艦より展張され、直衛待機は次々發艦《はっかん》し行く。あたふたと出てきた隊長（注：新郷英城大尉）が『敵空母發見』と黒板に大書す。敵の艦上機が我艦隊に来襲して来た以上は近海に敵空母が居るに違ひない。

制空隊予定戦闘機は大部分直衛に我先にと舞上がつて行つたため、四機しかゐない（注：当初は七機の予定であった）。今は仕方がない。

敵の位置「百二十五度二百十五浬」、雷撃隊は逸早《いちはや》く準備を整へ、第一次攻撃隊は急速に發艦して行つた。

直衛隊は来襲の敵雷撃機七機を直ちに撃墜し去つて母艦上空へ歸つて来た。内一機は敵彈を受け母艦上空でバンクを振つたが、甲板上には二次攻撃隊が既に準備されつつあつたので着艦させることが出来ぬ。唯見守つてゐる中に敵機来襲の黒煙が各艦共不気味に空中に吐き出した。「又来た」と緊張する。

自分は一次攻撃隊制空隊に行く予定だつたが他に乗つて行かれたので、二次制空隊に行くことになつた。

一次攻撃隊が發艦して行く時、艦橋で見送つたが、事態の切迫に思はず『頼む頼む』と叫んで見送り、帽を力の限り振つた。敬礼をしながら攻撃に發艦して行く機上の勇士の姿は、実に此の一戦に突撃する頼もしいまでの自信に満ちていた。敵がいく

ら来ようとも、我飛行機隊が出発して征途に進撃を開始したからには、もう絶対にこちらの勝だと勇む〉

「翔鶴」「瑞鶴」「瑞鳳」の第一航空戦隊から発進したのは、零戦二十一機（「翔鶴」四機、「瑞鶴」八機、「瑞鳳」九機）、九九艦爆二十一機（「瑞鶴」）、九七艦攻二十機（「翔鶴」）の計六十二機であった。

機動部隊は第一次攻撃隊を発進させたあと、直ちに第二次攻撃隊の準備にかかり、「翔鶴」から零戦五機、艦爆十九機、「瑞鶴」から零戦四機、艦攻十六機を発進させる。ふたたび佐々木原さんの日記。

〈第二次攻撃の發艦が命ぜられ勇躍機上に、發艦進撃針路に入る。

敵母艦何物ぞ。敵母艦一隻と聞く。我等の行く迄には既に第一次攻撃で沈没してゐるに違ひないと思ひながら百二十五度の針路で進撃する。途中、電話（注：音声通話）で盛んに「百二十度敵艦爆」の報が入る。途中で出会《でくわ》せぬかと警戒を厳にしながら進みに進む。

空中断雲飛び南方特有の天候である。

前衛を右手に見て進む事二時間、敵戦闘機の奇襲に備へて目を皿にして空中上空を警戒する。

俄然右手に敵艦隊發見！　突然目高《めだか》の進むが如く艦尾より白泡を引いて輪型陣の中央にサラトガ型の大きな母艦（注：実は「エンタープライズ」）、戦艦より後方に気息《きそく》奄々《えんえん》として甲巡らしきもの沈没しつつあり。それより後方約二浬に黒煙を上げて燃えてゐるのは一次攻撃でやられた奴であらう。しかし大型母艦がまだ健在なのは不思議である。攻撃隊よ、是非此奴《こやつ》を沈めてくれと祈る。

敵艦隊は我々を發見するや、輪型陣のまま右に旋回して高角砲の猛烈な弾幕を浴せて来る。いよいよ急降下、爆撃に移るべく態勢をとり、隊長は左に旋回、絶好の角度より急降下に入る〉

「ものすごい弾幕でした。敵空母一隻を戦艦、巡洋艦、駆逐艦などが取り囲み、いっせいに対空砲火を撃ち上げてきていて、海の上が煙で真っ黒に見える。われわれ戦闘機隊は一緒には突っ込まず、艦爆が爆撃を終えて避退する方向に先回りして、高度三千五百メートルで艦爆隊の突撃を見守ります。被弾した艦爆が火の玉になって敵艦に突入するのが見えましたが、上空ではそれが誰の機かまではわからない。艦爆隊の戦果を確認したくても、弾幕でなにも見えないほどでしたよ。敵戦闘機は、下方に四機、飛んでいたものの、角度が深すぎて攻撃できず、敵も戦いを挑んではきませんでした」

攻撃が終了し、弾幕がおさまるのを待って、高度を下げて見てみると、飛行甲板に被弾の痕も生々しい敵大型空母が、航行不能に陥ったものらしく、海上に停止している。巡洋艦とおぼしき大型艦が空母の傍《かたわ》らに寄り添い、曳航《えいこう》しようとしているのも見てとれた。攻撃成功である。

〈機上で思はず万歳を叫ぶ〉

と、佐々木原さんは日記に記している。「翔鶴」零戦隊は一機の敵機に妨害されることもなく、帰途についた。ところが――。

「途中、敵のPBY飛行艇と出くわしたんです。五機の零戦でそいつに反復攻撃をかけました。私が攻撃して敵の右翼端すれすれにかわすとき、カーキ色の飛行服、飛行帽姿の敵機銃手と目が合い、しばらく睨《にら》み合いましたよ。彼の顔色は蒼白で、まさに機銃の弾倉を交換しようとしているところでした。さらに操縦席を覗《のぞ》き込んだところで、前方の銃座から撃ってきたので急上昇で射弾を避けて、そのままもう一撃を加えました。敵機は白煙を噴きながら雲のなかに逃走しようとする。逃がしてなるかとそれをまた追いかける。そのうちに、味方機とはぐれて単機になってしまったんです」

単機になった佐々木原さんは、飛行時間と母艦の速度、進行方向から母艦の現在位置をすばやく計算し、運を天に任せて針路を北西、三百十五度にとった。一人乗りの戦闘機に航法専門の偵察員が乗っているわけではないから、その方角で正しいかどうかの確証はない。だが幸い、やがて新郷飛行隊長機以下、四機の零戦と合流することができた。

八月末、ブカ基地に派遣されたさいに感染したデング熱は完治したとはいえ、体力が十分に回復していない。佐々木原さんは急に激しい疲労と頭痛をおぼえ、風防を開けて風を入れようとした。このとき、ふと左右に目をやると、操縦席を挟んで両翼の中ほどに二発ずつ、先ほどのＰＢＹに撃たれたものであろう弾痕《だんこん》があるのに気づく。操縦席からはわからないが、もし燃料タンクを射貫かれ、ガソリンが漏れていたら帰還はおぼつかない。小隊長の松田二郎一飛曹も佐々木原機の異変に気づいたらしく、盛んに「頑張れ、頑張れ」と手信号の合図を送ってきた。

頭痛はますますひどくなり、編隊を組んで飛ぶのはもちろん、目を開けているのもつらいほどである。佐々木原さんは、自爆を覚悟しながら、飛べるところまで飛ぼうと心を決め、単機になっても還れるようにと、試しにクルシー（無線帰投装置）のスイッチを入れてみた。以下、佐々木原さんの日記より。

〈クルシーを入れてみると、味方の母艦群より連続信号を發信してくるのが受信された。然し未《い》だ《ま》母艦は見えず、又その位置も判《わか》らなければ測定も出来ぬ。クルシーが破壊されてゐるのだ。諦めて電話に切り換へたが感度なく、電信にダイヤルを切り換へると間もなく感度あり、総戦闘機（サクラ）及び制空隊（ツバメ）に呼びかけてゐるのが聞こえた。シメタ！と受信に掛《かか》る。右手の操縦桿《かん》を左手に持ち、レシーバーを完全に装着して、ダイヤルを調節して聞こえるのを右膝《ひざ》の上の記録板に書きとめる。

『サクラサクラ我の位置、出発点よりの方位二十八度九十五浬速力三十ノット、針路三十三度。一三三五』

次いでサクラサクラと連送して来る。直ちに母艦の位置を計算、会合点時間を計測する〉

クルシーは、母艦から出す電波を操縦席後方のループアンテナでキャッチして、その角度を計器板の航路計に示す。航路計の針が真上にくるように飛び続ければ母艦に還れるというすぐれた無線装置だったが、衝撃に弱く、空戦によるG（荷重）で故障してしまうのが難点だった。無線電話（音声通話）は電波の到達距離が短く、海上ではどうしてもモールス信号による無線電信に頼ることになる。こんなとき、予科練で叩き込まれたモールス信号の訓練は、生死を分けるほど重要なものであった。

「やがて、『瑞鳳』『瑞鶴』『翔鶴』の順に母艦の姿をみとめ、よし、一隻も欠けてない、と嬉しくなって『翔鶴』に着艦しようと近づいたら、なんと飛行甲板に被弾し、大穴が開いていて着艦できない。しばらく上空を旋回して『瑞鳳』の上空に行ってみたんですが、『瑞鳳』も飛行甲板の後部に被弾している。やむなく、唯一無傷だった『瑞鶴』に着艦しようとしたら、敵機来襲の合図の黒煙が各艦から上がるのが見えて、やむなく上昇、そのましばらく上空哨戒にあたりました。発艦してから七時間半、小便も出詰まって大変でしたよ。燃料の残りがあと三十分を切ったので、意を決して着艦しましたが……」

この日の敵機動部隊攻撃に参加した零戦搭乗員のうち、「瑞鳳」分隊長・日高盛康大尉はやはり空戦のさいのGが原因でクルシーが故障、母艦を探して飛ぶうちに幸運にも無線電話（音声通話）が通じ、帰還できたというし、第二航空戦隊の「隼鷹」飛行隊長・志賀淑雄大尉は、クルシーが使えて母艦からの無線誘導で帰還できたと回想している。「翔鶴」の佐々木原さんが無線電信で帰還できたのと合わせ、この海戦は無線がフルに活用された戦いだったといえる。

「南太平洋海戦」と呼ばれるこの戦闘で、日本側は米空母「ホーネット」を撃沈、「エンタープライズ」に損傷を与え、飛行機七十四機を失わせたが、空母「翔鶴」と「瑞鳳」が被弾、飛行機九十二機と、歴戦の搭乗員百四十八名を失った。この海戦は、結果的に、日本海軍の機動部隊が米海軍の機動部隊に対して互角以上にわたり合った最後の戦いとなったが、ここで多くの練達の搭乗員を失ったことは、以後の作戦に大きな影響を与えることになった。

しかもこの日、陸軍第十七軍によるガダルカナル島総攻撃が失敗に終わり、ガダルカナルの飛行場を奪回して航空消耗戦に終止符を打とうとしていた、ラバウルをはじめとする基地航空部隊の作戦も振り出しに戻ってしまう。

——またもや傷ついた「翔鶴」は十一月六日、横須賀軍港に帰還した。大きな損失を出した飛行機隊は解散、再編成されることになり、多くの搭乗員が内地の練習航空隊の教員、教官として転出する。だが、十一月一日、上等飛行兵曹に進級していた佐々木原さんに命ぜられた新たな配置は、同じ第一航空戦隊の空母「瑞鶴」乗組だった。引き続き、第一線の母艦勤務である。

「天佑神助《てんゆう》」と言われるほどの大成功を収めたガダルカナル島撤収作戦

南太平洋海戦以降、ガダルカナル島周辺の制空権は、基地航空隊の零戦隊が制圧している一日数時間をのぞき、ほぼ米軍に握られていた。陸軍の増援兵力や食糧・弾薬を送ることさえままならず、日本陸海軍は、戦術としてもっともまずい、戦力の逐次投入、各個撃破の悪循環に陥っていた。ガ島の将兵は補給も受けられず、飢えとマラリアなどの風土病に斃《たお》れるものが続出した。「ガ島」と呼ばれていたガダルカナル島はまさに「餓島」と化しつつあった。

こうして、昭和十七（一九四二）年は激戦のうちに暮れてゆき、ガダルカナル島奪回はもはや不可能であると、陸海軍の認識が一致した。十二月三十一日の御前会議でガ島撤退の方針が決定され、昭和十八（一九四三）年一月四日、ついに「撤退」の大命が下された。

「瑞鶴」は、ガダルカナル島の陸上部隊撤収作戦を支援するため、昭和十八年一月二十三日にはふたたびトラック島に進出、飛行機隊をラバウル基地に派遣する。

ガダルカナル島撤収作戦は、昭和十八年二月一日、四日、七日の三次にわたり、駆逐艦を大動員して夜間、行われた。「ケ」号作戦と呼ばれる。

零戦隊は、ラバウル基地とブーゲンビル島ブイン基地を拠点に、撤収開始から輸送部隊の上空警戒に当たるとともに、敵航空兵力に打撃を与えようと、総力を挙げて出撃を重ねた。

「二月一日、艦爆隊を直掩してガ島対岸のツラギ島沖の敵艦攻撃に出撃、グラマンF

4Fと空戦し、二機を不確実ですが撃墜しました。二日は撤収部隊——撤収作戦のことは秘密でしたから、そのときは、われわれは撤収ではなくガ島への増援部隊だと思っていたんですが——の上空哨戒、三日はラバウル基地の上空哨戒。そして四日、撤収部隊の駆逐艦二十隻の上空哨戒に行ったとき、敵機が大挙して来襲したんです。

こちらは零戦十五機。私は、敵SBD艦爆の腹の下から撃ちまくり、そいつが逃げるのをさらに追いかけて撃墜。そのとき、OPL（照準器）のランプが切れて照準環が点灯しなくなり、ふだんは照準器の横に倒してある予備照門を引き出して……。照準器が点かないのは困ったな、いっぺん帰るかな、と思いましたが、気がつけば味方機はみんな敵機を追って散り散りになっていて、駆逐艦上空には私一機しかいない。そこへ、敵戦闘機と艦爆、あわせて三十機ぐらいがやって来た。ここでもグラマンF4F一機を撃墜しましたが、最後に正面から撃ち合って相撃ちになり、エンジンをやられちゃったんです。

ガンガンっと被弾してエンジンが利かなくなり、急降下で離脱すると、こんどは別の敵機が私を追ってバリバリ撃ってくる。その敵機に向かって、下から駆逐艦が対空砲火を撃ち上げて追い払ってくれたので、助かりました。

そのまま海上に不時着水したんですが、海面で機体がジャーンと跳ねてしまい、その衝撃でＯＰＬに顔をしたたかぶつけてしまいました。一応、緩衝用のゴムパッドは貼ってあるんですがね……。行き足が止まって風防を開け、前部風防に手をかけて脱出しようとしたら、波で海に放り出されて、気がついたら水のなか。一瞬、どっちが上か下かもわからなくて焦りましたが、明るい方向に向かって必死で泳いだら浮かび上がりました」

海面には、佐々木原さんが乗っていた零戦がまだ浮かんでいた。佐々木原さんは、操縦席に収納されている浮き袋をとりに飛行機に這い上がろうとしたが、滑ってしまい上がれない。

「ポケットから航空図を取り出して見たら、不時着水した地点はイサベル島とマライタ島の間で、岸までは一万メートルぐらいあって、泳ぐのはむずかしい。どうしようかと思っていると、さっきまで私が直衛していた味方の駆逐艦がこっちに向かってくるのが見えた。助かった！　と思ったのもつかの間、駆逐艦は、乗組員がみんな、泳いでいる私に敬礼しながらスーッと行っちゃう。次の艦も。これは助けてくれないな、と思いました。

周囲を見渡すと、少し離れたところに私が撃墜した敵機の搭乗員もプカプカ泳いでいましたね。思わず持っていた拳銃に手をかけましたが、海水に浸かったせいか弾が出ない。それに、大きな鱶《ふか》（鮫《さめ》）も寄ってきて、びっくりしました。鱶は自分より身体の大きいものは襲わないと言われていたので、あわててマフラーを足に結んで長く垂《た》らすと、そのうちいなくなりましたが。

しばらく経って、味方の駆逐艦が一隻、グルグルまわっているのが見えました。や？　助けてくれるのかな、と思ってオーイ、と手を振るんですが、なかなか気づいてくれない。五、六回まわって、ようやく私の姿を認めたのか、側《そば》で止まってくれた。最初は縄梯子《なわばしご》を降ろしてくれたけど、腕に力が入らず昇れなくて、次にロープを投げてくれたのでそれで体を縛って、ひっぱり上げてもらったんです。あとで聞くと、その駆逐艦は空襲で至近弾を受け、グルグルまわりながら応急修理していたとのことでした。時間は午後四時半頃、もうすぐ暗くなる時間で、危ういところでした。漂流していたのは一時間ほどでしょうね。助け上げられたとき、私の顔は腫《は》れ上がってしまって、お岩さんみたいでしたよ。

しかし、助けられてからも大変でした。士官室に通されてそのまま眠り込んでたら、夜中にいきなり大砲の音。びっくりして飛び起きて甲板に出てみると、すぐ近くに敵の魚雷艇がいる。それをサーチライトで照らして大砲を撃つ。すると敵は、魚雷を放って逃げる。雷跡が夜光虫を散らして、夜目にもくっきりと光って見えます。艦はその間を、雷跡と平行に避けてゆく。魚雷艇は四隻ぐらいいたのかな。そいつらを追いかけまわして、ほんとうは魚雷艇のほうが速いはずなんだけども、撃ちまくられて全速で逃げているから、エンジンが焼けちゃってヒョロヒョロになっています。それで、逃げ遅れたやつに駆逐艦がガリガリッと乗っかって、いや、海の戦いもすごいなあ、と思いましたね」

ガダルカナル島撤収輸送にあたった駆逐艦部隊は、米軍機の空襲と魚雷艇による攻撃は受けたものの、それによる損害は予想以上に少なく、駆逐艦一隻が沈没、二隻が損傷を受けただけにとどまった。撤収作戦そのものは、「天佑神助」と言われたほどの大成功を収め、収容した人員は、防衛庁（現・防衛省）戦史室編「戦史叢書《そうしょ》」によると一万二千八百五名におよんだ。

内地に転勤し、「雷電《らいでん》」「紫電《しでん》」「紫電改《しでんかい》」のテスト飛行にフル稼働

佐々木原さんは、このときの負傷で、眼筋が麻痺《まひ》して片目の眼球が動かなくなり、トラック島から飛行艇で内地に送還され、横須賀海軍病院に入院することになる。

「トラックを発《た》つ前、『瑞鶴』では、飛行隊長・納富《のうとみ》健次郎大尉をはじめみんなが送

別会を開いてくれて、ビールがうまかったのは憶えているんですが、そのあと熱が出て、飛行艇で運ばれる途中、中継地の硫黄島あたりで気を失ってしまったんです。すると横須賀では、私が南方帰りでどんな伝染病をもっているかわからないからと、隔離病棟に入れられてしまった。ここがまたひどいところで、ベッドの周りはコレラや赤痢《せきり》、チフスなんかの重症患者ばかり、毎日、隣で人が死んでいくんですよ。これはえらいところに入れられてしまった、余計な病気をうつされたら嫌だな、と。ここで血液検査をやって、五日後にやっと、眼科の病棟に移りました」

その後、三重県度会《わたらい》郡御薗《みその》村（現・伊勢市）の山田赤十字病院（現・伊勢赤十字病院）に転院、眼球の裏側に食塩水を注入するなどの治療を受け、約五ヵ月で眼球も元通り動くようになった。退院後は横須賀海兵団を経て、昭和十八（一九四三）年七月、第一〇〇一《せんいち》海軍航空隊に転勤を命ぜられる。

「木更津基地にある一〇〇一空に行ってみると、そこは輸送機部隊で、九六陸攻はあるけど戦闘機が一機もいない。『戦闘機乗りのお前がなにしにきたんだ？』なんて言われましたが、そのうち副長に呼ばれて、じつはこんど、うちの隊で戦闘機の空輸をやることになった、と。それで、私と小林勝太郎一飛曹、石井正雄二飛曹の三人で、予備練習生（運輸通信省航空局乗員養成所卒業者）出身の搭乗員に、戦闘機の操縦訓練をやることになったんです」

一〇〇一空の新たな任務は、メーカーで完成したばかりの戦闘機のテスト飛行を行い、不具合があれば改修のうえ領収する。それをまた、戦地へ運ぶ、というものだった。

「群馬県の中島飛行機小泉製作所などに赴《おもむ》いて、出来上がった飛行機を片っ端からテストして——これは、ほかにできる者がいなかったので、私一人で一日で二十機も試飛行をやったことがありましたが——私がＯＫを出せば海軍が領収する。それを木更津に空輸して、そこで機銃やら無線機やらの艤装《ぎそう》を行います。それが終わって機数が揃えば、台湾の台南《たいなん》基地まで空輸する。そこまで運べば、フィリピンの部隊が台湾まで飛行機をとりにくるわけです。地味な裏方ですが、これはこれで重要な任務だし、若いから体がもったようなものの、朝から晩まで飛びっぱなしで、かなりきつい仕事でした。サイパンまで零戦を運んだり、台湾を経由してフィリピンまで飛んだこともありましたね」

佐々木原さんは昭和十九（一九四四）年五月一日付で、准士官の飛行兵曹長に進級、分隊長を補佐する分隊士として、部隊の記録や隊員の人事を管理するなど、さらに多忙な日々を送るようになった。そして十月――。

「フィリピン・ルソン島のマバラカット基地へ、爆装用の零戦を空輸したんです。その頃の飛行機は出来が悪くてね、特に中島製の零戦は『殺人機』と言われるぐらい、ほんとうに質が悪かった。台湾を出たとき二十機あったのが、故障で次々と引き返して、着いたときにはたった四機になっていましたよ。

ルソン島のクラーク地区には飛行場が十ヵ所もあって、航空図を見ても付近一帯を大きく囲んで『クラーク航空要塞』と記されているだけだったので、どこに降りたらいいのかわからない。零戦がいっぱい並んでいる飛行場を見つけて、たぶんここだろうと着陸したら、そこがマバラカット東飛行場でした。零戦の尾翼には三八一空の部隊番号が描かれていました。

着陸すると、後輩の甲飛十期の連中が寄ってきて、『分隊士、私、明日この飛行機に乗ります。これに爆弾を積んで、敵の空母にぶつかるんです』なんて言う。思わず、『それじゃ、お前、死んじゃうじゃないか』と聞いたら、『こうするしかないんです』と。エーッ！とびっくりしましたね。彼らは三八一空ではなく、二〇一《ふたまるいち》空の隊員だということでした。

そのあと、一緒に飯を食いながら話を聞くと、飛行場の零戦は、体当たり攻撃のために三八一空から譲り受けた飛行機で、隊員たちはみんな、私は二回め、私は三回め、と出撃の順番が決まっていると言うんです。『みんな死んじゃうのか』『ほかに勝つ方法がないんですよ』。これはえらいことになったなあ、と思いましたよ。

その日の夕方、『瑞鶴』で一緒だった倉田信高上飛曹とバッタリ会いました。彼も、開戦以来ずっと母艦で戦ってきた男です。

『おお、倉田、元気そうだな』『あんたも元気そうだな。明日、俺も出撃するんだ』『ぶつかるのか』『いや、戦果確認だ』『しかし、確認してこいと言われても、敵の大部隊に二機ぐらいで攻撃をかけて、そんなにうまくいくのか』『命令だからな、敵をかき分けてでも確認せにゃならん』『えらい命令をもらったもんだなあ』『ほんとだよ』、なんて話をして、翌日、彼は四機（うち直掩二機）で出撃していきました。私は帽子を振ってそれを見送り、すると夕方になって戦果確認の電報が入ってホッとしました。さすが歴戦の勇士、よく帰ってきたなあ、と。

――でも彼も、あとで死んじまったですがね」

倉田上飛曹は、フィリピンの激戦を生き抜いたが、翌昭和二十（一九四五）年四月六日、沖縄上空で戦死した。

「一〇〇二空は、昭和十九（一九四四）年の八月には木更津基地から鈴鹿基地に移るんですが、要するにテストパイロットみたいな仕事が主で、いろんな飛行機に乗るし、必然的に各機種の性能をぎりぎりまで試す機会があります。たとえば高度一万メートルまで上昇するのに、零戦では二十七分ぐらいかかって骨が折れたのに比べ、『紫電改』だと十七分、『雷電』ならダーッと十三分で上がることができた。『紫電』は一万メートルだときつかったですね。フラフラで舵《かじ》が利かないんです。

鈴鹿の飛行場は三菱重工の三重工場に隣接していて、ここで作った『雷電』をよくテストしたんですが、名古屋に空襲に来たB－29を、部隊配備前の『雷電』で単機――実戦経験者が私しかいないもんですから――邀撃に上がったことがありました。高度九千八百メートルまで上昇したんですが、途中で一緒になった陸軍の新型戦闘機がついてこれない。

『雷電』は力がありましたよ。上昇も下降も速かった。ただ、着陸速度が速くて、しかも脚が出ないことがあって怖い飛行機でした。脚が出ない故障は『紫電』にもありましたが、『雷電』でも三度、経験しています。機体を滑らせたり、ダイブから急激に引き起こしたりして無理やり脚を出すんですが、着陸のたびにおっかなくてね」

　昭和二十（一九四五）年三月には、川西航空機姫路工場の飛行場として建設され、練習航空隊の姫路海軍航空隊も使用していた鶉野《うずらの》飛行場（現・兵庫県加西市）に、一〇〇一空派遣隊が置かれることになり、佐々木原さんはここで、川西の工場で完成したばかりの「紫電」「紫電改」のテスト飛行に明け暮れることになる。

「姫路工場で作った機体の半成品を鶉野飛行場に隣接した川西の組立工場で完成させ、それを次々とテストしていくんです。山のなかの寒いところでしたよ。『紫電』『紫電改』は、はじめ鳴尾《なるお》工場で作っていたのを、空襲の被害を避けるために工場を分散したんですね。鶉野で組み立てられた『紫電』は四百四十六機、『紫電改』は四十四機と記録されていますが、私がテストした飛行機が、次々と、松山基地や大村基地で戦っている『紫電改』部隊の第三四三海軍航空隊に送られていくんです。

　最初の『紫電』は、中翼で脚が長くて折れやすく、事故が多かった。エンジンの『誉《ほまれ》』はオイル漏れと振動がひどくて、最初は苦労しました。両機種ともに自動空戦フラップがついていて、空戦時には小回りが利くようにはなってたんですが、零戦ほど格闘戦性能がよいわけではなく、私は、これは一撃離脱用の戦闘機だと思っていました」

機上から見た原爆投下後の長崎。そして、「皇統護持」秘密指令への反発

昭和二十（一九四五）年七月、佐々木原さんは、第三四三海軍航空隊戦闘第七〇一飛行隊に転勤を命ぜられ、大村基地に着任した。

「大村に着いたのは、飛行隊長・鴛淵《おしぶち》孝大尉が七月二十四日の空戦で戦死した直後でした。隊長は欠員、分隊長・山田良市大尉が飛行隊の最先任で、真珠湾のとき『飛龍』に乗っていた村中一夫少尉や、ベテランの岡野博飛曹長ら旧知の顔もありました。すでに本土決戦に備えている時期で、もし米軍が九州に上陸してきたら、三四三空は全力を挙げて迎え撃ち、一週間以内に総員が戦死するという見込みを聞かされて、『なんだ、俺たち、みんな死ぬのが決まっているのか』と。ここでは、一度だけ敵艦上機邀撃に出撃したものの、空戦はありませんでした」

八月九日——。

「この頃は燃料が足りないもので、一日おきに飛行休みとされていて、この日はトラックを十台ぐらい連ねて飛行場裏手の山登りに行きました。途中、私たちの乗ったトラックが故障して、修理の間、たまたまアイスキャンデー屋があったので、みんなでなかに入ってアイスキャンデーを食べていました。

するとと突然、ガラスがビリビリと震えて、ドーン、とものすごい音がした。爆撃か？　と外に飛び出すと、南西の方向の青空に、真っ白い大きな玉が上がっていくのが見えるんですよ。その真っ白い玉の間から真っ赤な炎が走り、そこがすぐ水蒸気に包まれて、まん丸い玉が大きくなりながら上がってゆく。

あれはなんだ？　広島に落ちたのと同じ『新型爆弾』じゃないか、そうだそれだ！　などと口々に言いながら、とは言え、どうしようもないので車に飛び乗ってとりあえず山頂までは行き、弁当を食べながらきのこ雲を観察すると、どうやら爆弾は長崎に落ちたようでした。それを見ながらみんな無言になってね……。基地に戻ったのは午後二時頃でした」

大村基地に帰ると、戦闘七〇一飛行隊の整備員が佐々木原さんに、整備のできた「紫電改」の試飛行を依頼してきた。

「大村基地と長崎は、直線距離で二十キロ足らずですから、飛行機なら目と鼻の先です。離陸してみると、長崎上空は黒雲に包まれ、その下は雨が降っているようでした。それで、一通りの飛行テストを終えて、午後三時頃、着陸前に雲の下に入ってみたんです。地上は完全な焼け野原だったですね。真っ黒な雲が広がっていて、雨がザーッと降っていて。高度五百メートルぐらいで、残骸と化した浦上天主堂のまわりを旋回して見てみましたが、そりゃあ酷《ひど》いもんでしたよ。

飛行機の調子はよく、三時頃着陸して、『今日は非常にいいよ』と言ったら整備員は喜んでいましたが、私はいま見たばかりの長崎の光景が目に焼きついて、沈痛な気持ちでした」

夜中になって、大村海軍病院に、長崎で被爆した重傷患者が次々と運び込まれ、整備員や搭乗員の一部が救援に向かった。

「私は、翌朝は当直で、敵襲があれば出撃する『即時待機』（注：燃料、弾薬を満載し、命令があれば即座に出撃できる状態）に入ることが決まっていたので行きませんでしたが、帰ってきた連中が言うには、トラックの荷台から腕をつかんでひっぱり上げて乗せようとすると、腕の皮がズルズルと剥《む》けるんだそうですよ。それで、痛い、痛いと、かわいそうで困ったとのことでしたね……」

そして八月十五日。戦争終結を告げる天皇の玉音放送は、大村基地にいる三四三空搭乗員の総員が、飛行場に整列して聴いた。佐々木原さんはこのとき二十三歳。敵機撃墜十二機、飛行時間約千五百時間の記録を残していた。甲飛四期の同期生は、この日までに二百六十四名中二百十五名（約八十一パーセント）が戦没、うち戦闘機専修者は二十一名中十九名（約九十パーセント）が戦没している。

「終戦を知らされて、人間って不思議なもので、みんなホッとした顔をしていましたね。これで家に帰れる、と。これからどうなるか、先行きの見えない不安はありましたが」

十五日午後、三四三空司令の源田大佐は状況を確かめに、大分基地にあった第五航空艦隊司令部に飛んだ（三四三空戦友会が著した『三四三空隊誌』によれば十六日）。さらに八月十七日、司令は戦闘三〇一飛行隊の松村正二大尉を随伴させ、自ら「紫電改」を操縦、横須賀に向かい飛び立った。

「厚木の三〇二空からは徹底抗戦を呼びかける使者が飛来していましたから、われわれは、司令は厚木に行って抗戦に立ち上がる相談をしてるんだ、などと噂し合っていました。隊員に不穏な空気が流れていたということはなく、これはあくまで噂話に過ぎなかったんですが」

源田司令が、大村基地に帰ってきたのは八月十九日午前のことだった。このとき、司令は、東京で授けられてきた新たな任務を、出迎えた飛行長・志賀淑雄少佐に打ち明けている。

それは、近く連合軍が進駐してきて日本は占領されるが、天皇の処遇および国体（天皇を中心とする国家体制）の維持に対しては不透明なままであることから、天皇の処刑をふくむ最悪の事態にそなえて、皇統を絶やさず国体を護持するため、皇族の子弟の一人をかくまい、養育する、という秘密の作戦だった。

ことの性質上、作戦準備は隠密裏に進めなければならない。このとき、志賀少佐は、行動をともにする隊員を選抜するために一計を案じた。司令が自決すると装い、その供連れとなる覚悟のある者のみを、この作戦に参加させるというものである。

この日の昼、飛行場に三四三空の全搭乗員が集められ、源田司令が総員に「休暇を与える」として、部隊解散の訓示をした。訓示が終わり、司令が号令台から降りると、志賀少佐が、

「解散。ただし搭乗員、准士官以上は残れ」

と命じた。そして、残った者に、

「司令は自決される。お供したい者は午後八時に健民道場に集まれ」

と伝えた。健民道場は、飛行場の裏山の途中にあり、隊員の一部の宿舎としても使われている。

志賀少佐は私のインタビューに、

「司令とは事前に、『自決の直前までもっていきますから。みな拳銃に弾丸はこめさせます。銃をとるとき、私が〝待て〟と声をかけますから、そこでほんとうのことをおっしゃってください』と打ち合わせをしていた」

と語ったが、佐々木原さんの記憶は、志賀さんの回想とは少しニュアンスがちがう。

「私は、司令が自決されるから、搭乗員総員、拳銃を持って道場に集まれ、と聞いたと記憶しています。

われわれは寝耳に水で、なんで自決しなきゃいけないんだ、と反発しましたね。

飛行機に乗って、戦争して死ぬのはちっとも構わない。命が惜しくて戦争やってた訳じゃない、飛行機で死ぬのならいつでも死んでやる。負けたといっても、俺たちが負けたわけじゃない。われわれは一生懸命やるだけやったじゃないか。それを、国が負けたからって自決せよとはなにごとだ、と私ら行かなかったんです。部下たちも、戦って死ぬのならいいけど、いったい、なんの責任をとって自決しなきゃいけないんですか、とみんな言ってました。

村中（一夫・少尉）さんは行きました、拳銃もって。だから、村中さん死んだのか、じゃあ遺品を山分けしようと、残った者たちで話してたら、誰も死なずに宿舎に帰ってきた。村中さんに『なんの話だった？』と訊いても『うん』と生返事するだけでなにも言わない……」

よほど思うところがあったのだろう。いままで、淡々と戦争を振り返ってきた佐々木原さんの口調に、だんだん熱がこもってきた。

「ずっと後になって、これは『皇統護持の秘密作戦の人員を選抜するための芝居』だったという事情はわかりましたが、まったくね、赤穂浪士じゃあるまいし、まるでわれわれの人格を疑って試されたみたいで不愉快でしたよ。行った連中がみんな自決してるならともかく、一人も死んだやつはいなかった。まったく、ペテンにかけたな、と言われても仕方ないでしょう。戦後、志賀さんに、あんなカラクリで私らをだましたんですか、と食ってかかったことがありますよ。誰だって自決なんてくだらないと思う、それより部下を無事に帰してやるのがほんとうじゃないですか、と。

みんな、戦争をやってきた搭乗員ばかり。役に立ってきた自負があります。それならそうと、ちゃんと命令してくれれば不服は言いません。せめて分隊士以上にでも話してくれればよかったと思います。しかし、ただ自決、と言われてもね、なにを言いやがる、と。理由もなく自決なんてできるもんですか。

――戦争に負けて、皇族をお守りするということが軍人として唯一の拠《よ》りどころだったのかもしれませんが、皇統護持がそんなに大事なことだったのか。なんだか、構えすぎじゃなかったのか、といまでも思いますよ」

志賀少佐から搭乗員たちへの話の伝わり方に誤解があったのかもしれない。志賀さんは、

「不満はいっさい、私が負います。それほど大切な問題でしたから」

と言う。しかし、歴戦の搭乗員としての誇りが自決を拒んだ、佐々木原さんの気持ちは痛いほどに察せられた。

「戦争はいかんが、即発の事態への対応力を失ったら国家は滅亡しますよ」

昭和二十（一九四五）年八月二十日、佐々木原さんは大村を発ち、父の家があった東京・大森区馬込《まごめ》町（現・大田区北馬込）に帰った。

「帰ったら家は空襲で焼けちゃっていて、なにも残っていませんでした。父たちは無

事で、焼け残った近所の知人宅に身を寄せていたので、私もそこで暮らすことになりました」

戦争が終わり、海軍も解体し、軍人だった者は新たな仕事を自分で見つけなければならない。父が森永食糧工業株式会社（昭和二十四〔一九四九〕年、森永製菓株式会社に復称）で総務課長を務めていて、息子を雇ってくれるよう会社に掛け合ってくれ、佐々木原さんは昭和二十一（一九四六）年一月一日付で森永に入社、三島工場で働き始めた。同年四月には結婚、自衛隊の発足時には、パイロットとして熱心なスカウトを再三にわたって受けたが、「飛行機は危ない」との妻の反対もあって断念。昭和五十三（一九七八）年に定年退職するまで、森永ひと筋に勤め上げた。

「戦争中は、材料の麦はあって水飴《みずあめ》はなんとかなったからキャラメルは作れましたが、砂糖が足りなくて経営は大変だったようです。しかし三島工場にはザラメのストックがたくさんあって、ここで菓子の製造を再開した。私ははじめは工場の製造現場で働き、事務から販売部門と渡り歩いて、名古屋駐在の営業課長をやったりしました。菓子はしょっちゅう新製品を出してないと忘れられるんで、競争が大変なんですよ。でもまあ、定年まで大過なく。辞めた後でグリコ・森永事件（昭和五十九〔一九八四〕〜六〇〔一九八五〕年。商品に青酸ソーダを入れた犯人から巨額の現金を要求される）がありましたが、世のなかには変な野郎がいますよね」

森永に在職中の昭和四十六（一九七一）年、佐々木原さんは、アメリカのエース・パイロット協会（American Fighter Aces Association）が、カリフォルニア州サンディエゴで八月十二日から十五日にかけ開催する年次総会に招待を受け、かつての零戦搭乗員仲間とともに初めて訪米している。

参加したのは、横山保・元中佐をはじめ、森岡寛《ゆたか》、松場秋夫、磯崎千利、乙訓菊江、戸口勇三郎、坂井三郎、柳谷謙治《やなぎやけんじ》、柴山積善、木名瀬信也、そして佐々木原さんという面々で、皆、四十代後半から五十代の働き盛り、それぞれに戦争の重要な局面を体験した、零戦搭乗員の名士ばかりだった。

通訳やガイドも入れて総勢約二十名の一行は、零戦をイメージしたダークグリーンのブレザーに正面から見た零戦の姿をかたどった銀色のエンブレムをつけ、グレーのスラックス姿。ハワイ・真珠湾のアリゾナ記念館で献花したのち、米本土に渡り、サンディエゴでかつての敵国パイロットたちから熱烈な歓迎を受けた。

「空戦は、飛行機と飛行機の戦いで、相手の顔を見ることは稀《まれ》ですし、戦いは一瞬で、そこへ行くまでの空への思いとか訓練とか、共通する部分が多いので、すぐに打ち解けられるんですが、やはり文化の違いとか、戦勝国と敗戦国の差をまざまざと感じましたね。

私ら、個人の撃墜機数を誇るような考え方は戦争中からなかったんですが、行く先々で『あなたは何機、撃墜しましたか』と聞かれる。何機撃墜したかって、それはあなたたちの仲間を何人殺したか、ということに等しいわけだから、日本人としては答えるのに躊躇《ちゅうちょ》しますよね。そういうところ、アメリカ人はじつにアケスケでした。しかも、どこへ行っても、途切れることなくサインや寄せ書きを求められる。男同士が抱き合って赦《ゆる》し合うアメリカ流のセレモニーにも、ちょっとついて行けない感じはしました。

しかし、あのときアメリカに行ったのはよかったですね。軍事施設も、機密だとか言わずになんでも見せてくれたし、アメリカの軍事力、国力の一端に触れただけでも、よくこんな大きな国と戦争する気になったなあ、と、無知の恐ろしさ——海軍の軍人はそうでもなかったかもしれませんが、陸軍や国民のほとんどは、アメリカ、なにするものぞ、なんて本気で思っていたわけですからね——を実感することができました。これは、頭で考えるだけでは駄目で、やはり行って交流してはじめてわかることだと思います。あとは宗教的な信念。キリスト教の教えをみんな信じて従っているというのは、日本人が『大和魂』なんて言って自らを鼓舞していたのとは違って、もっと根源的な力になっていたんじゃないかと思いました」

帰国後、アメリカ旅行に参加したメンバーを中心に「零戦《ゼロせん》搭乗員会」という会がつくられた。会長は、零戦の前身である十二試艦戦の海軍側初飛行のテストパイロットをつとめ、零戦の育ての親である中野忠次郎・元大佐、副会長は横山保・元中佐。東京・新橋五丁目で甲飛十二期出身の山中志郎氏が経営する会社に事務局を置き、佐々木原さんが事務局長に就任した。

ちょうどその頃、山中氏と同期の零戦搭乗員だった内村健一氏が、昭和四十二（一九六七）年、熊本ではじめたネズミ講組織「天下一家の会」が社会問題化していた。会員が新たな会員を勧誘し増やしていくことで、そのなかで現金を還流させ、勧誘した方の会員が配当を得るという仕組みだったが、人口は有限だから、原理的にいつか破綻《はたん》をきたす。当時、ネズミ講を取り締まる法律はなかったが、昭和四十五（一九七〇）年頃から配当を得られない人が出始め、勧誘をめぐるトラブルなどから詐欺《さぎ》的商法として問題視されるようになっていた。昭和四十七（一九七二）年、内村氏は脱税の容疑で熊本地方検察庁に逮捕されたが、戦争で苦楽をともにした同期生が世間に叩かれていることを黙って見過ごせなかった山中氏が、天下一家に入会、昭和四十八（一九七三）年、その東京事務所を引き受けたことで話がややこしくなる。

ネズミ講を規制する法律はなくても、これは法整備が追いついていないだけで、反社会的行為であることは疑いようがない。「零戦搭乗員会」の事務局を預かる山中氏がこれに手を染めたことは、大多数の元零戦搭乗員にとって由々しき事態だった。昭和五十二（一九七七）年には、長野地裁で内村氏に対し入会金の返還を命じる判決が下され、国会でもマルチ商法＝ネズミ講を規制する法案づくりへの集中審議が始まった。

昭和五十二年十二月六日、「零戦搭乗員会」は臨時の役員会を開き、山中氏に事務局を返上させることを決議した。十二月十日、佐々木原さん、大原亮治さん、山口慶造さん、柴山積善さん、いずれも予科練出身の四人の役員が直接、山中氏の事務所に乗り込み、事務局の返上を迫った。

「これは海兵出の士官や予備士官に任せるわけにはいかない。予科練の不始末は予科練で片をつけないと。みんな、このことではほんとうに嫌な思いをしましたよ」

と、佐々木原さんは言う。

結局、会はいったん解散し、「零戦搭乗員会」の名は引き継ぐものの、役員を一新して、こんどは全国組織の新しい会を結成することになった。新しい会の会長は、戦後、海上自衛隊で自衛艦隊司令官をつとめた相生《あいおい》高秀・元中佐で、事務局を東京・蒲田で小町定《こまちさだむ》・元飛曹長が経営するビルの一室に置き、事務局長にはかつて人間爆弾「桜花《おうか》」の分隊長、戦後は航空自衛隊で空将補となった湯野川守正・元大尉が就いた。

「このときのゴタゴタで、私はすっかり嫌気がさしてしまい、会の役職からは手を引いて、名前だけは残してあるけどいっさい出なくなったんです。その後、いまの松島に居を移しました」

インタビューを開始してから十時間近く。その間、ホテルのルームサービスで鮨とコーヒーをとっただけで、佐々木原さんは一息に語り続けた。疲れた様子はそれほどなかったが、夜も更けてきて、さすがにこのへんでお開きにしなければならない。そこで私は、話の締め括りに、佐々木原さんにとって「あの戦争」はどういうものだったかを問うてみた。

「私が海軍にいたのは六年半に満たない期間でしたが、ずっと通して、上官に恵まれていました。終戦のときの『皇統護持』作戦の件だけはいまだに釈然としないままですが、それ以外で嫌な思いをしたことはありません。

それと私は、負け戦をやったことがないんですよ。母艦が被弾して飛行甲板がめくれたり、空戦で苦戦することはあっても、いずれも互角以上の戦いで、コテンパンにやられたという経験がない。だから、国は敗れても、自分が戦争に負けたという気持ちにはなれないままなんです。

『戦争とは』、とか、あんまり気の利いたことは言いたくないんですわ。戦争をくぐり抜けてきた人間としたら、戦争は起こすもんじゃないとは、私も思います。勝っても負けても、その惨禍は想像を絶するものがありますからね。

――しかし、現実に戦争が世の中からなくなるということは、考えられないんじゃないか。

戦争をどう思いますか、と聞かれても答えようがない。世界中が平和になるか、というとならないじゃないか。いまも世界中、戦争の渦巻きじゃないか。

日本が戦争を放棄したら戦争が起こらなくなるわけじゃない。国それぞれに利害があって、宗教や人種や思想もちがう。そういう前提に立ってものを言わないと、『戦争をしない国』という概念的なものだけで国家を律し去ろうというのは大きな間違いなんじゃないかと思います。

かつての帝国陸軍のように、世界を知らず独善的になっちゃ困るんですが、即発の事態への対応力を失ったら国家は滅亡しますよ」

佐々木原さんは、なおも言葉を継いだ。

「私らは戦っていたときに、はっきり言って『天皇陛下のために』なんて思ったことはありません。そのために死ぬなどというのはまやかしだと思っていましたから。『上御一人《かみごいちにん》』なんて、あれは陸軍の思想ですよ。陸軍はそれで縛らないと兵隊がまとまらなかったんでしょうが、海軍はもっと大らかだったんじゃないですか。そんな思想で縛られなくても、われわれは国民の負託を受けて、そのために戦う。いつどこで死ぬかはわからないが、それでいい、戦って死ぬことはちっとも嫌じゃない、そんな気持ちでしたよ。

——まあ、言葉にするとこうなりますがね、このへんはあまり大げさに書かんでください」

佐々木原さんと会えたのは、結局、このとき一度きりだった。先に述べたような事情もあって、佐々木原さんは「零戦搭乗員会」の集まりにも、その後身である「零戦の会」の慰霊祭にも出てこなかったからである。

やがて、手紙や年賀状のやりとりも途絶え、平成十七（二〇〇五）年、佐々木原さんが亡くなったとの知らせを受け取った。

――歿後《ぼつご》十三年、いまも預かった日記を開けば、佐々木原さんが身近にいるような気がする。そして、プロの戦闘機乗りとしての誇りと、戦没した同期生たちへの哀惜の念にあふれた言葉の数々を思い出す。

佐々木原正夫（ささきばら　まさお）
大正十（一九二一）年、宮城県生まれ。静岡県立沼津中学校を卒業後、甲種飛行予科練習生四期生として霞ケ浦海軍航空隊に入隊。昭和十六（一九四一）年九月、飛行練習生卒業と同時に空母「翔鶴」乗組となり、零戦搭乗員として、同年十二月八日のハワイ・真珠湾作戦から翌昭和十七（一九四二）年十月二十六日の南太平洋海戦までを転戦。またその間、「隼鷹」臨時乗組として、昭和十七年六月のアリューシャン作戦にも参加している。昭和十七年十一月、「瑞鶴」乗組となり、引き続きソロモン方面の作戦に参加。昭和十八（一九四三）年二月、ガダルカナル島撤収作戦の上空哨戒のさいに負傷、内地に送還される。以後、第一〇〇一海軍航空隊を経て第三四三海軍航空隊戦闘第七〇一飛行隊に転じ、大村基地で終戦を迎えた。終戦時、海軍少尉。敵機十二機撃墜の戦果が記録されている。戦後は森永製菓に定年まで勤務、また、初代零戦搭乗員会で事務局長を務めた。平成十七（二〇〇五）年、歿。享年八十四。

昭和15年10月、九三式中間練習機の前で

昭和16年11月、大村基地における「翔鶴」戦闘機隊。前列左より山本二飛曹、佐々木原二飛曹、田中三飛曹、真田一飛、宮澤二飛曹、川俣三飛曹。2列め左より川西二飛曹、飯塚中尉、帆足大尉、安部飛曹長、西出一飛曹。3列め左より林一飛曹、住田一飛曹、松田一飛曹、岡部二飛曹、小町一飛、半澤一飛曹。4列め左より河野一飛、南一飛曹、一ノ瀬二飛曹、堀口一飛

昭和17年6月、アリューシャン作戦終了後の「隼鷹」戦闘機隊。前列左より長谷川二飛曹、吉田一飛、佐々木原二飛曹、堀口三飛曹、田中三飛曹、眞田一飛。2列め左より山本二飛曹、北畑飛曹長、飛行長・崎長少佐、飛行隊長・志賀大尉、小田一飛曹、澤田一飛曹。3列め左より三田一飛曹、谷口一飛曹、田中一飛曹、岡元一飛曹、久保田一飛曹、四元二飛曹、河野三飛曹。小田一飛曹、岡元一飛曹、三田一飛曹は空母「蒼龍」、谷口一飛曹は「赤城」から、それぞれミッドウェー海戦で母艦を失い、移乗してきた搭乗員

昭和17年10月、空母「翔鶴」飛行甲板で、零戦とともに

南太平洋海戦で負傷、入院した山田赤十字病院で（昭和18年4月）

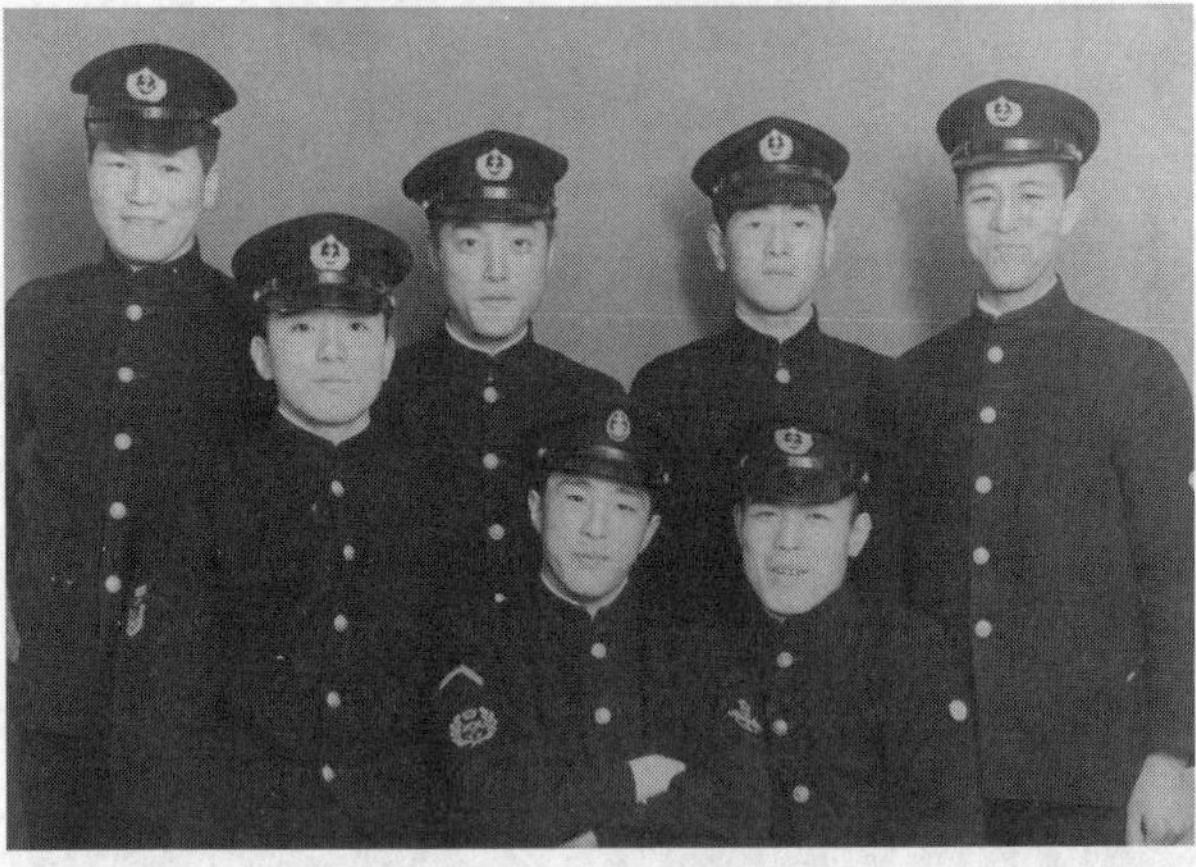

昭和18年秋、一〇〇一空時代。部下の予備練習生出身搭乗員たちと。下段中央が佐々木原さん（当時・上飛曹）

昭和19年11月、佐々木原さんの操縦で、兵庫県の鳴尾飛行場より試飛行に離陸する「紫電」試作6号機

昭和19年5月、飛行兵曹長に進級。第一種軍装を着た佐々木原さん

昭和20年7月末、三四三空戦闘七〇一飛行隊の集合写真より。前列右より飛行長・志賀淑雄少佐、司令・源田實大佐、分隊長・山田良市大尉。源田司令の右上が佐々木原さん（当時、飛曹長）

昭和46年8月、ハワイ・アリゾナ記念館を訪れた元零戦搭乗員たち。右端が坂井三郎さん、左から５人めが佐々木原さん

第三章

長《おさ》田《だ》利《り》平《へい》

特攻命令により四度爆装出撃するも奇跡的に生還

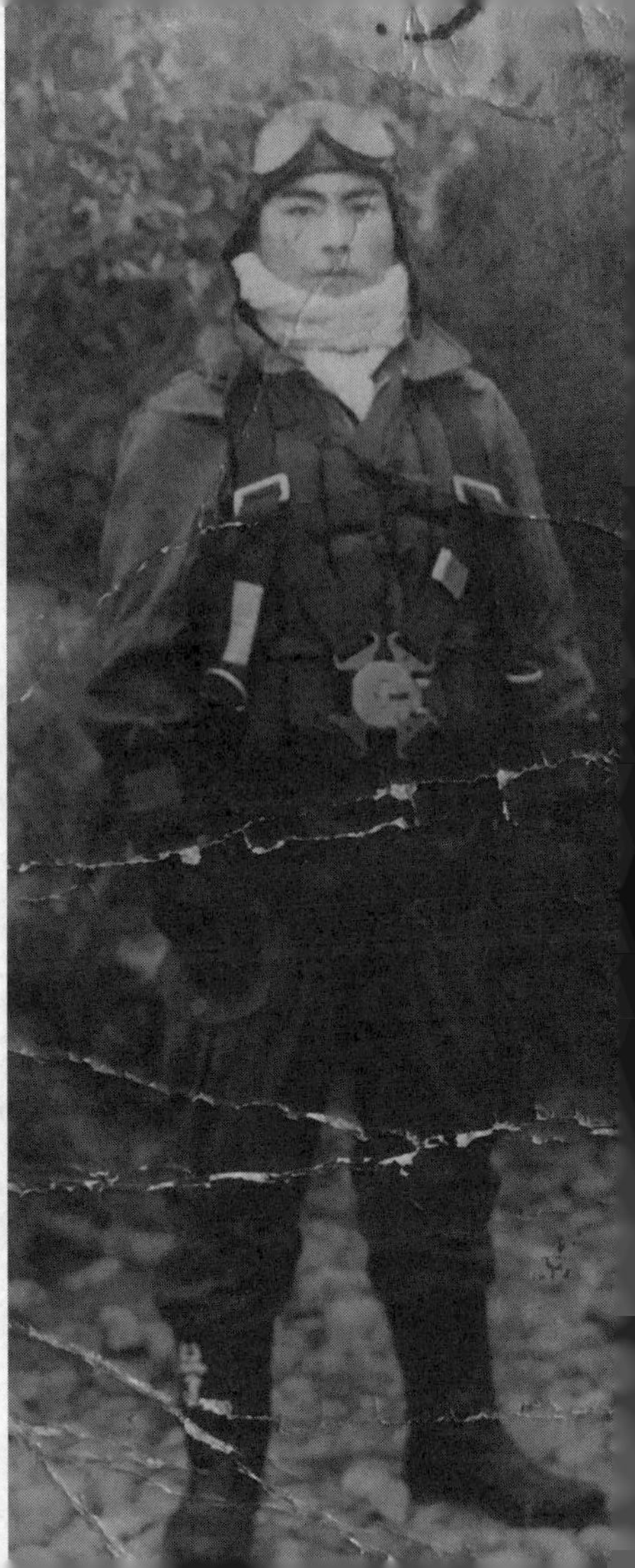

昭和19年2月、台南海軍航空隊で訓練中の長田さん

本来の六分の一の期間で速成教育された特乙一期予科練習生

「『特攻隊の歌』を知っていますか？」

と、九十二歳の長田利平さんは言った。戦後七十三年が経とうとしていた平成三十（二〇一八）年春のことである。

長田さんとの付き合いは長い。初めて会ったのは平成八（一九九六）年八月、上野精養軒で開催された元零戦搭乗員の集い「零戦《ゼロせん》搭乗員会」総会でのこと。長田さんは当時七十歳。初対面の私に、ニコニコとユーモアを交えながら、戦時中の思い出を語ってくれたのが強く印象に残っている。長田さんは大戦末期、「一度も志願した覚えがないのに」特攻隊員となり、沖縄戦で四度の特攻出撃から奇跡的に生還、戦後は神奈川県警の刑事になったという。

それから二十二年。零戦搭乗員会を継承した「NPO法人零戦の会」の集いなどを通じ、年に数回は必ず顔を合わせ、何冊かの著書で長田さんについて断片的に触れているにもかかわらず、その体験を通して本にまとめる機会がこれまでなかった。そこで、こんどこそ長田さんのことを書こうと、横浜市の自宅を訪ねたのだ。

私の知る長田さんは、いつも笑顔を絶やさず、若い人にも丁寧な言葉遣いで接し、湿っぽさを全く感じさせない人である。ところが、

〈無念の歯嚙み　こらえつつ　待ちに待ちたる　決戦ぞ
いまこそ敵を屠《ほふ》らんと　奮い起ちたる若桜〉

いつものように朗らかな調子で「特攻隊の歌」を歌い始めた長田さんは、二番、

〈此の一戦に勝たざれば　祖国の行く手いかならん
撃滅せよの命うけて　嗚呼《ああ》神風特別攻撃隊〉

を歌いながら、急に声をつまらせた。両目からは涙が溢《あふ》れ出ている。嗚咽《おえつ》しながら三番、

〈送るも行くも今生《こんじょう》の　別れと知れど微笑みて
爆音高く基地を蹴る　嗚呼神鷲《かみわし》の肉弾行〉

まで歌ったところで、長田さんは、

「この歌を、みんなで歌ったもんですよ。歌詞はもっと長いんですが、いまも思い出すとね……忘れろったって忘れられませんね」

と、涙声で言い、やがて笑顔に戻ると、

「いまは毎朝、六時に起きて夜十時には休みます。でも、頭の体操に漢字パズルをや

るんですが、熱中しちゃうとつい夜更《よふ》かしして、夜十一時になることもあります。頭を使うと、スッキリしてよく眠れる。テレビばかり見てると頭を使わないからダメになりますね」

と、照れくさそうに話題を変えた。

長田さんが歌ってくれた「特攻隊の歌」は、正式には「嗚呼神風特別攻撃隊」という、昭和十九（一九四四）年十月、フィリピンで始まった特攻隊の戦果を讃《たた》えようと、野村俊夫が作詞、古関裕而《ゆうじ》が作曲し、ラジオで放送された。フィリピンでの攻防戦が激しさを増すなか、日本の内地や朝鮮の航空隊から増派された搭乗員たちによって現地に伝えられ、特攻隊員も愛唱した。当時、戦いの渦中にあった当事者にとっては特別に思い出深い歌である。

長田さんは、当時の心情をまずはこの歌に仮託して、私に伝えたかったのかもしれない。

長田さんは大正十四（一九二五）年十二月十四日、山梨県南都留《つる》郡忍野《おしの》村の農家に生まれた。学級では副級長（当時は成績順に、級長、副級長となった）となるなど勉強の成績はよかったが、小学校の先生が言うことでも、筋が通らないと思えばストライキを起こすなど、利かん気の強い少年だった。

「小学校六年を卒業後、地元にできた岳麓農工学校（旧制中学相当。現・山梨県立吉田高校）に進みたくて父に頼みましたが、『うちのような貧乏人が息子を中学へなんかやったら、村で笑い者になる』と、受けさせてもらえなかった。そういう時代だったんです。それで高等科（当時は高等小学校）で三年間、農業の勉強をして、家の仕事を手伝っていました。

つくっていたのはトウモロコシが主で、あとは大豆、小豆、蕎麦《そば》……。大豆を蒸して藁《わら》で包んで納豆もつくりました。トマトや茄子《なす》は、それまで村になかったのを高等科で習ってわれわれが広めたんです。自分のうちで炭焼きもしましたよ」

高等科を卒業したのは昭和十六（一九四一）年三月。同級生の多くが陸海軍を志願、長田さんは彼らを羨望《せんぼう》のまなざしで見送るが、自分が家を出てしまうと男手がなくなることから、残って農業に専念することにした。

同年十二月八日、日本はアメリカ、イギリスをはじめとする連合国と戦端を開き、大東亜戦争（太平洋戦争）がはじまる。

「真珠湾攻撃の大戦果にはじまって、新聞は連日、南方戦線での大戦果を報じていました。そんなニュースにかきたてられ、私も同級生と相談して、どうせ志願するなら飛行機だと、海軍乙種飛行予科練習生（乙飛）を志願することにしたんです。一次試験は昭和十七（一九四二）年十月、山梨県北都留郡大月町役場で行われ合格。二次試験は十八（一九四三）年一月中旬、三重県一志《いちし》郡香良洲《からす》町（現・津市香良洲町）にあった三重海軍航空隊で一週間にわたり、泊まり込みで行われました。私は背が低いから、身長測定のときはわからないように背伸びをしていましたね」

昭和十八年三月中旬、合格採用通知が届いた。四月一日、山口県の岩国海軍航空隊（岩国空《くう》）に入隊すべし、という。封筒には、最寄り駅の富士吉田から岩国までの無料乗車券も同封されていた。三月三十日、長田さんは忍野村の職員に付き添われ、故郷をあとにした。山梨県内の入隊者は甲府市役所前に集合、ここからは県の職員が引率して岩国へ。岩国空に到着したのは入隊前日、三月三十一日の夕刻だった。

「階級章もない海軍二等飛行兵として入隊しました。われわれは乙飛の二十期生になると思っていたんですが、入隊してみると、乙種（特）、通称『特乙』の一期生になると告げられました。上の方でどういう決定をしたのか知りませんが、乙飛二十期の合格者のなかから、比較的年長の者を選んで速成教育を施すことになったらしい。入隊した同期生は千五百八十五名。私は、みんな白紙の状態から教育を受けるんだから、人には絶対負けないぞ、と決意しました。人のできることは自分もできる。なんでも一番になってやろう、と。無線電信のモールス符号の受信は自信があり、卒業の頃には一分間に百字前後を受信しても一字も間違えなかった。ただ、予科練では中学三年程度の普通学科の授業があり、英語の科目もあったんですが、私は英語なんか習ったことがなかったから、これには苦戦しました」

海軍では、床はデッキ（Deck）、盥《たらい》をオスタップ（Wash Tub）、衣類を入れる箱をチスト（Chest）というように、日常語にも英語や英語由来の言葉が多く使われている。陸軍や民間で言われていた「敵性語廃止」のような、非現実的で野暮《やぼ》なことは言わなかった。

「私は山育ちなので、泳ぎは犬かき程度しかできなかったのが、訓練でわりあい早くに平泳ぎで遠泳もできるようになりました。カッター（短艇）訓練は、オールが手が回りきらないほど太くて、尻の皮はむけるし、いちばん辛い訓練でした。食事は麦飯ですが、瀬戸内海のせいか、おかずは鯛の煮つけが多く、味噌汁にまで鯛が入ってくるほどで、しまいにはうんざりしてきました。あとは切り干し大根の煮物もよく出ましたね」

二ヵ月で新兵教育を終え、予科練教育に入る。これに先立って、五月下旬に適性検査が行われ、同期生が操縦、偵察、射撃整備の三科に分けられた。長田さんは、希望通り操縦要員に選ばれた。ここでは、普通学に加えて発光信号や実弾を使っての小銃、拳銃の射撃訓練なども科目に加わる。長田さんは、生まれて初めて小銃を撃ったとき、轟音《ごうおん》と肩に伝わる振動に驚き、思わず目をつぶってしまい、弾丸《たま》は的を外れてとんでもない方向へ飛んで行ったという。七月一日、海軍一等飛行兵に進級。ここでようやく、制服の右肘《ひじ》に、黒いホームベース形の台座に黄色い錨《いかり》と線が一本、それに飛行科を表す青い桜のついた階級章がついた。

「暑いなかの野外演習、カッター競技、水泳競技、相撲競技、遠泳などが行われ、くたくたに疲れました。九月中旬には仕上げの試験もすべて終わり、二十一日、予科練を卒業、こんどは飛行練習生として、台湾の高雄《たかお》海軍航空隊に行くことになりました」

長田さんら特乙一期の同期入隊者千五百八十五名のうち、四十六名が教育途中で不適格としてふるいにかけられ、予科練を卒業したのは千五百三十九名。うち操縦が九百七十一名、偵察三百十三名、射撃整備二百五十五名。操縦要員は陸上機専修が筑波、谷田部《やたべ》、名古屋、出水《いずみ》、高雄、海南島、水上機専修が北浦、大津、博多の各航空隊に分かれて巣立っていった。

本来、高等小学校卒業者以上を対象とした乙種予科練は、卒業までに三年間の教育、訓練を施すことになっている。戦争が激しくなり、教育期間は短縮されたが、それでも特乙一期と一緒に試験を受けた乙飛二十期は卒業までに二年を要し、実戦には間に合っていない。つまり、特乙一期は、本来ならば同等の学歴の予科練習生が二年以上を要するだけの教育、訓練を、わずか半年に詰め込んで、慌ただしく卒業させられることになったのだ。

「船で台湾の基隆《キールン》に上陸して、白い七ツ釦《ボタン》の制服のまま、汽車待ちの時間に街を見物すると、商店の店先に黄色く熟れたバナナが山盛りになっていて驚きました。内地ではあまり見かけなくなった菓子も、ここにはどっさり並べられている。みんな、先を争うように買い求めました」

予科練入隊からわずか一年一ヵ月で実施部隊配属

昭和十八（一九四三）年十月一日付で高雄海軍航空隊に入隊した特乙一期の練習生は四百五十五名。うち、長田さんを含む百名は台中《たいちゅう》分遣隊として台中基地で、複葉の九三式中間練習機で飛行訓練に臨むことになった。ここからは「第三十四期飛行練習生」と呼ばれるようになる。

「ここで、中古の上下つなぎの飛行服、飛行帽、飛行靴を支給されました。入隊式の日、教員が同乗して、初めて飛行機に乗ったときは、嬉しさと不安が交錯して、なんともいえない気分であったことを憶《おぼ》えています。フワッと離陸すると、空を見上げている練習生の集団が手に取るように見え、台中市街が一望にできる。この晴れ姿を郷里の家族にも見せたいと思いました。ただ、ふつうに編隊飛行をしている間はいいんですが、スローロール（緩横転）で気分が悪くなり、吐き気を我慢するのに苦労しましたね」

入隊式の翌日から、午前中は飛行訓練、午後からは学科の授業が始まった。宿舎から飛行場への往復は、飛行服のまま駆け足、一人あたりの訓練時間は三十分である。

「九三中練は二人乗りで、前席に練習生、後席に教官（准士官以上）、教員（下士官）が乗る。前後の座席にそれぞれ操縦装置があり、連動して動くようになっているので、操縦桿《かん》（エルロン＝補助翼と昇降舵《だ》を動かす）とフットバー（方向舵を動かす）にそっと手足を添えて、教員の操縦操作を必死で覚えました」

長田さんは、

「皆、横一列で入隊し、同じ条件で訓練を受けているのだから」

と、同期のなかでいちばん操縦がうまくなろうと決意した。消灯時間になると、寝台の毛布のなかで陰茎を勃起させ、それを操縦桿に見立てて右手で握り、左手はスロットルレバーを握ったつもり、両足はフットバーに乗せたつもりで、手足をもぞもぞさせて飛行機の操縦のイメージトレーニングを重ねたという。その効果はてきめんで、長田さんは同期生のトップを切って、飛行時間八時間で単独飛行を許された。

「ほかの人はどうやってたか知りませんが、私はその後の編隊飛行、特殊飛行——垂直旋回、宙返り、横転、緩横転、斜め宙返り、宙返り反転、錐《きり》もみ、背面飛行——の訓練でも、この方法で眠る前の時間を有効活用して、操作の練習をしました。そのせいか、教員からは『習得が早い。よい感覚をしている』と誉められ、気をよくしたものです」

飛行訓練を始めてわずか一ヵ月、昭和十八（一九四三）年十一月に入ると早くも特殊飛行の訓練に入る。

「垂直旋回は、操縦桿を横に倒し、飛行機を地面に対し垂直になるまで傾け、操縦桿を手前にぐっと引く。次に宙返り。降下しながらスロットルを全開にし、十分スピードがついたところで操縦桿をいっぱいに引く。すると飛行機は機首を上げ、弧を描くように縦に回る。機首が水平に戻る少し前に、いままでいっぱいに引いていた操縦桿を前に倒し、水平飛行に戻る。正しい円を描いて回れば、自分の飛行機の航跡に残る乱気流に入り、飛行機がグラグラ揺れる。この気流を、飛行機の『屁《へ》』と呼んでいました。急横転（クイックロール）は、水平飛行のまま左右に回転する。右横転の場合は右足のフットバーを蹴り、同時に操縦桿を右手前いっぱいに引く。錐もみは、水平飛行からスロットルを絞り、操縦桿をいっぱいに引いて機首を上げ、失速直前に機首を左右いずれかに下げ、横転と同じ操作をすれば飛行機はクルクル回りながら降下する。スピードがついたところで回転を止めるために逆の操作をし、回転が止まったところで操縦桿を引いて水平飛行に戻す。

——特殊飛行は、操作と勘が一致しなければうまくいきませんが、これら全部を体で覚え込む。一度覚えたら自転車と一緒ですから、飛行機を操縦するチャンスがあったら、いまでも同じことができると思うんですよ」

　飛行練習生の訓練は、予科練の頃とちがって全てにおいて厳しく、一人がミスをすると、全員が連帯責任として罰を受けた。これは、一人のミスが艦を沈めかねない海軍で、当時は正しいとされていた考え方だった。

「これを『罰直』といい、飛行場を駆け足で一周させられたり、ムカデと言って全員が輪になって前支えをしながら足を後ろの者の肩に乗せ、前の者の足を自分の両肩に乗せる。手だけで全員の体を支える姿がムカデに似ていたんですが、一人が力尽きて崩れると連鎖的に全員がバタバタと倒れ、尻にバッターが飛んでくる。バッターというのは、直径十センチ、長さ一メートルぐらいの棒に『軍人精神注入棒』と書いてあり、これで思い切り尻を叩《たた》かれるんです」

十二月中旬、特殊飛行の訓練中のこと。飛行機が右に傾くので修正するとまた右に傾く。てっきり教員が操作していると思い込んだ長田さんが、操縦桿から手を離して様子を見ていると、伝声管を通じ、教員が「お前、やる気があるのか！」と怒鳴った。右に傾く癖のある飛行機だったのだ。機嫌を損ねた教員が訓練を中断して着陸し、長田さんにほかの練習生の訓練が終わるまで、前支えの姿勢でいるよう命じた。

「教員が地上にいるときは真面目にやって、離陸していくと腹を地面につけて楽をしていました。やがて訓練が終わって前支えも解除されたので、やれやれ、罰直もここまでだ、と思いましたが、これがとんでもない思い違いで……。このあと、教員に、『お前はいつも、なんでもいちばん先にマスターするが、その後、慢心する。やる気が出るようにこれから気合を入れてやる！』と、バッターで尻を叩かれたんです。私も意地っ張りなもんだから、絶対に倒れないぞ、と踏ん張っていましたが、十発めぐらいから尻に感覚がなくなり、二十数えたとき頭が朦朧《もうろう》としてきたので、いきなり教員の方を向き、『わかりました、もうやめてください』と言ったんです。あんまり口惜しくて、教員を殺して逃げ出そうかと思ったぐらいです。このときのことは忘れられませんね……」

台中基地での訓練中に満十八歳の誕生日を迎え、やがて昭和十九（一九四四）年を迎えた。この頃になると、毛布のなかでの毎晩のイメージトレーニングの効果もあってか、飛行機を自由自在に操れるようになり、飛行訓練も楽しかったという。年が明けると、練習生それぞれの専修機種が発表され、長田さんは念願叶《かな》って戦闘機専修と決まった。

昭和十九（一九四四）年一月二十四日、練習機課教程を卒業した長田さんは、こんどは同じ台湾にある実用機の訓練部隊・台南《たいなん》海軍航空隊で戦闘機の操縦訓練を受けることになった。ここでは複葉の九〇式艦上戦闘機、単葉の九六式艦上戦闘機で、いよいよ実戦形式の空戦訓練が始まる。

「教員機と二機で上がって、高度千五百メートルで左右に分かれ、一定の距離まで離れたところで反転して向かい合い、すれ違うと同時に戦闘開始で、いかに相手の後ろにつくかを競う。互いに後ろにつこうと特殊飛行のあらゆる種目を繰り出し、巴戦《ともえ》に入っていくんですが、とにかく空戦訓練をやると汗が流れ、くたくたに疲れました。戦闘機は一人乗りですから、自分で努力して技倆《ぎりょう》を高めないと、誰も助けてはくれない。一生懸命に取り組みましたよ。宙返りの頂点で機をひねって相手よりも小さく回る、空戦の極意ともいうべき『ひねり込み』の技も、教員機の後ろについて離されないように飛んでいるうち、自然に覚えました」

海軍の日常には、練習生に楽をさせようという発想は微塵《みじん》もない。長田さんたちには、飛行訓練以外にも、収納状態のハンモックを数秒で出し、十数秒でまた収納したりする「吊床《つりどこ》訓練」をはじめ、土曜日の大掃除まで、日曜日以外は休む間もない日課が組まれていた。

「大掃除のとき、電話が鳴ったので受話器をとると教員宛てだったので、受話器を戻して呼びに行きました。ところが、教員が出ると電話が切れてる。『馬鹿野郎、切れてるじゃないか!』と一発殴られましたよ。当時、私の郷里で電話があったのは郵便局、役場、巡査駐在所のほか数軒ぐらいで、私は電話に出たこともかけたこともなく、受話器を置くと切れてしまうことも知らなかったんです」

四月一日、上等飛行兵に進級。この頃から射撃訓練が始まった。教員が、飛行機の尾部から百五十メートルのロープの先端につけた、長さ五メートル、直径一メートルの白い布製の吹き流しを曳《ひ》き、練習生がその吹き流しを狙って射撃する。弾丸は各自三十発で、弾頭に塗られた塗料の色で個人の識別ができるようになっている。だが長田さんは、卒業まで、ついに一度も命中させることはできなかったという。

そして四月三十日、台南空での戦闘機教程を卒業、ここまで一緒に過ごした同期生はそれぞれ第一線部隊に配属され、散り散りになる。長田さんの配属先は、海軍航空隊の名門・横須賀海軍航空隊（横空）だった。電話もかけたことのなかった十八歳の少年が、予科練に入隊してわずか一年一ヵ月で、一人前の戦闘機搭乗員として実施部隊に着任するわけである。この日をもって、予科練以来着てきた七つ釦の軍服に別れを告げ、水兵服（セーラー服）に着替えることになった。

「台湾の東港の水上機基地から、当時日本でいちばん大きな二式大艇（大型飛行艇）に便乗し、途中、鹿児島県の指宿《いぶすき》基地に一泊して横須賀に向かいました。二式大艇は四発（エンジンが四基）機で非常に大きく、搭乗員は気さくで、操縦席に行ってみると自動操縦に切り替えてあって、操縦員が手足を離しているのに操縦桿とフットバーが動いて正しい水平飛行を続けていました。驚くことばかりで、めずらしくて見入っていると、操縦席に座らせてくれて。天気もよく、いい気分でしたよ」

横須賀、館山《たてやま》で空戦訓練に明け暮れる

同期生三名とともに横須賀海軍航空隊に到着した長田さんは、鉄筋コンクリート造り三階建ての兵舎に案内され、そこで先任搭乗員をはじめ、下士官兵搭乗員の先輩たちに挨拶をした。このときの先任搭乗員を、長田さんは「大原亮治上飛曹」と記憶しているが、大原上飛曹が横空の先任搭乗員になったのは昭和二十（一九四五）年二月のことで、着任時の先任搭乗員は阿武《あ》富太《たけ》上飛曹である。ともあれ、長田さんたち特乙一期出身の搭乗員にとっては初めての実戦部隊で、搭乗員としては階級もいちばん下。部屋の隅にかたまって固くなっていると、下士官の誰かが、

「おい、お前たちは台湾から来たんだろう。まさか手ぶらってわけじゃないだろうな」

と言う。ほかの下士官たちからも、

「そうだ、そうだ」

「出し具合によっては、これから大変だぞ」

などと声がかかった。

「後でわかったんですが、実戦部隊では練習航空隊とちがい、生死を共にする間柄なので日常生活で階級を誇示するようなことはなく、家族的な雰囲気なんです。だからここで出さなくてもどうってことはなかったんですが、このときは冗談とは思わず真に受けて、家族への土産に持ち帰ってきた乾燥バナナや菓子類を全部、出してしまった。すると先輩たちは、『お、これはうめえな。お前たち、これおふくろさんに買ってきたんじゃないのか、大丈夫か』なんて言いながらボリボリ全部食ってしまいました。さすがに切なかったですね……」

横空は、現在日産自動車追浜《おっぱま》工場になっている場所に飛行場があり、実戦部隊であるとともに、同じ飛行場を使用する海軍航空技術廠《しょう》（空技廠）飛行実験部と連携し、各種試作機の飛行実験や戦闘方法、兵器、装備、無線などの研究、他の航空隊への講習など、幅広い任務を負っていた。長田さんはここで、古参搭乗員からみっちりと空戦の手ほどきを受けることになる。はじめは土産を巻き上げられて先輩を恨《うら》んだりもしたが、戦闘機隊の雰囲気はカラッと明るく和《なご》やかで、新人搭乗員への指導も親切だったという。

海軍の実戦部隊だから、軍艦に見立てて全員を「右舷《みぎげん》」「左舷《ひだりげん》」の二手に分け、交代で夕方六時から翌朝六時までの外出（半舷上陸という）が認められていた。外出する際、士官は背広に着替えるが、下士官兵は軍服のままである。外出する者は中庭に整列、当直将校による服装検査を受け、使おうが使うまいが、海軍では「鉄兜《てつかぶと》」と呼んだコンドーム二個と性病予防クリームの支給を受けて衛門まで行進、そこから自由行動になる。

「横須賀の街は賑《にぎ》やかでしたが、われわれ下っ端は敬礼ばかりしてなきゃならないので、仲の良かった同期の田村恒春君と一緒に、電車で逗子《ずし》の海岸に出たり、ぶらぶら散歩したり。私たちも思春期で、若い女性に対する関心もあるから、身だしなみには気を遣っていました。いつも外出から帰ると軍服をクリーニングに出し、ピシッと折り目正しい服装を心掛けて、外出するときには必ず香水をつけていましたよ。ある日、田村君と外出して、追浜駅の近くにあった『紅屋《べにや》』という化粧品店に香水を買いに入ったら、お内儀さんに親切にしてもらって、そこの二階を半舷上陸のときの下宿に使わせてもらえることになったんです。そこでは店主夫妻に子供のようにかわいがっていただいて……」

六月十五日、米軍がマリアナ諸島のサイパン島に上陸、これを迎え撃つべく、日本海軍の機動部隊と基地航空部隊の総力を挙げた「あ」号作戦決戦が発動される。横空戦闘機隊も、第二五二《ふたごおふた》海軍航空隊、第三〇一海軍航空隊零戦隊などからなる臨時編成の「八幡《はちまん》空襲部隊」に組み入れられ、訓練中の若年搭乗員とそれを指導する数名のベテランを残して大半の搭乗員が小笠原諸島の硫黄島に進出することになった。長田さんは選に漏れて横空に居残りとなり、引き続き空戦訓練に明け暮れることになる。

「主力部隊が留守になったので、のびのびと楽しく訓練に励んでいました。すると、七月のはじめに、硫黄島でだいぶやられたらしい、という噂が聞こえてきた。七月六日、飛行隊長・中島正少佐、分隊長・塚本祐造大尉ら、硫黄島に行った搭乗員の生き残りが、ダグラス輸送機で、真っ黒に日焼けして還《かえ》ってきました……」

横空戦闘機隊は、六月二十四日から七月四日にかけての米機動部隊との戦いで、多くの搭乗員と全ての飛行機を失い、壊滅状態になっていた。長田さんは、七月十五日付で、横空と同じく硫黄島で壊滅し、再建中の第二五二海軍航空隊に転勤となった。

「横須賀から内火艇で、房総半島の館山海軍航空隊に送ってもらい、そこからすぐの洲崎《すのさき》海軍航空隊の兵舎に入りました。まだ明るい時間に兵舎の二階の一室に案内されると、部屋の中央で、先任搭乗員の宮崎勇上飛曹が、一升瓶を立てて茶碗で酒をぐいぐい呑んでいた。私たちはその迫力に度肝を抜かれ、隅の方にかたまって遠巻きに眺めていました」

二五二空は、戦闘第三〇二、三一五、三一六、三一七の四個飛行隊編成で、長田さんは、戦闘第三一五飛行隊に配属と決まった。

「二五二空は洲崎空に居候《いそうろう》しながら、館山基地で飛行訓練を行うことになり、翌日から訓練が始まりました。私は零戦の操縦にもすっかり慣れ、飛行機を自由自在に操ることができるようになって、飛ぶのが楽しくてたまらなかったですね」

だが、ここで長田さんは、副長・八木勝利中佐から「飛行止め」（搭乗禁止）を言い渡されてしまう。

「館山の飛行場は狭くて、編隊着陸は禁じられてたんですが、あるとき、誘導コースで前の飛行機との間隔が詰まってしまい、横の距離は十分あるから大丈夫、と判断して、そのまま着陸したら副長に『なんで編隊着陸したんだ』と叱《しか》られました。次に、特殊飛行の訓練に単機で離陸したとき、雲が低かったので、ほんとうは特殊飛行は危険防止のため高度千五百メートル以上でやるよう決められてたのを、指揮所上空の低高度でやったら、『自殺するつもりか、この大馬鹿者！』と、また叱られた。それから、射撃訓練。この頃になると自信もついて、吹き流しに三十発中二十発近く命中させられるようになってたんですが、全弾命中させようと意気込んで、吹き流しに四十五度の角度をつけて撃つべきところ、曳的《えいてき》機が危険を感じて逃げてしまうほど浅い角度で射撃したんです」

　訓練終了後、搭乗員が集合して副長の講評を受けるとき、八木中佐が、

「長田、お前の今日の射撃はなんだ。曳的機を撃ち墜《お》とすつもりだったのか。これは人殺しだぞ！　このような行為は絶対に許すわけにはいかない。お前は別命あるまで飛行機には乗るな。この隊は近く戦地に出てゆくが、お前だけ館山に残していく。仏の顔も三度までだ、もう許せん。以上だ。解散！」

　と、顔を真っ赤にしてカンカンに怒りながら帰ってしまった。ベテランの分隊士・松田二郎少尉、斎藤三朗飛曹長のとりなしもあって飛行止めは数日で解けたが、

「海軍広しといえども、副長から直接、飛行止めを食ったのは私ぐらいじゃないか」

　と、長田さんは回想する。十月末、八木副長は第二二一《ふたふたいち》海軍航空隊司令として転出し、長田さんは数ヵ月後、フィリピンの戦場で八木中佐と再会することになる。

「十月一日付で飛行兵長に進級し、十一月に入って、新型の零戦五二型丙《へい》で射撃訓練をやりました。従来の零戦は機首に七ミリ七機銃二挺《ちょう》、主翼に二十ミリ機銃二挺でしたが、五二型丙は、十三ミリ機銃を機首に一挺、主翼に二挺、そして主翼に二十ミリ機銃二挺と、計五挺を装備していました。これをいっせいに撃つと、とにかく豪快で、主翼が反動で後ろに押され、スピードが落ちるような気がしたものです」

十一月、同じ二五二空の戦闘三一七飛行隊から、サイパン島のアスリート飛行場に配備された米軍のボーイングB－29爆撃機を強襲する「サイパン特別銃撃隊」が編成され、十一月二十六日、館山基地を出撃する。大村謙次中尉率いる零戦十二機は、誘導機の「彩雲《さいうん》」偵察機二機に誘導され、硫黄島を経由して翌二十七日、サイパン島の敵飛行場を銃撃。戦果は確認できなかったが、米側記録によるとB－29四機を破壊、六機に大きな損傷を負わせ、二十二機を小破させたという。大村中尉は銃撃後、敵飛行場に着陸、拳銃で米軍と交戦、戦死したと伝えられる。零戦搭乗員十一名（一機は故障により攻撃前に不時着）と、「彩雲」一機の搭乗員三名が還らなかった。この攻撃隊はのちに「第一御楯《みたて》特別攻撃隊」と名づけられた。

「このとき見送ったのは、特乙一期の同期生四名をはじめ、いつも一緒に訓練したり、ともに外出で騒いだりした人たちでした」

という長田さんにも、いよいよ戦地行きのときがやってくる。

フィリピンで初陣《ういじん》を飾るも、ひと月余りで台湾へ撤退

昭和十九（一九四四）年十二月一日、長田さんたち二五二空戦闘三一五飛行隊の零

戦四十八機は、飛行隊長・瀬藤満寿三《せとうますぞう》少佐に率いられ、フィリピン・ルソン島のアンヘレス北飛行場に進出するため、館山基地を発進した。長田さんは、瀬藤少佐の四番機である。

出撃に先立って、新品の第三種軍装（草色）、防暑服、下着類、飛行服、飛行手袋、飛行靴と、十四式拳銃と予備弾丸が支給された。これまで着ていた紺の第一種軍装、白の第二種軍装、帽子、短靴は基地に返納する。出撃前日、父と姉が面会に来た。長田さんには、入隊前から相思相愛だった女性がいたが、

「戦場に行く身で生死はわからない。私のことは忘れて幸せな人生を送るように」

と、姉に言伝《ことづて》を頼んだ。

鹿児島県の鹿屋《かのや》基地、台湾の台中基地を経由して、アンヘレス基地に到着したのは、十二月四日のことである。途中、与那国《よなぐに》島と台湾の中間あたりで瀬藤少佐機が突然、降下を始め、そのまま一度も機首を上げることなく海面に突入してしまった。原因はわからない。だが長田さんは、突入の状況から、機体の故障ではなく瀬藤少佐が体に異常をきたしたのではないかと推測している。隊長を失った戦闘三一五飛行隊は、五ヵ月前に飛行学生を卒業したばかりの岡田善平中尉が率いることになった。

「われわれは、アンヘレス北基地の二二一空司令・八木勝利中佐の指揮下に入ることになりました。八木司令は、前に私に飛行止めを言い渡した二五二空の副長だった方です。司令は、かつて手塩にかけた飛行隊の進出が嬉しそうでしたし、私も異国で親父に会ったような心強さを感じました。到着の報告後、司令のところへ行って、『連れてこないと言われましたが、来てしまいました。よろしくお願いします！』と挨拶したら、司令はニヤッと笑って『しっかりやれよ』と言ってくれました」

ルソン島・マニラ郊外のクラークフィールド近辺には、北からバンバン北、バンバン南、マバラカット東、マバラカット西、クラーク北、クラーク中、クラーク南、アンヘレス北、アンヘレス南、そしてマルコットと、海軍が使用するだけで十ヵ所の飛行場が点在している。アンヘレス北基地は、バンバン川に沿って東西に走る長方形の草原で、一見して飛行場に見えないため、それまで敵機の空襲を受けることのなかった、いわば秘密基地だった。

最前線に来たが、長田さんたち新人搭乗員の日常は、食卓番と雑用が主なものである。毎日、上空で繰り広げられる空戦を見上げながら一喜一憂する日々。これは、まずは戦場の空気に慣れさせようとする、司令の配慮でもあった。ところが――。

「十二月十四日、戦場で十九歳の誕生日を迎えましたが、確かこの頃のこと。すでにマバラカット基地の二〇一空では特攻が始まっていて、特攻隊員が足りなくなったとのことで、二二一空に五名を差し出すよう要請があったんです」

就寝後の午後十時、分隊士が兵舎にやって来て、

「全員そのまま聞け。二〇一空に台湾からの特攻隊員の到着が遅れているので、当隊から五名を補充することになった。志望者は階級、氏名を申告せよ」

と言う。兵舎のなかはすでに暗く、全員、就寝しながらすぐに応える者はいなかった。

「重苦しい沈黙がしばらく続きました。私は、これまで零戦搭乗員として血のにじむような訓練を重ねてきて、一度も空戦を体験しないまま死にたくない、と。空戦で、こちらの技倆が劣っていて撃墜されるのなら仕方がないが、爆弾を抱いて体当たりでは、なんのためにいままで努力してきたのかわからない。待っているのが同じ『死』であるにしても、それとこれとは全く別だと思い、志願しない決心をしてそのまま寝ていたら、たまりかねて先任搭乗員が名乗りを上げ、私以外の者はいっせいに氏名を叫びました」

分隊士が去ると、宿舎はふたたび水を打ったような静けさに戻った。夜半過ぎ、ふたたび分隊士が現れて、特攻隊員に選ばれた五名の名前を読み上げた。なかには、館

山以来、長田さんとずっと一緒だった竹内彪一飛曹、宮﨑甲飛長もいる。指名された五名は、その夜のうちに司令専用車で二〇一空に向け出発した。

長田さんが、はじめて空中で敵機とまみえたのは、それからほどなくのことだった。ミンドロ島を手中におさめた米軍は、連日、大編隊でクラーク地区の日本側拠点に爆撃をかけてきていた。その敵機を迎え撃つのである。

「毎日の搭乗割は戦闘指揮所の黒板に書きだされるんですが、十二月二十日頃、やっと名前が載った。記録が残っていないので正確な機数はわかりませんが、私は第一小隊の四番機で、五〜六個小隊の編成だったと思います」

高度五千メートルで旋回しながら敵機の来襲を待つ。初陣だが、興奮も不安もなく、まるで訓練に臨むかのような心境だった。

「やがて、はるか下方に、太陽の光をキラッキラッと反射させながら近づいてくる敵編隊を発見しました。敵機の高度は三千メートル。はっきりと敵機の動きが確認できる距離になったとき、小隊長機が増槽（落下タンク）を落とし、列機もこれに続きました。ところが私は、増槽の落下把柄《はへい》を間違えて引いたために落下せず、機内に頭を突っ込んで確認して落下させたために編隊から一歩遅れてしまい、降下したときにはすでに味方機は敵編隊に突っ込んでいくところでした」

敵は、四発（エンジンが四基）のコンソリデーテッドB－24爆撃機が二十数機と、ロッキードP－38戦闘機が七十〜八十機。長田さんは、零戦の一撃を受け、編隊から離れたP－38を発見、がむしゃらにこれを追う。

「距離三百〜四百メートルで後上方から射撃するんですが、なにしろ敵機のスピードが速い。赤ブースト（緊急用に規定以上のエンジン出力を出す）にして撃ちまくったんですが、距離は開くいっぽうで、P－38は白煙を引きながら南へ飛び去ってしまいました。追撃をあきらめてクラーク上空に戻ったとき、別のP－38が六機、単縦陣で斜め前方からこちらに向かってくるのが見えた。すぐに飛行機を右斜め前下方に滑らせると、敵の一番機が撃ってきて、左翼端すれすれを曳痕《えいこん》弾が赤いアイスキャンデーのような光を曳いて流れてゆく。スロットルレバーは全開です。三番機までかわしたところで、こんなことを続けていたらやられてしまうと感じて、四番機が射程に入る直前に思い切り操縦桿を引き、撃ちながら急上昇。すると先ほどの一番機が反転して向かってくるのが見えたので、いちかばちか、こいつと撃ち合いながら二番機の直前を抜け、高度五百メートルまで急降下しました。幸い、被弾もなく、敵機もそれ以上は追ってきませんでした」

長田さんは、ふたたび高度を四千メートルまで上げ、クラーク上空に戻る。するとこんどは、バンバン基地を銃撃中のP－38数機と、ピナツボ山上空を旋回するP－38六機を認め、ピナツボ山上空の敵編隊の上に出た。高度差は五百～六百メートルある。有利な態勢、しかし一機対六機では分が悪い。しばらく睨《にら》み合いが続いたのち、しびれを切らした長田さんが機首を翻《ひるがえ》すと、敵機は一目散に、全速力で飛び去っていった。

「多くの反省材料はありましたが、初陣から無事生還できて、自信はつきましたね……」

長田さんは初陣の二日後には輸送船団護衛に出撃、また、昭和二十（一九四五）年一月一日には、二二一空で編成された「空対空特攻」すなわち、二百五十キロ爆弾を搭載した零戦で敵爆撃機に体当たりをかける特攻隊の直掩《ちょくえん》に出撃している。重武装、重装甲のB－24を撃墜することは困難をきわめたため、苦肉の策として編成された異色の特攻隊である。

「空対空特攻隊は『金鵄《きんし》隊』と名づけられ、私の同期生もそのなかにいました。隊員はべつに志願という形はとらず、命令で指名されたんです。

この日は電探（レーダー）情報が遅く、飛行機に駆け上がったときにはすでに敵大編隊が頭上に飛来していました。三～四個小隊（十二～十六機）の邀撃《ようげき》隊に続いて、八藤丸《やとうまる》晋中尉以下、前方直掩隊四機が続きます。私はその四番機でした。そして、特攻隊四機。なかには同期生の徳野外次郎飛長もいました。その後ろには後方直掩隊の四機。特攻機は二百五十キロの爆弾を積んでいるので機体が重く、喘《あえ》ぐようについてきます。

断雲を抜けたとき、P-38に真後ろにつかれていることに気づき、急反転して敵の腹の下に潜ろうとしましたが、一瞬遅く、被弾して尻にズシンとした衝撃を感じました。機は錐もみになって降下を始め、やられた、もうダメかと思いましたが、必死に錐もみ脱出の操作を続けた。そのとき、目の前に一瞬ですが母の顔が浮かびましたよ。機はどんどん墜ちていき、金属音を発するようになって空中分解を覚悟したそのとき、急に機首が上がってすごいG（荷重）がかかり、目の前が真っ暗になって、急いで操縦桿を押すとこんどは急降下し、マイナスGで風防に頭をぶつけました。操縦桿を押す、引くを繰り返しているうち、どうやらふつうに飛べるようになりました。

……」

基地に戻ると、両主翼には無数の貫通痕《こん》、胴体には無数の擦過《さっか》痕、方向舵は中央に直径二十センチほどの貫通痕、左の水平尾翼は付け根から欠損と、満身創痍《そうい》でした

指揮所で八木司令に報告する。零戦を一機、ダメにしてしまったことを詫《わ》びると、

司令は、

「そんなことは気にするな。よく帰ってきたな」

と、長田さんをねぎらった。

その後、長田さんは激しい腹痛と下痢にみまわれ、軍医に診せたところアミーバ赤《せき》痢《り》と診断され、入院することになった。入院といっても病院らしい設備はなく、現地人から接収した洋館風の建物の広い板張りの部屋にアンペラ(むしろ)を敷いただけの病室に、病名を問わず多くの患者が雑魚寝《ざこね》をしているようなありさまだった。

「ひどいもので、赤痢患者に投薬はなく絶食、脱水症状を防ぐためお湯だけ飲んでいるような入院生活でした。確か一月六日、敵が同じルソン島のリンガエン湾に上陸するらしい、海軍は陸戦用意が発令され、八日までにピナツボ山麓に入るらしい、という噂が病室内で流れた。私は、病人をかかえた医療部隊と行動をともにするより、生死をともにすることを誓った戦友たちと一緒に行動したいと思い、病室を脱走して隊に戻ったんです」

隊に戻ると、二二一空は残存した零戦に搭乗員を二人ずつ乗せ、乗り切れない者は陸路、行軍して、ルソン島北部のツゲガラオ基地に後退させることになったという。

零戦は操縦席の後方に人が一人乗れるぐらいの空間があり、座席を前に倒して潜り込むことができる。

「病院を出てきてよかったと思いました。病人の私を飛行機で移動させてくれる司令の恩情に感謝しながら、私は愛知正繁飛長の操縦する零戦の胴体に乗り込みました。ところが、離陸するとエンジンが不調で、基地に引き返して修理を待っている間に、見知らぬ大尉がいきなり現れて、『あの飛行機は俺が乗って行く』と。それで泣く泣く、行軍組に加わったんです」

　この大尉は、海軍兵学校七十期出身の村上武大尉である。長田さんはその後、台湾で、村上大尉と再会することになる。

「行軍組は、主計科から靴下半足にいっぱいの米、乾麵麭《かんめんぽう》五個ぐらい、牛肉と貝の缶詰が五個くらいの支給を受け、トラックでバンバン基地まで送られ、そこで大西瀧治郎中将の訓示を受けてトラックで出発しました」

　一月八日のことである。トラックの台数が足りないのでピストン輸送をしていたが、やがて迎えのトラックも来なくなり、徒歩での行軍を余儀なくされた。バンバン基地からツゲガラオまでは約六百キロ、歩く距離はさらに長い。途中、ゲリラの襲撃を受け、応戦しようとした搭乗員が拳銃を暴発させ、運悪くその弾丸を背中に受けた長田さんの同期生が亡くなるという、痛ましい事故も起きた。

「痛みと苦痛で『痛いよう、痛いよう』『お母さん、痛いよう』と叫びながら暴れる同期生を押さえつけながら、ただ『頑張れ』としか言葉が出なかった。やがておとなしくなり、明け方に息を引きとりました。彼の両目の目尻からは涙が流れていました……」

あるときは平坦な水田地帯を歩き、またあるときは、急峻《きゅうしゅん》な山道をトラックで走りながら、ようやくツゲガラオに着いたのは一月二十五日。行軍は、じつに半月以上におよんだことになる。

その晩、台湾から、夜陰を衝《つ》いて搭乗員を救出に飛んできたダグラス輸送機に便乗し、ルソン島を脱出することができた。しかし、到着した台湾で長田さんを待っていたのは、志願した覚えのない特攻隊への編入だった。

命令による特攻隊の一員として出撃するも敵を発見できず

昭和二十（一九四五）年二月五日、台中基地にいた長田さんたち零戦搭乗員に整列がかけられ、フィリピンで特攻作戦に従事した二〇一空を解隊し、新たに第二〇五《ふたまるご》海軍航空隊が編成されることが発表された。二〇五空は、戦闘第三〇二飛行隊、戦闘第三一五飛行隊、戦闘第三一七飛行隊の三隊からなり、司令は二〇一空から引き続き玉井浅一中佐、副長兼飛行長は、二〇一空飛行長になるはずだった鈴木實少佐。飛行隊長は戦闘第三〇二飛行隊長・村上武大尉だけで、三一五、三一七は最後まで隊長不在だった。搭乗員は、各隊三十八名、三隊で百十六名。

「ここで私は、『タンク』というニックネームで呼ばれるようになりました。その頃のマンガに『タンクタンクロー』という、丸い球の上下左右に開いた穴から頭と手足が出ているキャラクターがありましたが、私は、背が低い上に肥《ふと》っていたので、飛行服の上にライフジャケットをつけると、縦横がわからなくなるぐらい丸く見えて、そのマンガに似てるということでそう呼ばれるようになったんです」

長田さんは、内地から補充される零戦を受領するため、三十名ほどの搭乗員とともに鹿児島県の笠之原基地に派遣された。

「このとき、私は先任搭乗員に連れられて、生まれて初めて遊郭に泊まりました……」

飛行機の補充も完了した三月九日、村上大尉と、編成後に転出した者をのぞく二〇五空の搭乗員百三名に、「神風特別攻撃隊大義《たいぎ》隊員を命ず」という、第一航空艦隊司令部からの辞令が発せられる。

「白鞘《しらさや》に『神風』と『豊田副武』（聯合《れんごう》艦隊司令長官）と墨書した短刀を金紗《きんさ》の袋に入れ、それを一振りずつ全員に授与され、遺書を書かされました。私は、木綿《もめん》の布に、〈両親が今日まで育ててくれたことに感謝する。私は國の為、親、兄弟姉妹の為、喜んで敵の航空母艦に体当たりして死んでゆきます。親孝行もできず先に逝《ゆ》くことをお許し下さい〉といった内容のことを毛筆でしたため、最後に〈我行きて太平洋の防波堤とならん〉と辞世を書いた。短刀は遺書とともに家族のもとへ送られました」

志願ではない、命令による特攻隊がここに誕生したのだ。

「特攻に指名されたその日から、死んだらどうなるんだろう、地獄や極楽など死後の世界はあるのか、と考える反面、体当たりすれば木《こ》っ端《ぱ》微塵《みじん》に砕けて全てが無に帰する、などと思ってみたり。十九歳の少年に哲学や仏教の知識はありませんし、観念的に、故郷の山河や父母兄弟姉妹、ひいては祖国日本を救うための礎《いしずえ》になろう、と考えるのが精いっぱいでした」

それでも、隊員たちは苦悩の姿を表に出す者はなく、いつもと変わらない様子で、悲愴感はなかったという。これは全員が特攻隊員で、いわば同じ運命が待っていたからではないか、と長田さんは回想する。

昭和二十(一九四五)年三月二十三日、南西諸島が敵機動部隊の空襲を受け、二十六日には慶良間《けらま》諸島に米軍の一部が上陸した。これは、敵の沖縄本島上陸の前触れだった。米軍は沖縄上陸に備えて九州各地の日本軍航空基地を爆撃し、四月一日、猛烈な艦砲射撃ののち、沖縄本島南西部の嘉手納《かでな》付近に上陸を開始した。日本軍は十八万二千名の米上陸部隊に対し、ほとんど無傷での上陸を許した。米軍はその日のうちに沖縄の二カ所の飛行場を占領し、早くも四月三日には小型機の離着陸を始めた。

四月一日、石垣島、台湾の新竹《しんちく》、台南の三つの基地から計二十機の「第一大義隊」が出撃、敵空母一隻に三機の体当たりを報じたのを皮切りに、二〇五空は二十三次にわたって特攻出撃を重ねた。大義隊の目標とするのは、一に敵機動部隊であった。

長田さんの特攻機としての初出撃は、四月十三日のことである。この日、石垣島から四機、台中から三十機、計三十四機が「第九大義隊」として出撃。長田さんは二百五十キロ爆弾を搭載した零戦に搭乗、台中基地を発進した。

「ニッコリ笑って出てゆく、というのは、要するに開き直りですよ。人間ですから、死を目前にしていろいろ思い悩むことはありましたが……。でも、整列したらもう、割り切れました。よし、どうせ突っ込むならでかいのにぶつかろう、どうせ死ぬんだから、せめてニッコリ出ていこう、と気持ちがふっきれるんです」

離陸して編隊を組むと、互いに手信号で確認しあって、機内からワイヤーでつながっている爆弾の安全栓を左手で抜く。信管に直結する発火装置の風車が回りだし、零戦の腹に抱いている爆弾は即発状態になる。だが、目標の位置については数時間前の索敵《さくてき》機の情報が元になるので、予定地点に着いても敵艦隊はすでに移動しており、姿が見えないことが多かった。

「予定地点に敵を見ず、付近を旋回しながら敵を探したけど見つからない。それで、石垣島に着陸しました。ホッとしました。

四月二十八日には、台湾の宜蘭《ぎらん》基地より第十六大義隊として出撃しましたが、このとき、私の機だけが初めて、五百キロ爆弾を積んで出たんです。なにしろ爆弾が二倍重いので、地上滑走のときもオレオ（主脚の緩衝《かんしょう》装置）が限界に達し、地上の凹凸を拾ってガツン、ガツンと機体が上下するし、エンジンを吹かさないと他の機に追いつけない。それでも絶対に離れないぞと一番機について飛んでいると、突然、計器板の下方から潤滑油が噴き出してきて、このままだとエンジンが焼きついて墜落してしまうので、宮古島基地に不時着しました。

それまでは、離陸したら爆弾の安全栓を抜き、敵を見ず着陸する前に爆弾を海に投棄していたんですが、この頃になると台湾も爆弾が乏しくなり、安全栓は敵発見と同時に抜くことにして、敵と遭わなければ爆弾を持って帰るようになっていたんです。

海軍は、主脚と尾輪を同時に接地させる三点着陸なんですが、このときは爆弾が重いので、陸軍機のように前輪を先につける二点着陸で滑り込みました。着陸して、宮古島基地指揮官の岡本晴年少佐に報告すると、『危ないじゃないか、なぜ爆弾を落とさなかったんだ』と。それで、台湾の状況を説明したら、『台湾もそんなふうになってしまったか』と嘆息されてましたね。岡本少佐は特攻には反対で、非常に温厚な、思いやりのある人柄でした」

五月四日、宮古島南方に敵機動部隊発見の報に、宜蘭、石垣から計二十五機の「第十七大義隊」が、六隊に分かれて出撃した。この日、角田和男中尉が直掩機を務める隊が英機動部隊を発見、角田中尉は、谷本逸司中尉、常井《とこい》忠温上飛曹、鉢村敏英一飛曹、近藤親登二飛曹の四機が敵空母に突入するのを確認している。

この日も長田さん（五月一日、二飛曹に進級）は、別の四機編隊で宜蘭から出撃したが敵を発見できず、石垣島に着陸した。ちょうど長田さんが着陸したとき、角田中尉の隊が敵機動部隊に突入したとの報告が入る。敵の位置は、石垣島南東百二十浬《カイリ》（約二百二十キロ）。石垣島派遣隊指揮官・鈴木實少佐は、この敵に追い討ちをかけることを決意した。鈴木少佐は、着陸したばかりの長田さんたち四名に、

「君ら、ご苦労だがもう一度行ってくれ」

と声をかけた。

「ハイ、いいですよ」

長田さんは、今朝の出撃で決めた覚悟の余韻がまだ残っていて、サバサバした気持ちだったという。しばらくして要務士・米満《よねみつ》英彦少尉候補生が、

「今日はいい。ここの基地にいた搭乗員を出すから」

と言ってきて、長田さんの二度目の出撃はなくなった。午後四時半、細川孜中尉、橋爪和美一飛曹、佐野一斎二飛曹の三機が、大石芳男飛曹長の直掩のもと発進する。佐野二飛曹は、長田さんの予科練同期生で、同じ山梨県の出身だった。

「がんばれよ！　よかったら財布でも置いていけ！」

と、長田さんは声をかけた。佐野さんは笑って離陸していった。出撃して征くほう

も見送るほうも同じ特攻隊員だから、湿っぽい雰囲気は微塵もなく、カラッとしたものだった。

一時間四十分後、先ほど出撃した零戦のうち、爆弾を抱いて出たはずの橋爪一飛曹機が単機で帰ってくる。橋爪一飛曹の報告によると、敵機動部隊を発見したが、敵戦闘機の追躡《ついじょう》を受け、爆弾を捨てて帰ってきたという。ほかの三機は撃墜されたものらしく、未帰還になった。

長田さんは、そのまま石垣島派遣隊の一員として島に残ることになった。

派遣隊、といっても、二〇五空で島に常駐するのは飛行長・鈴木少佐、分隊長・永仮良行大尉、橋爪一飛曹、沼端一司二飛曹、長田さん、それに要務士の米満少尉候補生の六人だけである。

飛行場の東側には宮良《みやら》川が流れていて、宿舎はその川のやや上流の谷間に建てられたバラックである。川の東岸に下士官兵用、西岸に士官用の宿舎があり、士官宿舎近くの斜面には防空壕が掘られている。食事は、朝、夕は宿舎でとり、昼は弁当であった。

毎日、朝食後、トラックに乗って飛行場に出て、防空壕を兼ねた戦闘指揮所付近で待機している。夕方になると、またトラックで宿舎に帰る。

敵機動部隊が発見されなければ、大義隊の出撃はない。五月四日から六月七日までの約一ヵ月間、石垣島からの出撃はなく、出撃がなければ、飛行場での待機中も全くの自由時間だった。

鈴木少佐と永仮大尉はいつも、防空壕の丘の上に椅子を出して座り、飛行場や海を見ながら雑談したり、囲碁を楽しんだりしていた。長田さんはその傍《かたわ》らで、こまごまと二人の世話を焼いていた。いつも元気いっぱいで鼻っ柱の強い長田さんに、鈴木少佐はことのほか目をかけていた。

「鈴木飛行長は、部下の下士官を、『お前』ではなく『君』と呼ぶ人でした。私のことを呼ぶときも、呼び捨てや『長田兵曹』ではなく『長田君』です。あるとき、私が熱心に二人の碁を見ていると、飛行長が、『教えてやるから君もやりなさい』と、仲間に加えてくれたんです。それからは三人交代で碁を打つのが日課になり、私はやがて、永仮大尉に負けないまでに上達しました」

ときには、攻撃予定がなく外出できる日もある。長田さんは、大浜村の集落から海岸沿いを散歩してみた。島の住民はほとんど、バンナ岳などに疎開していて人の気配はない。民家は、周囲を人の背丈ほどの石垣で囲い、その中に広い庭と住居がある。あちこちで放置された鶏の鳴き声が聞こえる。海辺に出て、波打ち際にしばし腰かけて凪《な》いだ海を眺めているとし、戦争をしているのが嘘のように感じられた。宮良川では、笊《ざる》でたくさんの川魚をすくうこともできた。

如才なく人と接する鈴木少佐は、地元の人たちとも親しくなっていて、ときどき宮良湾沿いの集落にある土地の有力者の家に夕飯に招かれる。長田さんは一度、鈴木少佐に声をかけられて村の医師の家について行ったことがあった。

「酒や肴《さかな》のご馳走はありがたいんですが、やはり、十九歳の私から見たら、三十五歳の飛行長はオヤジみたいなもので、さらに年長の土地の人たちとの会食はちょっと窮屈でした。

それで、小用に立つふりをして海辺に出、潮風にあたって酔いを醒《さ》ましていると、家のなかからその家の娘が出てきて、人懐こく話しかけてきました。名前はナミ、十六歳だという。目鼻だちのクッキリした可愛い顔の子でしたよ。どんな言葉を交わしたか、ほとんど記憶していませんが、石垣島から出たことがないという彼女が、しきりに内地の話を聞きたがったことだけは覚えています。きれいな月夜でした」

そんな、一見長閑《のどか》な島にも、敵機はしばしば攻撃にやってくる。長田さんたちが碁を打つ防空壕の丘の上には、二十五ミリ対空機銃が一基、据えつけられていた。眼下の飛行場に、壊れた零戦を囮《おとり》として五、六機並べておくと、敵機がそれをめがけて銃撃をかけてくる。その敵機を狙い撃ちにすると、おもしろいように撃墜できた。

「敵の搭乗員が宮良湾に落下傘降下すると、海面で発炎筒を焚《た》いて、ほかの米軍機に位置を知らせる。於茂登《おもと》山の陸軍砲台が、敵兵に向け発砲を始める。私たち海軍の搭乗員も、壊れた零戦から取りはずした七ミリ七機銃を担いで海岸まで走り、敵兵を狙って銃撃するんですが、なかなか当たらない。ほどなく米軍の星のマークをつけた敵の双発飛行艇が飛んできて、日本軍の砲撃をものともせずに目の前で着水、漂流している搭乗員を救助して飛び去ってしまう。

助ける方も命がけ。どんな危険を冒しても人命を助けようとする米軍と、飛行機もろとも死んでこいという日本軍の姿勢の差を目の当たりにして、胸中は複雑でしたね。敵の搭乗員が羨《うらや》ましいと思いました」

撃墜された敵搭乗員のなかには、日本軍の捕虜となった者もいる。五月のある日、鈴木少佐が憲兵隊へ捕虜の訊問に行くことになり、永仮大尉や長田さん、橋爪一飛曹、沼端二飛曹もついて行った。

「部屋に通されると、若い白人の搭乗員が連行されてきました。飛行長は、くつろいだ笑顔で、英語で質問を始め、捕虜は悪びれるふうもなく淡々と質問に答えていました。話の中身は、私にはさっぱりわかりません。飛行長は、私たちに、

『このパイロットは英国人で、大学生だったが志願して軍に入ったそうだ。連合軍は必ず勝つ、何でも話すから命だけは助けてくれと言っている。いま英機動部隊が来ているが、一週間後には米機動部隊と交代する、飛行機のマークを見れば証言の正否がわかると言っている』

と説明しました。この捕虜は、連合軍の勝利を信じ、どんな重要なことを話しても大局に影響を与えないことを知っている。そして、命さえあれば母国に帰れることを疑っていないようでした」

尋問すること約二十分。必要な質問をし終えた鈴木少佐が、長田さんたちに、

「煙草《たばこ》がほしいと言うから誰かやってくれ」

と声をかけた。

「自分で吸うのにも不自由しているのに、敵にやる煙草なんかありません」

長田さんが言うと、鈴木少佐は、

「君たちは度量が狭い。敵を愛せよという言葉があるじゃないか。一本やりなさい」

と、諭《さと》すように言った。長田さんは仕方なく、自分の煙草を一本渡し、火をつけてやった。捕虜はうまそうに煙をふかした。

「ここで飛行長が、『なんでもいいから聞いてみたいことはないか』と促《うなが》したので、

私は、日本の特攻隊をどう思うかと訊《たず》ねてみました。

『母艦にいるときは怖いが、空中では動きが鈍いので簡単に撃墜できる。日本は物資がないのに一度で飛行機をなくしてしまうが、われわれはそんなもったいないことはしない』

というのが、敵パイロットの答えでした」

昭和二十年八月十五日、全機特攻命令を受け、待機中に終戦の知らせが

六月七日、索敵機が宮古島南東方に敵機動部隊を発見し、石垣基地から第二十一大義隊の零戦九機が発進、うち橋爪一飛曹、柳原定夫二飛曹の二機が敵艦に突入した。六月二十二日、長田さんは、石垣島から第二十三大義隊の一員として出撃し、敵艦隊を発見することなくそのまま台湾の宜蘭基地に着陸した。数日後、石垣島から宜蘭に帰ってきた仲間の搭乗員から、

「長田さんおられますかって、可愛い女の子が飛行場に訪ねてきたぞ。もうおらん、と言うたら残念そうにしてた。お前、何かしたのか？　そうそう、これを預かってきたぞ」

と、薄い紙の包みをわたされた。

「飛行長と一緒にご馳走になった家の子ですよ。何もするもんですか」

長田さんが包みのちり紙を開けてみると、そこには花びらの形に切り抜いたナミさんの写真が入っていた。長田さんはその写真を、七十三年後のいまも大切に保管している。

六月二十三日、沖縄全土が敵に占領されたことで沖縄への特攻はその目的をほとんど失い、二〇五空の出撃は事実上終了した。二〇五空大義隊の特攻戦死者は三十五名であった。


八月十三日、高雄警備府司令部より、「魁《さきがけ》」作戦が発令された。台湾にある可動機全機、零戦六十数機をもって、沖縄沖の敵艦船に特攻をかけるという。二〇五空は全機を二隊に分け、一隊は石垣島を発進し金武《きん》湾へ、もう一隊は宜蘭基地を発進し、中城《なかぐすく》湾へ、それぞれ突入することと定められた。搭乗員には、偵察機が撮影した航空写真が回覧された。

「湾の内外をびっしりと埋めた敵艦船が写っていました。その多さに驚くとともに、これだけの敵艦がいたら、目を瞑《つぶ》っていてもどれかに命中する、とみんなで言い合いました」

命令によれば、爆装特攻機八機に直掩機一機をつけ、直掩機が帰投したら第二陣として全機が爆装して出撃する。飛行長・鈴木少佐も第二陣の指揮官として出撃する。ところがこのとき、飛行隊長・村上武大尉が、「私も行くんですか?」と声を上げた。ルソン島から脱出するとき、長田さんが乗るはずだった零戦を横取りした大尉である。飛行隊長となると特攻出撃はないものと安心していたのかもしれない。この隊長の不用意な一言は、全機特攻の命令に決死の覚悟を固めた部下たちの気持ちを白けさせた。

十四日は悪天候で索敵機の報告が入らず、出撃中止。そして十五日――。

「八月十五日の宜蘭基地は雲一つない快晴で、朝から飛行場で出撃準備のととのった零戦の主翼の下で待機していました。十一時頃、要務士の五十嵐中尉が電報受領のため市街に出るというので、私と二、三人が、暑いから氷でも買いに行こうとトラックに便乗させてもらい、途中下車して買い物を済ませて、帰りの集合場所にした床屋に入ると、そこの店主が、『兵隊さん、もう戦争は終わったよ。さっきラジオで言ってたよ』と。私たちはそれはデマだよ、と一笑に付したんですが、まもなくトラックで迎えに来た五十嵐中尉が、私の耳元でそっと、『長田兵曹、戦争は終わったよ』と言うんです」

「まさか、ウソでしょう？」と思わず問い返した長田さんに、五十嵐中尉は「本当だよ、俺がいま電報を受け取って持ってるんだ」と答えた。

「じゃ、生きて帰れるんですか」

「そうだよ。まだ内緒だから、司令が発表するまでは誰にも話さないでくれよ」

長田さんは、夢を見ているような気持ちになったという。生きて故郷に帰れる。つい先ほどまでは予想もしなかった展開に、諦《あきら》めていた生への執着が急にまた膨《ふく》らんできた。

「夢なら醒めないでほしい、と思った。天にも昇る気持ちでした」

と、長田さんは率直に回想する。

九月上旬には、中華民国軍が、ＧＨＱ（連合国軍最高司令官総司令部）の委託に基づき、日本軍の武装解除のため台湾に進駐してきた。

「中国側の要請で零戦を全機、引き渡すことになり、日の丸が青天白日《せいてんはくじつ》の中華民国のマークに描き替えられた零戦が頭上を飛ぶのは情けなく、敗戦のみじめさを実感しました。しかし、台中基地に訪ねてくる中国軍将校は皆、友好的で、戦勝国だからと威張ることもなく対等に接する姿は立派でしたね」

台湾にいる日本軍将兵が内地に帰れるのは何年先になるか、予想もつかなかった。内地と違って物資は豊富で、食糧事情も悪くはなかったが、二〇五空では隊員たちが総出で畑を耕し、自給自足の準備を始めた。

農家の生まれで馬を扱った経験もある長田さんは、耕耘《こううん》と野菜栽培のリーダーに選ばれた。地元の農家は、手も貸してくれたし、畑作の指導も親切にしてくれたという。整地した三反歩（約九百坪）の畑に畝《うね》をつくり、からし菜や大根の種子をまくと、三日ほどで芽が出てくる。

司令・玉井浅一中佐は、畑から坂を上ったところにある兵舎の前に籐椅子を出して座り、読書をしたり、部下たちの農作業を眺めたりしている。大学出の予備士官が教官となって、若い隊員たちが今後、「娑婆《しゃば》」、つまり一般社会に出て困らないようにと、数学、歴史、英語、修身から北京語まで授業が行われたりもした。

「十二月下旬、突然、二〇五空の隊員に帰国命令が出ました。野菜も大きく生長して、からし菜などは大きな株になって腰あたりまで伸び、収穫を待つばかりだったんですが。これまで耕作して育てた野菜は全部、それまで協力してくれた地元の人に委《ゆだ》ねました。すし詰め状態の小型海防艦に乗せられ、鹿児島港に着いたのは十二月二十九日、汽車を乗り継いで生家に帰ったのは昭和二十一（一九四六）年元日のことです。

家に帰ると、母や姉妹が縁側から裸足《はだし》で駆け下りてきて私に抱きつき、大きな声で泣きました。奥座敷には私の写真が飾られ、その前に陰膳が供えてある。親のありがたさをしみじみと感じました。台湾から送った遺書と短刀が届いていて、家族は九分九厘、私が戦死したものと思い、残り一厘に望みを託して、陰膳をし、お宮参りを欠かさずにしてくれていたんです。私としては運命の赴《おもむ》くままに従ってきたつもりでしたが、その陰に、両親や姉妹の目に見えぬ大きな力があったような気がします」

神奈川県警の刑事となり、今度は捜査の最前線に

郷里に帰った長田さんは、同じ村の女性と結婚、しばらく家業の農業を手伝ったのち、富士吉田で従兄が経営する百貨店に就職。そこで偶然、富士吉田警察署前に掲示されていた横浜市警察の警察官募集ポスターを見たことから、長田さんの人生は急展開する。

「農業は好きだけど現金収入が不安定だから……。毎月、決まった収入のある仕事に

就こうと、女房には内緒で、義兄を誘って一緒に警察の試験を受けました。昭和二十三（一九四八）年秋、試験会場は大月です。一つの机に二人が座り、隣の受験者の答案を見ながら書いてもなにも言われない、いま思えば大らかな試験でしたね。二人とも採用通知が来て、昭和二十四（一九四九）年四月一日付で横浜市警に入りました。横浜駅の西口なんかはまだ焼け跡でしたよ。はじめ、淵野辺《ふちのべ》（現・相模原市）の警察学校で訓練を受けて、その年の十二月末に鶴見警察署に配属され、鶴見区岸谷《きしや》の警察寮に入ったんです。昭和二十五（一九五〇）年の正月、鶴見署の『武道始め』で優勝し、革靴だの花瓶だの、当時としてはすごい商品をもらったことがあります」

警察官になった長田さんは、集団警ら隊（県警の機動隊に相当）勤務を経て昭和二十八（一九五三）年二月、巡査部長に昇任。戸部《とべ》警察署外勤主任として、管内の派出所を監督する仕事に就いた。

「そのうちに刑事（捜査係）が三部制になり、巡査部長が三人必要になって捜査一係の主任になりました。ただ、主任となると、刑事を現場に出すとやることがない。それで、刑事の茶碗を磨いたりしていたら、同僚のもう一人の主任に、『主任らしくピシッとしてろ』と怒られた。刑事が被疑者を捕まえてくると、主任の巡査部長以上が

『弁解録取書』を必ずとる。それを書くのが仕事でした」
　昭和二十九（一九五四）年、新警察法の公布にともない、新たに都道府県警察とし
て神奈川県警察本部が発足、翌三十（一九五五）年七月、横浜市警察は神奈川県警に
吸収される。昭和三十五（一九六〇）年四月、長田さんは、神奈川県警本部の捜査一
課に転勤した。
「捜査一課は殺人、放火などの凶悪犯、二課は詐欺、横領などの知能犯、三課は泥
棒、四課は暴力団を担当し、のちに機動捜査隊という、初動捜査を担当する部署がで
きて、私は二課以外は全部やりました。公務員の守秘義務がありますから、職務上知
り得た、個々の事件のことについては話せませんが……」
　海軍では「タンク」と呼ばれていた長田さんは、刑事時代は「オーサン」というニ
ックネームで呼ばれていたという。
「『証を得て人を求める』、不起訴の検挙者を出さないのが私のモットーでした。たと
え黙秘してても起訴できるだけの証拠を揃《そろ》える。取り調べのときも、威圧的な態度を
とるのではなく、親や妻子のためにもやったことは早く清算した方がいいぞ、という
具合でした。頑《かたく》なに否認するのは暴力団員ぐらいでしたね」

昭和三十六（一九六一）年、警部補に昇任、川崎署に転勤。外勤係を経て、刑事一課の捜査係長になる。

「川崎署は大変でしたよ。まだ幸《さいわい》署ができる前で、現在の川崎署、幸署、両方の管内が一緒になっていました。管轄する範囲が広い上に、夜は酔っ払いの喧嘩《けんか》が絶えない。夜中のうちに留置場がいっぱいになって、当直すると、四十八時間以内の送検手続きのために次の日の夕方まで帰れない。刑事一課には係長が二人いて、私が四個班、もう一人が三個班を受け持っていましたが、もう一人が過労でぶっ倒れちゃった。それで私が七個班を受け持つことになったんですが、そのうちに私も、調書をとっていて頭を上げるとフラフラするようになった。医者に行くと低血圧とのことで、毎日、昼にアリナミンの注射を打ちながらの勤務でした。やがて医者が私の健康状態のことを署長に報告し、署長が課長を呼びつけて、『お前、長田を殺す気か！　お前も仕事しろ！』と、そういうこともありましたよ」

昭和三十八（一九六三）年、横浜中華街にある加賀町《かがちょう》署に異動。川崎署では夜間当直の職員が四十～五十人いても、なお激務だったのに、加賀町署では当直が七～八名しかおらず、

「こんなので大丈夫かな、と初めて当直主任をやったときには不安に思いましたが、

あのあたりは個人宅が少なくて、夜は人が少ない。犯罪があっても事務所荒らしぐらいでした」

さらに長田さんは、昭和三十九（一九六四）年から二年間、警察庁に出向、関東管区警察局の刑事課強行犯係として、関東管区の殺人、強盗、放火などの事件の取りまとめを担当。神奈川県警に復帰後は捜査一課、四課、機動捜査隊を渡り歩いた。

「捜査一課で、殺人事件の捜査のとき、警部に盾《たて》ついて四課に出され、機動捜査隊の指令班長だった五十五歳のとき、警部に推薦するという話がありましたが、お情けはいらないと断りました。本来ならば十九歳で終わっている人生ですから、誰に媚《こ》びることもなかったですね。最後は神奈川署に二年間いて司法係長を務め、昭和五十九（一九八四）年三月に定年退職しました。退職と同時に任警部。これが三十四年九ヵ月勤めた警察官人生の総決算でした」

二〇五空大義隊の元特攻隊員は、戦後、進んだ道はそれぞれ違っても、生死をともにすることを誓った者同士として、戦後も固い絆で結ばれていた。長田さんは、戦友会や慰霊祭には可能な限り出席し、近年では「NPO法人零戦の会」理事として、若い世代とも気さくに交わり、戦争体験を伝えている。

「十七歳で海軍に入り、十九歳で国難に殉《じゅん》ずるはずでしたが、思いがけずも生き残り、可もなく不可もなく人生航路を歩んできました。私の自慢は十年前に亡くなった女房だけ。女房にはほんとうに感謝しています。

戦後、日本は国民の勤勉と努力により復興を遂げ、戦前には想像もできなかったような豊かな社会生活が営まれるようになりました。平和はありがたい。戦争は、全てのものを破壊し、無にしてしまう。戦争は絶対にやってはいけない。永久に平和であることを願うばかりです」

幾度となく修羅場をくぐり、多くの戦友を亡くし、自らも特攻機として四度にわたり出撃しながら奇跡的に生還した、その実体験にもとづく平和への思いは、限りなく重い。

長田利平（おさだ・りへい）

大正十四（一九二五）年、山梨県忍野村生まれ。昭和十八（一九四三）年四月、特乙一期生として岩国海軍航空隊に入隊。戦闘機搭乗員となり、昭和十九（一九四四）年十二月、第二五二海軍航空隊戦闘第三一五飛行隊の一員としてフィリピン・ルソン島に進出。数次の空戦や船団護衛、特攻隊の直掩機として出撃を重ねるも、昭和二十（一九四五）年一月、米軍の上陸を受け台湾に脱出。新たに編成された特攻部隊、第二〇五海軍航空隊に編入される。神風特攻大義隊員として沖縄方面の敵艦船に向け四度にわたり出撃したが、敵艦隊と遭遇することなく終戦を迎えた。海軍一等飛行兵曹。戦後は横浜市警、次いで神奈川県警で刑事となる。ＮＰＯ法人零戦の会理事。

昭和19年10月、飛行兵長に進級。二五二空・館山基地にて

昭和18年3月30日、岩国海軍航空隊に入隊するため、故郷・忍野村を発つ。当時17歳

昭和19年4月30日、台南海軍航空隊で戦闘機の操縦訓練を終える。3列め左から7人めが長田さん

昭和19年4月、台南海軍航空隊で訓練中

昭和20年6月、特攻待機中の台中基地にて。前列左が長田さん

昭和20年4月28日、宜蘭基地より第十六大義隊の出撃。壇上は司令・玉井浅一中佐、左手前の防暑服姿は飛行隊長・村上武大尉、村上大尉の右の飛行服姿は今野惣助中尉。その左肩後ろに長田さんの顔が見える

長田さんに終戦を伝えた要務士・五十嵐中尉(左)と肩を組む長田さん。下は森一飛曹

昭和20年9月、台中基地にて

昭和20年11月、自給自足のための農作業を始めた台中市新社の宿舎前で。前列中央が長田さん

昭和28年、横浜市警戸部警察署外勤主任の頃。派出所を巡視する長田さん

昭和30年代、金庫盗の現場見分をする長田刑事

昭和28年、戸部警察署で刑事としてスタート

第四章

小《お》野《の》清《きよ》紀《みち》

「慶應の書生」から特攻隊員となった江戸幕府旗本の孫

昭和19年秋、元山空教官時代の小野さん（少尉）

生きているハチ公、二・二六事件、東京初空襲も経験した東京っ子

「そういえば、父に連れられて渋谷に行ったとき、忠犬ハチ公を見たことがありますよ」

と、九十七歳の小野清紀さんは言った。小野さんは慶應義塾大学から海軍飛行専修予備学生十三期生として三重海軍航空隊に入隊、零戦搭乗員となって戦争を生き抜いた人である。戦後は海上自衛隊勤務を経て全日空に入った。

私は、東京・青山の伊藤忠本社の地下レストランで行われていたネイビー会などを通じ、小野さんとは二十年近く、毎月のように顔を合わせてきたにもかかわらず、これまで本に取り上げる機会がなかった。そこで、改めて体験をきちんと聞こうと、横浜市の介護施設に小野さんを訪ねたのだ。

「ハチ公って、あの銅像の……」

「いや、銅像じゃなくて、生きてるハチ公。帰らぬ飼い主を駅で何年も待ち続けているという新聞記事が出て、すでに有名だったから、あれがハチ公かと。見た感じはふつうの犬でしたよ。秋田犬でも、それほど大きくはなかった。銅像が建ったのは、そ

れから一年ぐらい後のことでした」

これにはちょっと不意を衝《つ》かれた。私は、数百人の戦争体験者にインタビューを重ねてきたが、ここ数年の取材では、高齢の相手になるべく負担をかけないよう、枝葉の話はそこそこに本題に入ることが多い。小野さんがふと漏らした一言から、太平洋戦争で軍隊に行った世代は、戦後世代が銅像や映画でしか知らない「ハチ公」を生で見ていた世代であることに、改めて気づいたからだ。

ハチ公を有名にしたのは、東京朝日新聞の昭和七（一九三二）年十月四日付朝刊に掲載された「いとしや老犬物語」と題する記事だったとされる。ハチ公は昭和十（一九三五）年三月八日、十一歳で死んだが、銅像が建ったのは生前の昭和九（一九三四）年四月二十一日のこと。除幕式にはハチ公自身も参列したという。だとすれば、小野さんの記憶に残るハチ公の姿は、昭和八（一九三三）年春頃のものだった可能性が高い。当時、小野さんは十二歳、ハチ公九歳。

時間軸の幅を、ほんの少し広くとるだけで視点が広がり、これまで気づかなかったことも立体的に見えてくる。私は小野さんに、もう少し子供の頃の記憶をたどってもらうことにした。

小野さんは大正十（一九二一）年二月十二日、東京市小石川区（現・東京都文京区）音羽《おとわ》に生まれた。祖父は徳川幕府の旗本《はたもと》で、フランス語通訳を務めた小野清照《きよてる》。きょうだいは姉が一人である。幕府の直参《じきさん》だった家の跡取り息子として生まれた小野さんは、安政生まれの厳格な祖母に躾《しつ》けられて育った。

「いちばん古い記憶は関東大震災（一九二三年九月一日）のときです。地面が大きく揺れるなか、ぼくを背負った女中が木にしがみついていた光景。それと、うちの庭に雨戸を敷いて、それを囲んでお昼ご飯を食べている光景。――当時ぼくはまだ二歳半ですから、あとで人から聞いた話が自分の記憶に置き換わっているのかもしれませんが」

小野さんの生家は、護国寺に隣接する皇族専用の豊島ヶ岡御陵《ごりょう》（現・豊島岡墓地）の、不忍《しのばず》通りをはさんだ正面にあった。三歳だった大正十三（一九二四）年、家の前の不忍通りを市電（路面電車）が走るようになり、小野さんは幼心に電車に憧れを抱くようになる。

「当時の市電は横にドアがなく、運転手が立って運転している様子が外から見える。それがカッコいいと思いました。このときから動く機械に惹かれるようになったんです。子供の頃は模型も作りましたよ。逆に、ラジオなんかは、機械であっても動かないから興味がなかったですね」

市電がきっかけで鉄道に興味を持つようになった小野さんは、東京女子高等師範学校附属小学校から第一東京市立中学校（のち都立九段中学校と改称、新制都立九段高校を経て二〇〇九年閉校。校舎は千代田区立九段中等教育学校に引き継がれた）に進むと、アメリカ製のベスト・ポケット・コダック（通称ベス単）という、当時ベストセラーだった蛇腹《じゃばら》式のカメラを持って、東京近郊の電車の写真を撮り歩くようになった。撮った写真は、車両ごとに分類してアルバムに貼る。いわば、現在「撮り鉄」と称される鉄道マニアのはしりと言える。

「当時、撮りに行った私鉄電車は、武蔵野鉄道（現・西武池袋線）、西武鉄道（現・西武新宿線）、東京横浜電鉄（現・東急東横線）、京王電気軌道（現・京王電鉄）、小田原急行（現・小田急）、京浜電気鉄道（現・京浜急行）……小学一年生の頃まで、東武東上線には蒸気機関車が走っていましたが、二年生の年（一九二九年）に電車になりました。ぼくは、原点が市電だったもので、機関車よりも電車が好きです。山手線の内側は、市電と地下鉄銀座線の他には、王子電車と呼ばれていた王子電気軌道、現在の都電荒川線だけでした。当時、隅田川の向こうには、用もないし、うちからは電車の便もよくないので、行ったこともなかったですね」

小野さんの「撮り鉄」趣味は、体力的に難しくなった平成十（一九九八）年頃まで、六十年以上にわたって続いた。

中学三年生のときには、二・二六事件に遭遇している。

昭和十一（一九三六）年二月二六日水曜日、「皇道派」と呼ばれる陸軍の一部青年将校が「昭和維新」を号し、千五百名近い下士官兵を動かして首相官邸や重臣、新聞社などを襲い、高橋是清大蔵大臣、斎藤実《まこと》内大臣、渡辺錠太郎陸軍教育総監らを惨殺、鈴木貫太郎侍従長に重傷を負わせるという叛乱《はんらん》事件が起きた。岡田啓介総理大臣は、義弟の松尾伝蔵陸軍大佐が身代わりとなって射殺され、危うく難を逃れたが、日本の憲政史上にかってない規模のクーデターであった。

襲撃を受けた重臣のうち、岡田総理、斎藤内大臣、鈴木侍従長はいずれも元海軍大将で、岡田総理は事件後、内閣総辞職により辞任するが、のちに太平洋戦争が始まると、戦争の早期終結、東條英機内閣の倒閣運動に奔走。鈴木侍従長は事件から九年後の昭和二十（一九四五）年、総理大臣となり、太平洋戦争の幕を引く大役を果たしている。

中央気象台（現・気象庁）の観測記録によると、事件に先立つ二月二十二日、関東地方は、南岸低気圧の接近で、まれに見るほどの大雪に見舞われていた。二月二十三日の東京の積雪量は、観測史上第三位の三十六センチと記録されている。事件が起きたのは、その雪がまだ解けずに残る二十六日早朝のことだった。叛乱軍による重臣への襲撃が終わったあと、朝八時頃からまたも雪が降り始め、翌朝までにさらに七センチの積雪が記録されている。横須賀にあった海軍士官御用達の料亭「小松」（二〇一六年、火災で焼失）の創業者で、当時八十七歳だった山本小松さんが、事件の一報を聞き、

「横須賀で雪が二尺も積もるなんて滅多にないことで、なにかありゃしないかと思ってたんです。私が十一歳の頃、井伊掃部頭《いいかもんのかみ》様が桜田門外の変で殺されたときも、やっぱり大雪でしたし……」

と回想し、昔からの馴染《なじ》み客だった岡田総理、斎藤内大臣、鈴木侍従長の安否を気遣ったとの話が、旧海軍関係者の間で伝わっている。昭和十一（一九三六）年は、安政七（一八六〇）年に起きた「桜田門外の変」から七十六年、当時のことを憶《おぼ》えている人がまだ存命だったのだ。

小野さんの回想——。

「雪の積もった朝、護国寺の自宅を出て、市電に乗って九段下に着くと、軍人会館（戦後、九段会館。東日本大震災で被災し二〇一一年廃業）の前に高く土嚢《どのう》が積まれ、重機関銃が目白通りを睨《にら》んでいました。ものものしい雰囲気ですが、誰もなにも言わないので学校に向かって九段の坂を上がっていくと、坂の途中、靖国神社の大鳥居の正面にあった偕行社《かいこうしゃ》（陸軍将校の集会、社交施設）前には、カーキ色に塗られた陸軍の乗用車がずらりと並び、それぞれのフロントガラスに、『陸軍大臣』『軍事参議官』などと書かれた紙が貼ってありました」

一時間目の授業は通常通り行われたが、二時間目の途中、突然、全生徒に講堂へ集まれとの校内放送が流れ、ここで初めて、陸軍の一部叛乱部隊によるクーデターが起きたことが生徒たちにも伝えられた。

「帰宅するよう命じられたときは、授業がなくなってむしろ嬉しかった。学校を出て、市電に乗ろうとふたたび九段の坂を下りると、靖国通りは当時としてはめずらしく交通渋滞になって、自動車が列をなしていました。市電も、一部路線は迂回《うかい》させられたものらしく、九段近辺では何両もの電車が溜まっていましたね。

ようやく市電に乗って、昼頃、音羽に帰ると、自宅あたりではこの日の騒ぎのことをまだ誰も知らず、いつも通りの日常生活でした」

いまでいえば、地下鉄有楽町線護国寺駅から、江戸川橋、飯田橋、ここで東西線に乗り換えれば一駅で九段下だから、存外に近い距離である。わずか四キロ先の九段下では土嚢が積まれ、兵が機関銃を構えて警備にあたっているのに、音羽の住民がそれを知らなかったというのは、現代の感覚からすれば不思議な気がする。それだけ情報の伝達が遅い時代だったのだ。翌二十七日未明、戒厳令が敷かれると、軍人会館に戒厳司令部がおかれた。

政治を牛耳る「君側の奸《かん》」をのぞき、天皇親政による新政府を樹立、政財界の腐敗を一掃して農村の困窮を解消しようと考えた叛乱軍将校たちの思いとはうらはらに、事件を知った昭和天皇は激怒したと伝えられる。海軍も蹶起《けっき》に反対、陸軍と一戦も辞さずの構えで、横須賀鎮守府で急遽《きゅうきょ》、編成した陸戦隊を東京に派遣。二十七日には、東京湾に回航した聯合《れんごう》艦隊旗艦・戦艦「長門《ながと》」以下、第一艦隊の各艦が主砲の照準を叛乱軍に合わせている。陸軍も重い腰を上げて鎮圧に向かうことになり、二月二十九日になってようやく事態は収束した。

数日間の騒乱が過ぎ、三月に入ると、小野さんたち市立一中の生徒にも、ふだん通りの学校生活が戻った。

「当時の公立中学はみんなそうだったと思いますが、市立一中も生活態度全般、特に遊ぶことに関しては厳しかった。授業が終わったらまっすぐ家に帰れ、生徒が喫茶店や映画館に行くのも、保護者が同伴でない限りいっさい禁止、という具合です。でも中学五年にもなればこっちも生意気になってきて、学校が終わると飯田橋の駅にカバンを預け、丸の内の帝国劇場に映画を観《み》に行ったりもしました。初めて日本語字幕のついたトーキー映画の『モロッコ』や、ルネ・クレール監督の『巴里《パリ》祭』が印象に残っています」

小野さんが中学五年生になったのは昭和十三（一九三八）年。すでに前年、中国大陸では支那事変（日中戦争）がはじまっていたが、まだ街は賑《にぎ》やかで、カフェやダンスホールにはジャズが流れ、映画館では洋画が上映されていた。

これは、東京だけの話ではない。小野さんと同年同月生まれで歴戦の零戦搭乗員だった宮城県出身の大原亮治さんは、ちょうどこの頃、毎週土曜日の晩には仙台の映画館でレイトショーの洋画を観て、なかでもフレッド・アステア主演の『有頂天時代』や『踊らん哉《かな》』の劇中で繰り広げられるタップダンスに憧れ、真似をしようと友人たちと練習までしたと回想している。

アメリカとの戦争を数年後に控えてなお、当時の若者の多くは洋画やジャズを好み、欧米に憧れを抱いていたのだ。大原さんはのちに、海上自衛隊で小野さんと一緒に空を飛ぶことになる。

「昭和六（一九三一）年の満州事変、七（一九三二）年の第一次上海《シャンハイ》事変から、日本はずっと戦争をしていたわけですが、ぼくたちには遠い世界の出来事というか、実感はなかったですね。『杭州《こうしゅう》湾敵前上陸』（昭和十二（一九三七）年十一月五日）なんてニュースを聴いても、どこか他所事《よそごと》の話のようで、ピンとこないんです」

と、小野さんは言う。

小野さんは、昭和十三（一九三八）年、慶應義塾大学予科（三年制）に進学。母親は中学三年のとき亡くなり、小野さんの日常は、安政生まれの祖母が世話をしつつ目を光らせていた。

「旗本だった祖父はぼくが三つか四つのときに他界しましたが、祖母は昭和十七（一九四二）年の九月まで生きていて、その祖母が厳しかった。慶應に入ったとき、祖母が煙管《きせる》で煙草《たばこ》をくゆらせながら、

『慶應の書生、ここへお座り』

と言う。祖母は学生を『書生』と呼んでいました。言われたままに祖母の前で正座

すると、

『慶應の書生は軟派が多いと聞きます。あんたも良家の子女に変なことをしたら承知しないからね』

そこでむらむらと反抗心が湧いてきて、

『良家の子女じゃなければいいんですか？』

と言ったら祖母がほんとに怒った。吸っていた煙管を火鉢に叩《たた》きつけると、

『直参の跡取りが、馬鹿をお言いでない！』

と、えらく叱《しか》られました。いつも祖母は、ぼくがなにかヘマをやるたびに『直参の跡取りが――』と言ってましたね」

昭和初期には、まだ江戸時代の価値観を拠《よ》りどころにする世代が存命だったことは、記憶にとどめておいてよいと思う。

小野さんの祖母は厳しい人だったが、それでも、当時の民法上、家族といえども戸主（小野さんの父・清一さん）の次に位置する「跡取り」である小野さんを叱るときは、「お言いでない」と言い、跡取りではない小野さんの姉を叱るときは「言うんじゃない」と、言葉遣いをきっちり分けていたという。「お言いでない」の方が「言うんじゃない」よりも丁寧な言い方だから、「直参の跡取り」に一定の配慮をしていた

のだ。

昭和十六(一九四一)年十二月八日、日本はアメリカ、イギリスをはじめとする連合国と開戦。太平洋戦争がはじまった。真珠湾攻撃を皮切りに、日本軍の連戦連勝が報じられたが、それでも戦争の実感は小野さんにはなかった。戦争を最初に身近に感じたのは、昭和十七(一九四二)年四月十八日、米空母「ホーネット」を発艦した、ジェームズ・H・ドゥーリットル陸軍中佐率いるノースアメリカンB‐25爆撃機が、日本本土をはじめて空襲したときのこと。

「昼の十二時ぐらいだったと思います。中央本線の大久保駅に入ろうとしたところで突然、空襲警報が鳴った。空襲警報なんてはじめてのことですし、避難しなきゃというより、なんで米軍機が？という気持ちの方が強かったですね。空を見上げると、頭上を双発機が六機ぐらい飛ぶのが見えました。最初は日本機だと思ったんですが、どうも音が違うんです。いつもの日本機よりも調子がよさそうな、キーンと金属的で、澄んだいい音でした。駅にはかなり人がいましたが、誰も逃げようとせず、ただ空を見上げていました。それでホームに上がって飛行機が飛び去った方角を見ると、市電の早稲田の車庫のあたりから茶色い煙が上がっているのが見えて、ああ、あれが米軍機だったんだな、と。これが戦争かと思いましたが、意外に恐怖心は湧いてきませんでした」

搭乗員不足を補うため大量養成された予備学生十三期

日本本土初空襲の翌昭和十八（一九四三）年九月、慶應義塾大学法学部を半年繰り上げ卒業した小野さんは、当時、横浜市の工場で航空エンジンを生産していた石川島航空工業株式会社に就職を決めたが、同時に一般の大学、高専卒業者から航空機搭乗員の指揮官要員を募集する「第十三期飛行専修予備学生」を志願、二十倍ともいわれる難関を突破して同年九月十三日、三重県一志《いちし》郡の三重海軍航空隊に仮入隊する。

「慶應というのはガリ勉の少ない学校でしたが、なかでも法学部は、法曹界に進みたいと言えば珍しがられるような、ちょっと変わった気風でした。石川島航空は入社試験を受けて合格し、入社の手続きと海軍へ入隊の報告に行っただけで、会社に籍はあるものの勤める時間はありませんでした。

海軍を志願したのは、自分たちが行かなきゃ、という気持ちもありましたが、国のためにと大上段に構えるんじゃなく、はっきり言えば、陸軍に入って鉄砲を担いで歩かされるのがいやだった。兵役は義務でしたから、遅かれ早かれ軍隊に行くことは避けられない。だったら海軍に行こうと。機械いじりが好きだったし、飛行機にさわれるチャンスだとも思いました」

海軍飛行専修予備学生は、昭和九（一九三四）年十一月に発足した「海軍航空予備学生」制度に端を発する。短期間の訓練で予備士官に任用し、有事のさいには召集して第一線の正規将校の人数不足を補おうとするものだったが、第一期生の採用人数はわずかに六名、幾度かの名称変更を経て、昭和十七（一九四二）年九月に採用された第十二期海軍飛行科予備学生までを合わせても累計で四百八十七名に過ぎない。それが、十三期では五千百九十九名と、一挙に十倍以上に増えた。

すでにガダルカナル島は敵の手に落ち、圧倒的な敵の物量を前に、日本陸海軍は各地で苦戦を重ねている。なかでも少数精鋭を旨《むね》としていた日本海軍航空部隊の搭乗員不足は深刻で、人的損耗《そんもう》を補うべく、海軍は予備学生、予科練習生の大量養成に踏み切ったのだ。

三重海軍航空隊と、茨城県の土浦海軍航空隊に分かれて仮入隊した十三期予備学生は、飛行機搭乗員としての適性検査や知能検査、身体検査を経て、十月四日、正式に採用される。そこで軍人としての基礎教育を受けたのち、主に理数系学生から選ばれた九百十三名は「前期組」として十一月二十九日、残りの者は「後期組」として昭和十九（一九四四）年一月十八日、それぞれ飛行訓練のため次の練習航空隊に移った。人数が多いので、十三期操縦専修（陸上機）の訓練は、筑波海軍航空隊、谷田部《やたべ》海軍航空隊、霞ケ浦《かすみがうら》海軍航空隊東京分遣隊（羽田）、出水《いずみ》海軍航空隊、第二美保《みほ》海軍航空隊、高雄《たかお》海軍航空隊の六ヵ所に分かれて行われた。法学部出身の小野さんは後期組で、約二百名の同期生とともに鳥取県の第二美保空（美保飛行場、現・米子空港）で操縦訓練を受けることになる。

「昭和十九年一月、複葉の九三式中間練習機（中練）での操縦訓練が始まりました。中練の離陸速度は六十ノット（時速約百十キロ）程度で、いまなら高速道路を走る自動車ぐらいですが、それでも当時は経験したことのないスピードで、滑走時にガタガタ揺れるのが離陸と同時におさまって、スーッと上昇していくのは気持ちよかったですね。初めて空中で教員から操縦桿《かん》を預けられたときは、なかなか感覚がつかめずによろけてしまい、まっすぐ飛ぶのにも苦労しました。

われわれ予備学生は、『兵曹長の上、少尉候補生の下』という身分ですから、下士官の教員は普段は敬語で話すんですが、『教育が始まれば敬語は省略させていただきます』と言われ、こちらがなにかヘマをやると、『このバカタレ!』などと、なかなか汚い言葉を浴びせられました。士官の教官に教わるときは、言葉の代わりにゲンコツが飛んできたものです」

当時の練習航空隊の飛行場は草原が多かったが、第二美保空の飛行場は舗装された滑走路だった。幅が狭いので着陸がむずかしく、草原の飛行場なら八時間程度、教員、教官と同乗訓練を受ければ単独飛行に移れるところ、第二美保空では十時間程度はかかったという。加えて、冬の山陰は悪天候の日が多く、学生たちを苦しめた。

「初めて単独飛行を許されたときは、不安よりも自力で空を飛べる喜びの方がまさっていて、その気持ちはいまでも忘れられません」

とはいえ、つい数ヵ月前までは民間の学生だった小野さんたち十三期生は、なおも「娑婆《しゃば》っ気《け》」をたっぷり残している。第二美保空から最初の外出を許されたとき、昭和二(一九二七)年、軍艦が多重衝突事故を起こし、多数の死傷者を出した「美保関事件」の慰霊碑にお参りするよう達せられたが、隊を出て自由行動となった途端、皆が散り散りに飲み屋に行ってしまい、司令と教官たちが慰霊碑で待っていたのに学生が一人か二人しか来ず、帰隊してから全員が殴られたことがあったという。

「隊の宿舎で、隣のベッドで寝ていたのが、慶應大学レスリング部でフェザー級の選手だった水木泰《たい》でした。彼とは在学中、付き合いはなかったんですが、互いに顔は知っていました。昭和十五（一九四〇）年、まぼろしの東京オリンピックが開催されていれば、日本代表選手になるはずだったということで、当時から有名でしたね」

水木泰さんは、のちに艦上爆撃機搭乗員を経て夜間戦闘機搭乗員となり、日本本土上空でB－29を相手に激闘を繰り広げた。戦後は伊藤忠商事専務取締役となる。

昭和十九（一九四四）年五月、第二美保空での練習機教程を卒業した十三期生は、それぞれ専攻する機種の実用機教程に進むことになった。小野さんは戦闘機専修と決まり、九十七名の同期生とともに、訓練部隊である大村海軍航空隊に着任する。

「海軍に入る前は、九九艦爆（九九式艦上爆撃機－急降下爆撃機）がカッコいいと思って憧れていましたが、入ってみたら飛行適性のいいのが戦闘機にまわされると聞き、それなら戦闘機だ、と。希望通りに決まって嬉しかったですね」

十三期予備学生のうち、戦闘機専修となったのは、前期三百二十九名、後期六百八十八名の計千十七名。それが、六つの航空隊に分かれて訓練を受けた。ガダルカナル戦たけなわの昭和十七（一九四二）年十月一日現在、日本海軍の戦闘機搭乗員は全部隊あわせて約九百名しかいなかったのと比べると、十三期がいかに大人数だったかがわかる。

五月三十一日、小野さんたち十三期予備学生は揃《そろ》って少尉に任官。辞令上はここでいったん予備役となり、即日充員召集という形をとる。ここに、海軍兵学校や機関学校を卒業したプロの軍人ではない、大量の助っ人士官が誕生した。この日から、軍服の階級章の金筋に桜が一つつき、肩書は「海軍特修科飛行学生」に変わった。

「予備学生としての教育期間が終わって少尉に任官、充員召集となると、大学卒業前に就職が決まっていた石川島航空工業から給与が支給されるようになりました。企業は、召集されている従業員の給料を払うことになっていたんです。初任給は七十五円で、毎月、決まった額が留守宅に郵便で届く。ぼくは、少尉任官から終戦まで、海軍と会社、両方から給料をもらっていました」

大村空に着任すると、さっそく、外出も曜日もない激しい訓練が行われた。予備学生の頃は、食事は兵と同じ麦飯だったのが、任官と同時に白米の士官食になり、食器もアルミから琺瑯《ほうろう》びきに、さらに航空糧食として肝油《かんゆ》や当時は貴重品だったコンビーフが支給されるなど、万事において待遇が一変した。訓練が落ち着いてくると外出も許されるようになり、小野さんは同期生と一緒に長崎市内に出て記念写真を撮ったり、食堂でちゃんぽんや皿うどんを食べたりもした。

「大村空で初めて零戦に乗ったわけですが、練習航空隊にまわされてくる機体は使い古しの塗装の剝《は》げたようなのばかりで、新しい五二型はなく、二一型がほとんどでした。それでも練習機と比べれば馬力が格段に大きく、エンジン音も上昇力も全然違って、やっぱり戦闘機はすごいと思ったものです。

零戦の訓練は、最初は複座（二人乗り）の零式練習戦闘機（練戦）で、教官が同乗して行い、その後、一人乗りの機体で飛ぶんですが、なぜか、零戦と練戦ではプロペラのピッチレバーが逆になっていました。零戦はレバーを前に倒すとピッチが上がるんですが、練戦はそれが逆で、海軍兵学校六十八期出身の中島大八大尉が教官として練戦の後席に同乗したとき、零戦のつもりでレバーを操作して、墜《お》ちて機体がひっくり返ったのを見ました。中島大尉は無事でしたが……」

空戦や射撃の訓練も行われた。現代では、飛行機の小さな機体トラブルや事故でも大騒ぎになるが、当時は飛行機に事故はつきものである。殉職《じゅんしょく》事故も起きた。あるとき、小野さんが、練戦の吹き流しへの射撃訓練を地上から見上げていると、機体を引き起こすさいに突然、空中に白いものが浮くのが見えた。練戦が着陸すると、前席に人の姿がない。学生の操縦で吹き流しの曳的《えいてき》機にぶつかりそうになり、後席の教官が操縦桿をとって急機動で避けたが、その拍子に前席の学生が空に放り出されたのだ。練戦の前席には頭上を覆う風防がなく、白く見えたのはちぎれた落下傘だった。学生は海に墜ちたが、救命胴衣が浮かんでいたのみで、遺体は発見できなかったという。

「大村空で一緒になった同期の一人に、植村眞久少尉がいました。彼は築地の有名な料亭の跡取り息子で、立教大学サッカー部出身の、行き足のある（元気のいい）男でした。すでに結婚していて、奥さんが娘を抱いて面会に来たのを見たことがあります。植村少尉は大村空からフィリピンの二〇一空《ふたまるいち》に配属になり、関行男大尉らが最初に特攻で敵艦に突入した翌日、昭和十九年十月二十六日に特攻戦死しました。彼が娘の素子さんに宛てた手紙は、戦没飛行予備学生の遺稿集『雲ながるる果てに』の冒頭に掲載されているので、読まれた人も多いでしょう」

特攻志願の根底にあった「卑怯者と言われたくない」心情

大村空の十三期後期組の少尉たちは昭和十九（一九四四）年九月、実用機教程を終え、それぞれの任地に散っていった。植村少尉のように、いきなり最前線部隊に配属され、ほどなく戦死した者もいたが、小野さんが赴任したのは、現在の北朝鮮にある元山《げんざん》海軍航空隊だった。ここではじめて、肩書が「学生」から「分隊士」になる。

「ここでは九月二十四日から十二月二十八日まで、予備学生十四期の教官を務め、四名の学生の飛行訓練を受け持ちました。着任時の司令は藤原喜代間大佐、予備役応召の司令でした。飛行長は歴戦の周防元成少佐でしたが、髪はボサボサ、軍服はつんつるてんで、スマートな海軍にはめずらしいタイプだったですね。着任の挨拶に行ったら、周防少佐は『ご苦労さん、飲み過ぎるなよ』と、それだけでした。分隊長は宮武信夫中尉（のち大尉）で、元山に着いたときにいきなり、『ガンルーム（士官次室－中、少尉の居室）の洗礼式だ』と言ってゲンコツを喰らいましたが、それ以降は兄貴分として、ぼくの面倒をよく見てくれました」

十三期生が大学、専門学校から海軍を「志願」し、最初から士官に準じる扱いを受けたのに対し、十四期生は、学窓から徴兵で海軍に入り、最下級の二等水兵の身分からはじまって、試験に合格した者のみが予備学生になったという違いがある。小野さんが受け持った分隊の十四期の学生長（成績最優秀な者が就く）は、アメリカ生まれの日系二世、東京商科大学（現・一橋大学）出身の松藤大治学生だった。弟はアメリカ陸軍に入隊しているという。

「宮武分隊長からは、『彼が二世であることを絶対に誰にも言うな』と口止めされていましたが、操縦センスも統率力もある立派な男でした」

十月、フィリピンで特攻作戦が始まり、十一月に入ると、元山空でも特攻要員の募集が行われた。志願する者は、一人ずつ司令室に出頭せよという。

「やはりなんというか……〝死〟というものにものすごく恐怖を抱いていたし、死にたくはない。でも、卑怯者とは言われたくない。これより前、サイパンが陥ちたときに新聞は『関ヶ原』という書き方をしていて、戦局が重大局面なのも理解している。特攻について、人に話したりはしませんが、自分の身一つで四万トンの敵空母をやっつけられれば本望、という気持ちもあったし、いずれ行かなきゃならなくなるとは思っていました。

それで、藤原司令の公室に赴《おもむ》いて、口頭で志願を伝えました。司令には、『君がいなくなって家は大丈夫か』と訊かれましたが、そう言われるとかえって反発するもので、『大丈夫です。姉がいます』と答えました」

「卑怯者とは言われたくない」――これは、当時の若者の多くに共通する心情だった。「旗本の跡取り」として、安政生まれの祖母に厳しく躾けられて育った小野さんはなおのこと、その思いが強かったのかもしれない。

「十一月のある日、事故で殉職した十四期生のお通夜で飲んでいると、隣にいた宮武分隊長が、特攻をどう思うかと訊いてきたことがあります。ぼくが答えられずにいたら、『俺は不賛成。戦闘機は敵の飛行機を墜とすために飛ぶべきだ』と。その宮武分隊長も、翌昭和二十（一九四五）年四月六日、特攻隊の『第一七生《しちせい》隊』の指揮官として沖縄へ出撃、敵輸送船団に突入、戦死しました。日系二世の松藤少尉が特攻戦死したのも同じ日でした」

元山空から選抜された特攻隊は、朝鮮半島の名勝・金剛山《こんごう》にちなんで「金剛隊」と名づけられた。指揮官は、若いながらもすぐれた人格で部下たちから慕われていた金谷《かなや》眞一大尉。選ばれたのは三十数名で、半分の十六名が十三期。なかには母子家庭の者もいたという。小野さんは選に漏れた。十一月二十二日、料亭で士官の壮行会が催された。

「宴もたけなわの頃、同期の小林武雄少尉が藤田東湖の『正気《せいき》の歌』の詩を吟《ぎん》じ、剛直で鬼瓦《おにがわら》のようないかつい顔をした特務大尉の奥原整備長が泣きだす場面もありました。山下省治少尉が司令の前に正座して、『死に場所を与えてくださってありがとうございます。お流れを頂戴します』と挨拶し、ほかの者も次々と司令の前に集まった。藤原司令は両手に返杯の盃を持ち、ぼろぼろと涙をこぼしながら『犬死にだけはするんじゃないぞ』と返していました。いっぽうで、ベロベロに酔って廊下に出て、

『死ぬのは嫌だ！』と叫んだ者もいた。彼は、翌日になったらそのことを憶えていないと言ってましたが」

金剛隊は十一月二十三日、元山基地を出発、台湾で特攻に向けた訓練を受けたのち、フィリピン・ルソン島に進出。押し寄せる敵艦船に次々と体当たりしていった。

「このときは、特攻隊に選ばれるというのは、多分にエリート意識を満足させるものでもあったと思います。全員の心の内まではわかりませんが、ほんとうに心から喜んでいる、というかヒロイズムに酔ってるような十三期も、少なくとも三人はいましたね。そのうち一人はぼくと同室だった関西学院出身の永富雅夫少尉で、二人だけになったとき、『おい、俺が死ねば二階級特進で軍神永富大尉だぞ。貴様が少尉でぐずぐずしてる間にこっちは大尉だ』なんて気勢を上げていました。彼は、昭和二十（一九四五）年一月六日、ルソン島のリンガエン湾で特攻戦死したそうです」

再度特攻を志願するも出撃の機会がないまま終戦

小野さんは十二月末、元山空から、戦闘機の訓練部隊である茨城県の谷田部海軍航空隊に、零戦操縦の錬成員との名目で派遣され、そのまま谷田部空に編入された。

谷田部空で小野さんは、女子師範附属小学校で同級生だった内藤祐次少尉とバッタリ出会う。小野さんは市立一中から慶應予科、慶應大学、内藤少尉は東京府立五中(現・都立小石川中等教育学校)から旧制水戸高等学校を経て東京帝大と、異なる道に進んだが、ここで意外な再会を果たしたのだ。内藤少尉は水戸高校のとき一年落第し、そのため予備学生は一期遅れの十四期となっていた。

格納庫脇で偶然、飛行服姿の内藤少尉の姿を見かけた小野さんは、思わず、

「なんだ、お前!」

と叫んだという。

「なにしに来たんだ?」

と内藤少尉。

「俺は貴様の教官だぞ」

小野さんが言うと、内藤少尉は、ニヤッと笑い、

「威張《いば》るなよ」

と冗談めかして言った。

昭和二十(一九四五)年三月一日付で、谷田部空は新編の第十航空艦隊に編入さ

れ、教育部隊から実戦部隊に格上げされた。それに前後して、谷田部でも特攻隊員の募集が行われている。

「志願する者は、自分の氏名を書いたメモを隊長のところへ持ってこいと。書式の指定はありません。元山空のときと比べてなんだか事務的な感じがしました。このときも、名前を書いて提出したんですが……」

やがて十三期、十四期の総員が谷田部空の体育館に集められ、分隊長・城ノ下盛《じょうのしたもり》二《じ》大尉が特攻隊に選ばれた者の名前を読み上げた。小野さんは、このとき、隣に立っていた立教大学出身の同期生が、名前を呼ばれたとたん顔がこわばり、みるみるうちに目が真っ赤になったのを憶えている。小学校の同級生・内藤祐次少尉も選ばれた。

「このときもぼくは選ばれませんでした。谷田部空では特攻隊一隊と制空隊二隊が編成され、ぼくは制空隊に編入されたんです」

すでにフィリピンの戦いの帰趨《きすう》は決し、硫黄島もまさに陥落寸前、敵が次に来るのは沖縄で大方まちがいないものと思われた。三月十八日、米機動部隊の艦上機が大編隊で九州各地を空襲、十九日には呉軍港を襲っている。

そんななか、谷田部空では、まずは梅本五十文大尉を指揮官とする零戦十二機の第一次制空隊を、沖縄防衛の最前線拠点である鹿児島県の鹿屋《かのや》基地に向け発進させた。

小野さんのアルバムによると、三月二十日のことである。第一次に漏れた小野さんたち谷田部残留組は、「天誅隊《てんちゅう》」と称する制空隊として編成された。天誅隊の集合写真には、飛行隊長・日高盛康大尉以下、三十五名の搭乗員がカメラにおさまっている。

いっぽう、谷田部空で特攻指名された搭乗員は五十四名。「昭和隊」と名づけられ、沖縄戦の始まった四月上旬を皮切りに、次々と鹿屋基地に向け飛び立っていった。

「内藤が鹿屋に出る前の晩、各クラスで行われた壮行会が終わる頃を見計らって、彼の部屋に行きました。すると、一人で身の周りの整理をしていた内藤が、黙って丼をぼくに突き出した。受け取ると内藤がなみなみと酒を注ぎ、それをぼくが飲み干して返杯しました。死にゆく彼になにか声をかけようと思ったけど言葉にならないし、もはや言う必要もなかったですね。お互い気持ちは通じ合っていましたから……。またどこかで会えるんじゃないか、と笑って別れました」

六月一日、小野さんは中尉に進級。六月二十二日には沖縄が陥落し、谷田部空では本土決戦に備えてなおも訓練を続けていた。この頃、小野さんを含む搭乗員全員に特攻要員となることが下命された。

「そのときは、仕方がないと思っただけで、動揺はありませんでした」

と、小野さんは言う。

結局、敵の本土上陸は行われず、小野さんは出撃することなく終戦の日を迎えた。

「特攻以降の戦争は、勝つためというより、終戦の条件を少しでもよくするための戦いであったような気がします。それがあったからこそ、連合軍からポツダム宣言を出してきて、それを受諾する形で終戦が実現したのだと思います。

終戦の三日ぐらい前、朝日新聞に小さく、迫水久常《さこみずひさつね》書記官長談話として、ポツダム宣言受諾検討という記事が載った。それを見た早稲田大学出身の同期生が、こんな記事が載ってる、でもほかのやつに見せたら殴られるかもしれんぞ、と言って教えてくれたんです。

八月十五日、玉音放送を聴いたときは、あの記事が現実になったなと。正直、命が助かったと思うと同時に、戦死した特攻隊員にすまないという気持ちが強かった。内藤も指名されてますからね……」

だが、戦争が終わることが全国民に伝えられてもなお、陸海軍の一部には徹底抗戦、戦争継続を主張する勢力があった。

海軍で、もっとも強硬に抗戦を主張し、それを行動に移したのは、厚木基地に本拠を置く第三〇二海軍航空隊である。

玉音放送が終わるやいなや、三〇二空司令・小園安名《こぞのやすな》大佐は、準備していた檄文《げきぶん》を、全航空部隊に向け無線で発信させた。次に国民向けにも抗戦を呼びかける大量のビラを用意し、十六日から十八日にかけ、飛行機を飛ばせて、北は北海道の函館から、南は九州の福岡、長崎までの日本各地に撒《ま》く。その上、陸海軍のおもだった航空部隊には直接、飛行機を差し向けて、決起への参加を呼びかけた。

「谷田部にも、三〇二空から予備学生十三期出身の中尉が二～三人来て、徹底抗戦のアジ演説をしました。そのとき、飛行長・下川有恒中佐が、谷田部空のガンルーム士官を全員集めて、思う存分言いたいことを言え、と、三〇二空の使者を囲んでディスカッションをさせたんです」

このときの三〇二空の使者が誰であったか、小野さんの記憶にはない。だが、この場にいた同じく予備学生十三期の木名瀬信也さんによると、一人は戦後、社会党所属で第二代武蔵野市長となった後藤喜八郎中尉だったという。小野さんは、米国通で、のちに女子大の英語教師となる木名瀬さんが、厚木の使者が叫ぶ抗戦の主張を、堂々と完膚《かんぷ》なきまでに論破したことは憶えている。

ほどなく部隊は解散し、小野さんは、海軍の退職金を受け取り、軍服姿のまま、東京都内で焼けずに残っていた姉の家に復員。そこへ、思わぬ来訪者が現れた。

「内藤が、戦後すぐに訪ねてきてくれたんです。草色の第三種軍装のままの姿でした。鹿屋へ送り出してからは消息不明で、死んだとばかり思っていましたから、このときはほんとうに嬉しかった」

内藤さんは、宮崎県の富高《とみたか》基地で特攻訓練を受けたのち、鹿屋基地に進出するが、特攻待機中に沖縄戦が終わり、出撃の機会がないまま終戦を迎えた。戦後、父・内藤豊次氏が興した製薬大手・エーザイ株式会社の社長、会長をつとめ、実業界で名を馳《は》せることになる。小野さんと内藤さんの友情は、平成十七（二〇〇五）年、内藤さんが亡くなるまで続いた。

「就職していた石川島航空工業に行ってみたら、マッカーサーの指令で航空機製造が禁じられたから解散するという。解散式に出て、なにがしかの退職金をもらって退社しました。退職金は、海軍とあわせて約四千円、これは当時、土地百坪、建物四十坪の一軒家が買えたほどの大きな額です。これは満更じゃないな、と思っていたらひどいインフレで、半年ほどで底をついてしまいました」

太平洋戦争の第一線で戦ったのは、「武士の孫」の世代だった

　海軍からも石川島航空工業からも放り出された小野さんは、こんどは凸版印刷株式会社に就職、ここで約十年の会社員生活を送ったのち、昭和三十一（一九五六）年十一月、海上自衛隊に入隊した。

「印刷の仕事にはあまり馴染めなかったのと、やはり機械が好きで、そういうものに携わることがしたかった。もう一度、空を飛びたいという気持ちもありましたね。それで、海上自衛隊のパイロット要員の募集があると知って受験したんです。

　江田島（広島県）で幹部講習を三ヵ月、それから奈良の航空自衛隊幹部候補生学校で英語を習い、山口県の防府《ほうふ》飛行場でビーチクラフトT－34メンター練習機の訓練を三ヵ月、鹿児島県の鹿屋基地でSNJ（ノースアメリカンT－6練習機の海軍型）を三ヵ月、そして実用機のロッキードPV－2（双発の対潜哨戒《しょうかい》機）とP2Vを三ヵ月、合わせて九ヵ月の操縦訓練を受けました」

　この時期、海上自衛隊のパイロットの多くは旧海軍の飛行機搭乗員である。小野さんは、SNJの操縦訓練で、ラバウルで活躍した大原亮治さんと同乗したことがあ

る。

「ほかの人の操縦と、飛行機の動きが全然違うのに驚きました。完全に飛行機が体の一部になっている。この人は天才だ、と思いました」

ところが、せっかくパイロットの資格を取得した小野さんの前に、思わぬ障害が立ちはだかっていた。

大正十（一九二一）年、早生まれの予備士官であった小野さんは、海軍兵学校六十九期出身の元大尉と同期相当の扱いとなるが、このクラスはすでに隊長ポストに就いていて、少し遅れて入隊した小野さんがP2Vの実施部隊に配属されるときには、行くべき配置がすでにふさがっていたのである。海上自衛隊がまだ発足後間もない頃で、小野さんが操縦訓練を終えた昭和三十二（一九五七）年現在、対潜哨戒機の主力となるべきP2Vは十機しかない。

「それで教育航空隊の地上勤務になってしまいました。パイロットの資格を維持するために、その後も年間百時間は飛んでいましたが……」

昭和四十五（一九七〇）年、四十九歳のとき、小野さんは二等海佐で海上自衛隊を退官、全日空に再就職した。これは、当時、海上自衛隊羽田連絡所長をつとめていた大原亮治さんの紹介によるものだったという。

「ちょうどその頃、全日空がジェット機の教官を必要としていたんです。入社してからアメリカ・カリフォルニアでパイロットの教育を請け負っていたPSAという航空会社に留学して訓練を受け、帰国するとボーイング737のフライトシミュレーター教官になり、ここで昭和五十七（一九八二）年まで勤めました」

私が小野さんと初めて会ったのは、平成九（一九九七）年秋のこと。すでに零戦搭乗員の取材を通じて知遇を得ていた木名瀬信也・元大尉に、

「伊藤忠本社で、気のおけない海軍の仲間が毎月集まってネイビー会をやっているから、よかったら来てみないか」

と誘われたことがきっかけだった。

毎月第三木曜日、夕方五時から七時まで。青山の伊藤忠本社の地下レストランの一角を借りきって、十名前後が集う。伊藤忠で専務取締役をつとめた水木泰中尉を座長に、予備学生十三期は小野さん、終戦時、小野さんと同じ谷田部空にいた木名瀬さん、局地戦闘機「紫電《しでん》」搭乗員だった内田稔中尉、一式陸攻の搭乗員だった一宮栄一郎中尉、予備学生十四期は小野さんの親友・内藤祐次中尉、練習機「白菊《しらぎく》」特攻隊員だった野田新太郎中尉、特攻筑波隊の零戦搭乗員だった柳井和臣《よしおみ》中尉、ほかに海軍兵

学校七十一期出身の零戦搭乗員で、九州、沖縄の航空戦で活躍、戦後は伊藤忠に入った第三五二海軍航空隊分隊長・植松眞衛《まもる》大尉、昭和十八年度の慶應大学ボート部主将で、人間魚雷「回天《かいてん》」特攻隊の潜水艦軍医長をつとめた梶原貞信軍医大尉らがレギュラーメンバーだった。

それぞれ、海軍での配置も戦後の仕事も異なるけれど、ここに集うときは、昔、同じ海軍の空気を吸った者同士、完全に対等である。

話題は、時事問題や昔の他愛もない思い出話が主で、戦争の話はあまりしない。ときに戦争や海軍の話題が出るときは、私に聞かせようと意識しているのが伝わってきたものだった。

小野さんはいつも静かで物腰やわらかく、たいていはグラスを傾けながら聞き役に回っていた。それでも、終戦時、谷田部空に飛来した厚木の三〇二空からの抗戦呼びかけの使者を木名瀬さんが論破したときの話が出たりすると、

「あのときの木名瀬はカッコよかったよ」

などと、ポツリと言う。口数は少ないが、一言、一言が印象的で、小野さんが他人のことを悪く言うのはついぞ聞いたことはなかった。

エーザイ会長の内藤さんは、いつも運転手つきのトヨタ・センチュリーで現れる

が、

「毎月、この会だけが楽しみで、女房にお小遣いを二千円もらって来るんだよ」

と言う。この会では、社内のレストランだけに、どれほど飲んで食っても一人二千円を超えることはなかった。会計は十円単位で割り勘にし、たまに数十円の端数が出ると、

「若いあなたの将来に託して、奨学金にしよう」

と、私の会費をそのぶん、安くしてくれる。きっかり二時間で、名残を惜しむでもなく、そのあと場所を変えて飲み直すでもなく、再会を約してサッパリと解散する。とても気持ちのよい集まりだった。

小野さんは、徳川幕府のフランス語通訳だった祖父への思いからか、八十歳を過ぎてフランス語講座に通ったり、体調維持のため、美人インストラクターのいる水泳教室に通ったり、マイペースで人生を楽しんでいる趣があった。文京区本郷の東大近くにある内藤さんのオフィスにもよく遊びに行っていた。私もここに同行し、料理が得意な内藤さんが作るすき焼きをご馳走になったことがある。清潔なフロアの一角にガラス張りの内藤さんの執務室があり、パソコンのスクリーンセーバーは、小さな零戦

が左右に飛び回る特注品だった。

平成十六（二〇〇四）年に公開された東陽一《ひがしよういち》監督の映画『風音《ふうおん》』では、劇中で戦死する特攻隊員と脚本上、経歴がピッタリと重なる内藤さんと小野さんが、私をともなって撮影所に出向き、俳優の衣裳や挙措動作を指導したりもした。

内藤さんは平成十七（二〇〇五）年、八十五歳で亡くなったが、小野さんとは、小学校から、ブランクを経て海軍での再会、谷田部空での別れ、そして互いに奇跡的に生き残っての戦後の再会……。まさに「竹馬の友」とよべる、七十余年におよぶ友情だった。

伊藤忠のネイビー会も、やがて一人欠け、二人欠け、平成十九（二〇〇七）年には座長の水木さんが亡くなり、その後は伊藤忠で水木さんの部下だった元副社長・三田宏也さんが主宰者を引き継いだ。三田さんは昭和八（一九三三）年生まれ、航空機関係の仕事が長く、政府専用機のボーイング７４７の受注に成功した実績をもつが、軍歴はもちろんない。参加者も、元海軍ばかりでなく、歴史を研究する大学教授とその学生、零戦搭乗員の慰霊行事を引き継ぐ「ＮＰＯ法人零戦の会」の戦後世代にまで広がったが、平成二十四（二〇一二）年、小野さんが施設に入居し、木名瀬さんが体調をくずし、最後まで残った柳井さんが広島へ転居し、元海軍の当事者が参加できなくなったことで事実上、幕を閉じた。

現在、九十七歳になった小野さんは、酒も飲めば煙草も喫《の》む。どちらも学生時代以来、八十年近い付き合いである。煙草はショートホープ。いつだったか、小野さんからの年賀状に〈友を選ばば酒飲みて……〉とあって、下戸の私は申し訳ない気がしたものだが、いまも小野さんの人柄を慕う若い世代が、小野さん好物の純米酒を手土産に施設を訪ねたり、ときに小野さんが行きつけだった居酒屋に連れだしたりしている。

「人の運命は、誰が決めるのか知らないけれど、従わざるを得ない。自分の死後のことなんかわかりっこないし、深く考えずに呑気《のんき》に、リラックスして毎日過ごすのがいちばんと思います。

いまの世のなかを見ていて感じるのは、よく『改革』とか『革命』という言葉を聞くけど、これは政治の問題で、生活とは離れてるんじゃないか、ということです。掛け声は勇ましいが、人間の力には限りがある。革命によって社会がよくなったり、豊かになることはありません。

いちばん利口なのは、革命じゃなく、自然に政体を変えていくことなんじゃないか。憲法改正などの問題でも、議論を盛り上げて変えるのではなく、人間の感覚として自然に変わっていくのを待つのがいいんじゃないか。逆に言えば、いま議論したって最善の結論は出てこないと思うんですよ」

「革命で社会が豊かになることはない」――おそらく小野さん自身は意識していないだろうが、徳川幕府の「直参の跡取り」の言葉として受け止めれば、ズシリと重い実感がある。太平洋戦争の第一線で戦ったのは、まぎれもなく、江戸時代の道徳律を幼い頃に身につけた「武士の孫」の世代だったのだ。

飛行機に携わり続け、パイロットの養成、訓練につとめた人生。回想の締めくくりとして、小野さんの空への思いを訊いてみた。ところが――。

「ぼくはいまでも、飛行機より電車の方が好きです。だって、路面電車だけ見ても、東京、大阪、仙台、みんな違う。バリエーションが広くて面白いじゃないですか」

――まさに「三つ子の魂百まで」なのである。

小野清紀（おの・きよみち）

大正十（一九二一）年、東京生まれ。旧制第一東京市立中学校三年生だった昭和十一（一九三六）年、二・二六事件に遭遇。慶應義塾大学法学部を繰り上げ卒業後、昭和十八（一九四三）年十月、第十三期飛行専修予備学生として三重海軍航空隊に入隊。昭和十九（一九四四）年九月、飛行学生教程を卒業、元山海軍航空隊教官となる。その後、谷田部海軍航空隊に転じ、特攻を志願するも制空隊（天誅隊）に配属され、本土決戦に備えて訓練にあたりつつ終戦を迎えた。海軍中尉。戦後は凸版印刷勤務を経て昭和三十一（一九五六）年、海上自衛隊に入り、ふたたび飛行機の操縦桿を握った。昭和四十五（一九七〇）年、二等海佐で退官後は全日空に入社、昭和五十七（一九八二）年に退職するまで、ボーイング737のフライトシミュレーター教官を務めた。

昭和19年、練習機の訓練を受けた第二美保空の同期生たちと。2列め左から2人めが小野さん、右隣は水木泰さん

昭和19年夏、零戦の訓練を受けた大村空時代、長崎の写真館で撮影した一枚

昭和20年、谷田部基地にて

昭和20年、谷田部基地にて

昭和20年2月、谷田部基地で模型を手に空戦の研究中の小野さん

昭和20年4月、桜が満開の谷田部基地で

谷田部基地の無電塔にて。左が小野さん

零戦五二型丙に搭乗する小野さん

谷田部空の制空隊「天誅隊」。前列中央、飛行隊長・日高盛康大尉、後列右から３人めが小野さん。昭和20年4月頃

昭和20年夏、小野さんと零戦

昭和20年7月20日、谷田部基地にて。第三種軍装姿の小野さん

第五章

青《あお》木《き》輿《あとう》

日本初の編隊アクロバット飛行チーム「源田サーカス」の名パイロット

昭和2年11月、京城飛行の離陸前

揺籃《ようらん》期の海軍航空隊でずば抜けた操縦適性を見せる

平成二十六（二〇一四）年十一月三日、私はふと思い立って、航空自衛隊入間《いるま》基地航空祭の呼び物であるブルーインパルスの展示飛行を見に行った。といっても、基地内は大勢の観衆に埋め尽くされるのはいつものことだから、人に教わって、穴場ともいえる滑走路進入路直下の茶畑から空を見上げたのである。

青空に白いスモークを引いて、六機のT－4練習機が一糸乱れず、かつ縦横無尽に飛ぶ。ときには超低空から急上昇、ときには宙返り、ときには空に大きな輪を描き、華麗な特殊飛行を繰り広げる。腹に響く爆音。あちこちから、拍手と歓声が上がる。――その光景を見ながら、私はいつしか、頭上を飛ぶ飛行機の姿に、十九年前に会った一人の元パイロットの面影を重ねていた。

青木與さん。

日本初の編隊アクロバット飛行チームといわれる「源田サーカス」の一員として名を馳《は》せながら、昭和十（一九三五）年に海軍を退役、「伝説の天才パイロット」としてその名を語り継がれてきた戦闘機乗りで、いわばブルーインパルスの元祖である。

海軍戦闘機隊のことを筋道立てて知るには、戦前の古いパイロットの話も聞くようにと、零戦《ぜろせん》搭乗員会代表世話人・志賀淑雄《しがよしお》さんの紹介を得て、横浜市戸塚区に青木さんを訪ねたのは平成八（一九九六）年三月のことだった。

青木さんはそのとき八十七歳。三ヵ月前に転倒した影響で足が不自由になっていたが、おだやかな風貌のなかにやんちゃ坊主の面影を残した、さっぱりとした気性の人だった。

「私のは古い話ばかりで……それに、好き勝手に生きてきたから、生まれてこのかた、世の中に貢献したことは一度もありません。そんな話が、どれほど役に立ちますか」

青木さんは明治四十一（一九〇八）年十月二十一日、長崎郊外の小榊《こさかき》村小瀬戸《こせど》郷（現在の長崎市小瀬戸町）に、村長の次男として生まれた。

「私があんまり学校に行きたがるものだから、父が戸籍をごまかして、一年早く小学校に上がりました」

子供の頃は、近隣でも知られたガキ大将で、名門・長崎中学校の入学試験の口頭試問のときも、試験官の先生に、

「なるほど、悪そうな顔しとるのぉ」

と言われたという。その長崎中学を、本人によれば「いたずらが過ぎて」四年の途中で退校させられ、当時、他家に養子に行き海軍士官になっていた兄の世話で東京に出、早稲田高等学院で四年生を修了した。

大正十四（一九二五）年、海軍兵学校（五十七期）を受験したが、その試験中に兄が、「航空兵になる気はないか」と勧めてきた。これは一般の募集ではなく、近く導入予定の「少年航空兵」（のちの海軍予科練習生―予科練）のテストケースとして、いわばモルモットとしての入隊である。まだ海軍航空隊の揺籃期、飛行機乗りなどというのはまともな人間のなるものではない、と思われていた時代だった。

だが、小さい頃から、スピードの速い乗り物に憧れを抱き、新しもの好きで人と同じことをするのが嫌いだった青木さんは、「士官にならなくても、飛行機に乗れるのなら」と、海兵の受験を途中で放棄して、その話に飛びつく。

「父も村長を辞めたあと、海外より蜜蜂を輸入して、日本で最初の養蜂業を営んでいました。私の新しもの好きは、父の影響かもしれません」

と、青木さんは言う。

大正十五（一九二六）年一月、霞ケ浦《かすみがうら》海軍航空隊に三等水兵として入隊。このときはまだ、「航空兵」の種別はない。当時、海軍の兵は必ず、本籍地に応じて横須賀、呉、佐世保いずれかの海兵団に入団し、四等兵（水兵、機関兵、主計兵など）として基礎教育を受けたのち、三等兵となって実施部隊に出ることになっていたが、青木さんは四等兵を経験していない。いわば裏口入隊で、海軍としては例外中の例外と言える措置《そち》であった。

「海軍に入って最初にやらされたのは、密閉した部屋に入れられ、徐々に気圧を下げて、高高度における視力や血圧の変化を見るという人体実験でした。はじめはおもしろがってやっていましたが、やがて飽きてきて、もう嫌だと駄々をこねたら、軍医が『上野精養軒でビフテキを食わせてやるから』と言うので仕方なく続けました」

ほどなく、飛行術練習生（のち、操縦練習生と改称）九期生として飛行訓練に入る。教官が同乗してはじめて空を飛んだとき、青木さんは、「こりゃ、おもしろい」と思ったという。

いざ訓練を始めてみると、青木さんはずば抜けた操縦適性で、同期生のトップを切って単独飛行を許され、その呑み込みの早さは教官も感嘆するほどだった。だが、操縦以外の勉強はまったくせず、自習室に禁じられた菓子を持ち込んで、それが見つかって叱《しか》られたりしたことが災いしてか、卒業成績は十九名中二番であった。

「練習生を終えて、大村海軍航空隊に転勤を命ぜられ、ここではじめて一〇式艦上戦闘機に乗りました。イギリスのソッピース社から招聘《しょうへい》したハーバート・スミス技師が設計した木製骨組みに羽布《はふ》張りの複葉単座機で、動力にはイスパノ・スイザ製エンジンを三菱で国産化した、『ヒ式三〇〇馬力発動機』を搭載、最大速度は百十六ノット（約二百十五キロ）ほどだったでしょうか。原始的な飛行機でしたが、当時はそれが最新鋭機ですから、毎日毎日、喜んで乗っていました。

ほかの人には怒られるかもしれんが、私は飛行機をお仕事だと思って乗ったことは一度もなかった。スポーツのように、いつも楽しんでやっていました。空を飛ぶのがおもしろくて仕方なかったんです」

この頃はまだ、訓練方法も確立されていない。機銃の射撃訓練ひとつとっても、パラシュートの先にゴムボールをつけて降下させ、それを的にして撃ってみたり、なにごとも試行錯誤の連続であった。

「みんなで知恵を出し合いながらの訓練は、楽しいものでした」

と、青木さんは言う。

ただし、昭和初年、飛行機はまだ、本質的に危険な乗り物である。青木さんも、危うく命を落としかけたことが二度ある。

大村空では、毎年秋になると、その年の訓練の総仕上げとして、一三式艦上攻撃機隊は大連《だいれん》、一〇式艦上戦闘機隊は京城《けいじょう》へ往復飛行を行うことが恒例となっていた。戦闘機の航続時間が二時間半ほどの当時としては、大飛行と言っていい。往路と復路で搭乗員を交代させ、艦攻は京城で、戦闘機は京城までのほぼ中間地点となる大邱《テグ》にあった陸軍練兵場で燃料補給をすることになっていた。

昭和二（一九二七）年十一月九日の京城飛行で、青木さんは京城から大村への復路を、当時大村空戦闘機分隊長だった小園安名《こぞのやすな》中尉と二機で飛ぶことになっていた。

正午、京城を離陸した二機は、途中、何ごともなく約二時間の飛行で大邱に着陸。燃料を補給して整備員がエンジンをかけようとすると、青木機のエンジンがどうしてもかからない。気温が低いのでエンジンが冷えすぎたかと、冷却水を抜いて熱湯を入れることを繰り返すが、やはりかからない。ところが、青木さんが整備員に代わってエンジンをかけると、一発で始動した。

「急いで地上での試運転を済ませ、一番機の小園中尉機にＯＫの合図を送り、見送りの人に手を上げて挨拶して、離陸しました。秋の日は釣瓶《つるべ》落とし、少しでも遅れを取り戻そうと急上昇したら、高度百メートル付近でエンジンが止まり、失速状態で墜落したんです。ああいうときは、いままでのいろんな出来事が一瞬のうちに頭のなかを駆け巡りますね。

地面に叩《たた》きつけられると思う刹那《せつな》、最後の抵抗のつもりで操縦桿《かん》を引きましたが、それがよかったのか、気がつけば一面に土ぼこりが立っていて、機体は操縦席のあたりで二つに折れていましたが、命だけは助かりました。左足首の複雑骨折と上顎《あご》が前歯二本とともに骨折。命にかかわるような怪我ではありませんでしたが、顔が腫《は》れ上がっているのでてっきり死んだと思われて、最初は死体安置所に運ばれたようです」

やはりこの頃、軍艦の進水式の祝賀飛行でスタントを披露していたところ、スピン（錐《きり》もみ）に入れたら止まらなくなり、海面すれすれでようやく引き起こしたことがあった。このときは、事情を知らない見物客は大喜びだったという。

「これも危なかったんですが、喜んでもらえたなら、まあよかった。私が飛行機で死ぬかと思ったのはこの二回です」

皇族に目をかけられ、将官とゴルフに興じた下士官

不時着の傷も癒え、大邱から戻った昭和三（一九二八）年三月二十四日、青木さんはひさびさに許された上陸（外出）で、前の晩から大村の町に出て羽を伸ばしていた。たまたまこの日、長崎の三菱造船所で巡洋艦「羽黒《はぐろ》」の進水式に臨席する伏見宮《ふしみのみや》博恭王《ひろやすおう》が、航空隊に立ち寄ることになっていた。

朝の集合時間に遅れそうになった青木さんは、宿から自動車を飛ばして帰隊する。ところが、航空隊正門の番兵は、土煙を上げて近づく自動車を認め、勘違いして、「殿下がお見えになりました」

と、大声で当直将校に報告した。司令以下、隊員総員が大急ぎで出てきて、正門から庁舎玄関まで、通路をはさんで左右に整列、お迎えの準備をとった。

「何も知らずに車から降りて、この状況を見て驚きました。どこを通ろうか迷いましたが、列の後ろをコソコソ通るような卑屈な態度ではご先祖様に申し訳ない。思い切って、列の真ん中を通る決心をしました。居並ぶ人が全部上官、その真ん中を敬礼を続けながら、自分では正々堂々のつもりで玄関まで歩きました。中村司令、露木副長

が、苦虫を嚙《か》み潰《つぶ》したような顔をしているのがわかりました」

一時間後、殿下が来隊され、そのときは青木さんもお迎えの列に並んだ。殿下は午前中飛行作業を見学され、機嫌よく帰っていかれた。

その直後、青木さんは副長室に呼び出される。部屋に入るなり雷が落ちた。

「なんという考えのない行動、なんたる醜態、から始まって延々一時間。私は直立不動の姿勢をとらされたままで、だんだん、自分がまっすぐ立っているのか斜めになっているのかもわからなくなってしまいました。おまけに上陸禁止まで言い渡されました。不公平なのは、時間に遅れて帰ったやつもいたし、私の前後に帰ってきた連中もいたのに、彼らは列の後ろを通ったりして、どさくさにまぎれてお咎《とが》めなしだったことです。彼らの運がいいのか、私の要領が悪いのか……」

夜半、大村基地の沖合にあった箕島《みのしま》(現・長崎空港)のスイカ畑にボートを漕《こ》いで忍び込み、大きなスイカを二十玉あまり盗み出してきたり、木村軍治中尉(昭和十九〔一九四四〕年十月、六五三空司令(中佐)として比島沖海戦で戦死)と一緒に無断外出、海軍では禁じられている麻雀をやっていたのがばれて、またも露木副長に叱責《しっせき》を受け、

「お前が悪いことの現場にいなかったことがあるか!」

と怒られたり、青木さんはおおよそ兵隊らしい兵隊ではなかった。

昭和四（一九二九）年一月、航空母艦「鳳翔《ほうしょう》」乗組。「鳳翔」は世界初の正規空母として知られるが、基準排水量七千四百七十トンの小さな艦である。

「はじめて着艦するとき、うわーっ、こんな狭いところに着艦できるのかな、と思いましたが、母艦も風に向かって走っているから、やってみると意外に楽でしたね」

さらに同年十一月より一年間、空母「加賀《かが》」に乗り組み、腕を磨く。「加賀」は「鳳翔」よりはるかに大きく、基準排水量二万六千九百トンの巨艦だったが、当時はまだ竣工当時の姿のままで、実験的に採用された三段式の飛行甲板のため有効な甲板面積が小さく、かえって着艦がむずかしかった。

「同じような大きさでも、『赤城《あかぎ》』は飛行甲板が後ろ下がりになっていて着艦が楽でしたが、『加賀』は真っ平らで、それで着艦できなくて陸上基地に帰された者が大勢いました。のちに近代化改造で、一段式の大きな飛行甲板になりましたが、最初はどんな形の飛行甲板がいいのかも試行錯誤だったんです」

「加賀」では、「追風着艦」の実験をやった。通常、空母からの発着艦は、合成風力を利用して飛行機の浮力をつけるため、艦を風上に向け走らせた状態で行われる。ところがこれでは、想定外の強風が吹いたときなど、危険で発着艦ができない。

ある日、九州南方を航行中、風速三十メートルの強風に見舞われたことがあった。そこで風上に向かって航行すると、合成風力がつきすぎて、発着艦はおろか飛行甲板に飛行機を繋止《けいし》することさえむずかしい。この強風を追風に利用して、合成風力を二十メートルに減らしたら、飛行機は逆に、艦首から艦尾方向に発着艦が可能になるのではないか。もし可能なら、作戦行動の幅が広がるだろう――これは、戦闘機分隊長・岡村基春大尉の発案だった。

こんな実験が大好きな青木さんは、自ら志願して、岡村大尉、もう一人の分隊長・中野忠次郎大尉とともに、この実験に参加した。

「このときの飛行機は三式艦戦です。三人で二回ずつ発着艦を試みて、全部成功しました。いつもと逆方向というのはちょっと緊張しましたが、危険な感じはしませんでした。岡村大尉は、世界で初めての実験だと自画自賛していましたが、あとで役に立ったということはなかったですね」

同じ頃、天皇統監のもと四国沖で行われた聯合《れんごう》艦隊の大演習で、青木さんが護衛した「加賀」の一三式艦上攻撃機が、標的艦と天皇の御召艦を誤認して、菊の御紋の天皇旗のはためく御召艦に演習用魚雷を命中させ、指揮官・新田慎一大尉が謹慎処分になったこともある。海軍航空は、いまだ揺籃期の実験的段階を脱していなかった。

昭和五（一九三〇）年十一月、「加賀」を降りて大村空に戻っていた青木さんは、翌昭和六（一九三一）年二月、前回の大村空勤務のときに分隊長だった小林淑人大尉に引き抜かれて、海軍航空隊の総本山ともいえる横須賀海軍航空隊（横空）に転勤した。

小林大尉は昭和四（一九二九）年から五年にかけてイギリスに留学し、ヨーロッパの航空技術を視察、研究して横空に帰任したばかりで、欧米で広く行われつつあった編隊アクロバット飛行チームを編成しようと、自らの三番機として青木さんに白羽の矢を立てたのだ。当時の青木さんの飛行時間は八百時間。すでに一人前のパイロットであった。二番機は、やはり天才的な技倆《ぎりょう》の持ち主といわれていた間瀬平一郎一等航空兵曹である。そしてこれが、青木さんにとって大きな転機となった。

小林大尉は、イギリスで飛行機を操縦中、はげしい空中火災に見舞われたが、飛行していたのが市街地上空であったため、燃える乗機を必死に郊外まで操縦し、下に民家がないのを確認してから落下傘降下、そのことがイギリスの新聞でも美談として大きく報じられ、「武人の鑑《かがみ》」とたたえられた人である。

「大村空勤務の頃、佐世保からランチ（舟艇）が着いて、総員荷揚げ作業を命じられ、私はそれを知りながらサボって宿舎で寝ていたことがありました。そしたら小林大尉に見つかって、その場でビンタを張られました。あの人は左利きだから、右のほっぺが腫れ上がりましたよ。次の日、飛行場に出ると、小林大尉に『お前は立ってれ』と、指揮所の前に立たされた。すると、事情を知らない司令に用事を言いつけられて。大尉より大佐の司令の命令のほうが上だからと、用事を済ませてからまた元に戻って立っていたら、小林大尉が笑いながら走ってきて、『もういいよ。お前も意外にまじめなところがあるなあ』、そういうこともありました」

横空に転勤早々、イギリスからチャッペル少佐、ウィンゲート大尉の二人を教官に招いて、空中戦闘の講習が行われた。講習が終わると、さっそく三機編隊でのスタントの訓練が始まった。

「使用機は、ここでも三式艦戦。スタントといってもループ（宙返り）が主で、垂直旋回、低空での急降下、そのまま三つ巴《どもえ》になってエンジンをいっぱいに吹かして、スパイラルダイブ（錐もみ降下）で地上を驚かすぐらいのものでしたが、観兵式での公開飛行にはじまって、エチオピア大使や満州国高官など、要人の来隊時には必ずこれを披露しました。示威の目的も多少はあったのでしょう。

はじめは、機体の間は三機長ぐらいでしたが、それでは急な機動についていけないので、だんだん間隔を狭めて、結局、一〜一・五メートルに落ち着きました。一番機の顔色を見ながら、これがもっとも動きやすく、危険の少ない距離感でした」

昭和七（一九三二）年十一月、霞ケ浦海軍航空隊から源田實大尉が横空に着任。十二月、小林大尉は空母「加賀」分隊長として転出し、編隊スタントの一番機は源田大尉に交代する。

同じ頃、使用機種も新鋭の九〇式艦上戦闘機にかわった。また、大村空から横空に着任した岡村基春大尉が、二番機・伊藤（のち望月）勇二空曹、三番機・新井友吉三空曹の編隊スタントチームをつくる。そしてこの時期から、編隊スタント飛行に「サーカス」の愛称がつけられ、それぞれ「源田サーカス」、「岡村サーカス」と呼ばれるようになった。

「小林さんも源田さんも岡村さんも、少し遅れて結成された『野村サーカス』の野村了介さんも、『サーカス』の一番機はいずれも申し分ない技倆の持ち主でした」

と、青木さんは言う。

源田大尉は、その個性の強さと、後年、航空参謀としてのミッドウェー海戦をはじめとする数々の失敗もあり、毀誉褒貶《きよほうへん》はあるが、一人のパイロットとして見た場合、その技倆は余人を唸《うな》らせるだけのものはあったという。大戦末期、新鋭機「紫電改《しでんかい》」で編成した第三四三海軍航空隊司令となって敗勢のなか敵に一矢を報い、また戦後は航空幕僚長を経て参議院議員を長くつとめたことは、広く知られるとおりである。

二番機を務めた間瀬平一郎一空曹も、海軍屈指の名パイロットとして知られ、その技倆は神業の域に達していたと言われる。

「間瀬さんは生真面目で、ふざけるのが好きな私とは、ほんとうはあまり合わなかった。空戦訓練のときも、こちらから避けられる態勢にしておかないと、空中衝突しそうになっても自分から避けてくれることは絶対にありませんでした。間瀬さんはその後、空曹長になって、昭和十二（一九三七）年十一月十五日、杭州《こうしゅう》湾敵前上陸作戦のため、偵察飛行に出たまま還《かえ》らず、戦死と認定されましたが、一刻《いっこく》すぎて実戦に向かなかったのかもしれません」

ともあれ、源田、間瀬、青木の個性豊かな三人の名手による「源田サーカス」は、当時「サイレントネイビー」と呼ばれ、積極的な広報活動の手段をもたなかった海軍の、唯一にして効果絶大な宣伝手段となった。

折しも、民間からの拠金で陸海軍に献納することが奨励され（献納機を陸軍は「愛国号」、海軍は「報国号」と呼んだ）、海軍に献納された報国号の命名式で編隊スタント飛行を披露する機会も増えていった。さまざまな式典、賓客の歓迎飛行など、どこへでも出かけていって華を添える。表舞台のショーだけでなく、各種戦技の研究、実験飛行も大切な任務であった。

青木さんの航空記録に記載されている「実施事項」の項目を見ると、空戦、爆撃、無線電話実験、写真撮影、高高度気象観測、黎明《れいめい》飛行、特殊飛行など、さまざまな目的で、ときに一日数回にわたって飛行しているのがわかる。

なかでも爆撃実験は、九〇戦のほか、輸入したブルドッグ、ニムロッド、ボーイング、コルセアなど外国機まで使って、もっとも命中率の高い爆撃法を探った。

「はじめは垂直降下しての爆撃を試みましたが、これは垂直降下そのものがむずかしく、命中率も悪いことがわかって徐々に角度を浅くしていき、結局、六十度の急降下爆撃がもっとも有効であることがわかりました。これは、新たに生まれる急降下爆撃機開発の、重要な資料になりました。

毎日、忙しくやってましたが、ある日、垂直爆撃の訓練で一キロの模擬爆弾をもって飛行中、伊豆沖で鯨を見つけ、源田大尉を先頭に爆撃したけど当たらなかったとか、会議室のテーブルの下で寝込んでいたら会議が始まってしまい、出るに出られなくなったとか、いろいろあって楽しかったですよ」

当時、海軍大尉だった高松宮宣仁親王《たかまつのみやのぶひと》に目をかけられるようになったのも、この頃のことである。報国号命名式には高松宮が海軍を代表して出席し、宣伝に一役買うことが多かった。そのため、地方に赴《おもむ》くこともある。

「命名式で、高松宮殿下と同じ宿に泊まったこともありました。宮様用の厠《かわや》を見せてもらったら、畳敷きの真ん中に穴が開いていて、下には砂が敷いてある。よくこんなところで用が足せるな、と感心しました。

翌朝、コンコーンと誰かがノックするので出てみたら殿下が立っておられて、『おはよう！　今日はいい天気だ。飛行日和だねえ』なんて言われて、感激しました。なにを気に入られたのか、それからも殿下には目をかけていただきましたね」

横須賀鎮守府の将官たちや航空廠長《しよう》からも気に入られ、自動車免許をとらされて伊豆・川奈にゴルフのお供としてついていくこともあった。

「お前もやってみろ、と言われて、ゴルフをやるようになりました。メンバーは中将が一人と少将が三人、大佐が一人でしたか。当時から川奈のキャディは女性でしたが、階級順に美人のキャディをつける。海軍の将官なんて、わがままなもんですよ」

階級のきびしかった海軍で、将官とゴルフに興じる下士官というのも、おそらく青木さんだけである。

階級で縛られる海軍を嫌い、民間のテストパイロットに

昭和八(一九三三)年五月、新しく空母「龍驤《りゅうじょう》」が就役するにあたって、源田大尉は横空教官兼務のままで「龍驤」分隊長に発令され、一等航空兵曹になっていた青木さんも一緒に異動した(正式な発令は同年十一月)。就役時の搭載機は、九〇式艦上戦闘機十二機、一三式艦上攻撃機六機、九〇式二号艦上偵察機六機。のち、偵察機に代えて九四式艦上爆撃機六機を搭載した。

新鋭空母に対する海軍の期待は大きく、このとき「龍驤」乗組を命じられた戦闘機搭乗員は、源田大尉、青木一空曹のほか、野村了介中尉、下士官では赤松貞明、磯崎千利、五島一平など、のちの零戦の時代にまで名を馳せたつわものが揃《そろ》っている。

ここで青木さんは源田大尉の二番機となり、三番機に永徳彰三空曹を新たに迎えて、新生「源田サーカス」が誕生した。横空時代ほどの晴れやかな場には多少縁遠く

なったが、技術の向上には余念がなかった。

私に青木さんを引き合わせた志賀淑雄さんの回想によると、昭和九（一九三四）年五月二十七日の海軍記念日、広島県江田島の海軍兵学校の練兵場に紺の第一種軍装に身を固めた生徒総員が整列する上空に、三機の複葉戦闘機が飛来、

「すさまじい爆音とともに急降下してくるや、手の届くような低空で編隊宙返り、そして卍《まんじ》、巴と息もつかせず、入れ代わり立ち代わりのダイブ、そしてズーミングの飛行の迫力と、腹の底まで響いてくる爆音に、クラスメートの周防元成と一緒にすっかりイカれてしまい、これぞ男の進む道、と戦闘機乗りになることを誓いました」

と言う。これが、「龍驤」戦闘機隊、源田、青木、永徳の三名からなる「源田サーカス」だった。青木さんの航空記録にはこの日の飛行は「視察飛行」、飛行時間一時間五分と記されている。編隊スタント飛行は、当時の若者にとっても、進路を左右するほど刺激的に映ったのだ。

昭和九（一九三四）年十一月、青木さんは三度目の大村空勤務になる。だが、この頃にはすでに、海軍を辞める決心を固めていたという。まだ戦時ではないので、下士官兵は決められた年限を勤め上げれば、満期をとって除隊することができた。

「もともと、海軍はあまり好きじゃなかったんです。階級で縛られて、一生それがついて回るようなところですから。源田さんは、私のことを誰よりもよくわかってくれていたから、反対はされなかった。はじめ三菱からスカウトされて、テストパイロットとして行く予定でしたが、源田さんに、『お前の性格では、官僚的な三菱じゃ勤まらん。中島にしておけ』と言われ、中島飛行機に再就職することになりました。進級の資格はあったので、退役するとき、准士官の兵曹長にしてやるとも言われましたが、そんなのはどうでもいいので断りました」

昭和十（一九三五）年四月、海軍を去る。青木さんは二十六歳。海軍での通算飛行回数二千七百七十七回、飛行時間千五百十時間だった。

海軍を辞めた直後、妻・春日さんと結婚。

「横空時代、追浜《おっぱま》で下宿していたときの、近所の呉服屋の看板娘でした。当時はなかなか可愛かったんですよ」

と、青木さんは回想する。

中島飛行機では、テストパイロットとして主に小型機を担当。試作機はもちろん、完成機の引き渡し前の試験飛行など、海軍時代の数倍におよぶペースで空を飛ぶことになった。

「何人もの仲間が事故で殉職《じゅんしょく》しましたが、私はテストパイロットをやっていて特に危険を感じたことはありません。ただ、試作機の最高速を出す『最終速試験』だけは覚悟がいりましたね。機体が震えるまで目いっぱいスピードを出すと、帰ってきたら必ず、ビスとか小さな部品が吹っ飛んでなくなってるんですから。その速度じゃ脱出もできませんしね。

試作機を飛ばすとき、ふつうはまず地上滑走、それから検査して、その上で飛ばせるんですが、私は、最初に滑走したらそのまま飛ぶことにしていました。用心したって、危ないことを繰り返すだけだと思っていましたから。

事故らしい事故は一度だけ。J1N（のちの夜間戦闘機「月光」）のテストで、突然タイヤがバーストして、翼に一メートルほどの大穴が開きましたが、機体をほとんど壊さずに胴体着陸ができました。そのときも、命の危険は感じなかったですね」

いっぽう、青木さんは、海軍時代に覚えたゴルフにも精を出し、名門・東京ゴルフ倶楽部で昭和十二（一九三七）年にはシングルの腕前になっている（最終ハンデは四）。ゴルフがいまだ大衆のものではなく、各クラブにもシングルプレイヤーが数人しかいなかった時代の話である。

「それでも、まだ若造でしたから、クラブハウスでも、風呂でも、端っこの方でそっとしていました。いまは反対で、若い者が大いばりで年寄りは小さくなってる。マナーは悪くなりましたね。それと、ゴルフはもともとアマチュアのスポーツで、プロなんてクラブの会員と一緒に食事もできなかったのが、いまは周囲がちやほやするからプロの方が上位になってしまいました。戦後の大衆化がゴルフを駄目にした。接待ゴルフなんて、あんな芸者みたいなことをよくやると思いますよ」

テストパイロットになっても、飛行機に乗るのが楽しいのは同じことであった。昭和十六（一九四一）年、累計《るいけい》の飛行時間が一万時間を超え、逓信省から表彰された。終戦までの総飛行時間は、約一万五千時間に達する。

「戦闘機乗りはほんとうに飛行機が好きじゃないとできませんが、体に無理がかかるから、私のように長持ちしたのはめずらしいかもしれませんね。でも実際、戦場に出ていたら、私のような慌て者はあっという間にやられてたと思いますよ」

アメリカと戦争がはじまったとき、青木さんは、海軍がアメリカとの戦争などやりたくないのを知っていたので、「こりゃいかん」と思ったという。

戦中は、群馬県の中島飛行機小泉工場で、完成した零戦の試飛行を主にやっていた。零戦は三菱が開発したが、中島でも量産され、総生産機数一万あまりのうち、六割強が中島製である。青木さんが試飛行を手がけ、実施部隊に送り出した零戦は、千機以上にのぼる。

「零戦はじつに操縦しやすく、乗っていて楽しい飛行機でした。ただ、海軍のパイロットが戦地に出る前に飛行機を領収に来るんですが、そこで会った人たちはほとんど、その後二度と会うことはありませんでした」

昭和二十(一九四五)年、愛知県の半田工場に転勤、青木さんはここで終戦を迎える。八月十五日は、ちょうど偵察機「彩雲《さいうん》」を空輸するために飛んでいたが、岡崎飛行場に着陸したところで憲兵隊に出頭を命じられた。

「厚木の第三〇二海軍航空隊が徹底抗戦を叫んで、『彩雲』でビラを撒《ま》いたりしたので、その一味だと思われたようです。司令の小園安名大佐とは操縦を一緒に習ったり、戦前の京城飛行も一緒にやった仲だから、心のなかでは応援してたんですが」

生涯楽しむことを優先した旧《ふる》きよき時代のヒコーキ野郎

終戦で中島飛行機が解散し、知多半島の端にあった自宅の庭を開墾して過ごすうち、半田工場が、貨車やトラックを扱う「輸送機工業」として再開されることになり、青木さんはその会社の名古屋事務所長として復帰した。さらに昭和二十八（一九五三）年、青木さんは独立して「東海機械」という会社をつくる。

この頃から、昔の縁で高松宮からゴルフのお誘いが来るようになり、名古屋や東京でしばしば一緒にプレーをした。高松宮は、妃殿下ともども、たいへんお上手とは言いかねるものの、相手をたたえ自己には厳しい、真にスポーツマンシップを感じさせる気持ちの良いゴルファーであった。

会社の方は、木材の集積機などを扱い、はじめのうちは順調だったものの、

「やがて生来の遊び好きが頭をもたげてきて、ゴルフ、パチンコにのめり込み……契約するならゴルフ場に来い、なんてのぼせ上がった商売をしているうちにじり貧になってしまいました」

昭和四十二（一九六七）年、倒産。会社や資産を整理して、埼玉県に転居する。そ

の後は町内会長を務めたり、『丸』や『航空情報』などの雑誌に寄稿したり、悠々自適の日々を送り、昭和五十四（一九七九）年、横浜市に移った。

平成七（一九九五）年、八十七歳の年までは地元老人会のゲートボールチームのエースプレイヤーだったが、その年の暮れに転倒、歩行困難になってしまう。私が訪ねたのはその少し後のことだった。

「なんでも楽しむのが私の生き方です。飛行機もゴルフもゲートボールも、なにをやっても楽しかったし、人生で嫌なことはあんまりなかった。戦時中、中島の小泉工場で工場長から、『お前は働いてるのか遊んでるのかどっちだ』と言われ、『どっちかわからんほど楽しくやってりゃ、それでいいじゃないか』と答えたこともありました。いまは、百歳までゲートボールをするのが目標です。こんど会うまでには走れるようになっておきますよ」

しかし青木さんはその後、脳梗塞《こうそく》による手足の麻痺《まひ》が進み、入退院を繰り返し、ついには寝たきりになってしまった。

平成九（一九九七）年四月二十日、誤嚥《ごえん》のため緊急入院。それでも同二十三日、四カ月にわたって続いていたペルーの日本大使公邸占拠事件で、軍、警察の特殊部隊が突入、最後まで拘束されていた人質七十一名が救出されたニュースを見て喜んでいたが、翌二十四日、容態が急変、息を引きとった。享年八十八。

本人の意思で戒名はない。空を飛ぶことを愛し、人生を楽しみぬいた、旧きよき時代のヒコーキ野郎であった。

青木 與（あおき あとう）

明治四十一年（一九〇八）長崎県生まれ。大正十五年一月、霞ケ浦海軍航空隊に入隊。飛行術練習生（のち操縦練習生と改称）九期を卒業後、横須賀海軍航空隊に転じ、初めは小林淑人大尉、次いで源田實大尉の三番機となり、日本初の編隊アクロバット飛行チーム（源田サーカス）の一員として活躍。昭和十年、海軍を退役（一等航空兵曹）後は中島飛行機のテストパイロットとして、終戦まで各種新型飛行機のテスト飛行に従事した。総飛行時間一万五千時間。戦後、機械工業会社経営、また航空雑誌などで執筆。平成九年四月歿。享年八十八。

昭和２年11月、京城飛行の離陸前。左が小園安名中尉、右が青木さん。この直後に青木機は墜落した

昭和４年、「鳳翔」戦闘機隊。後列左端・青木さん。右端・伊藤（望月）勇。前列左より所茂八郎、小田原俊彦、青木武各大尉

昭和７年12月10日、羽田で報国号命名式。右より伊藤（望月）二空曹、青木さん、源田實大尉、間瀬平一郎一空曹

昭和９年８月、空母「龍驤」戦闘機隊の集合写真。３列め右から２人めの下士官帽が青木さん。２列め中央は源田實大尉、その右・野村了介中尉。源田大尉の左は吉富茂馬大尉、板谷茂中尉。野村中尉の右斜め後ろ・永徳彰三空曹（写真提供・森川貴文）

第六章

生《いく》田《た》乃《の》木《ぎ》次《じ》

日本陸海軍を通じて、はじめて敵機を撃墜した搭乗員の波乱の人生

昭和7年2月22日、ロバート・ショートとの空戦を終え、公大飛行場に着陸直後

海軍兵学校では、昭和天皇の弟宮・高松宮親王とクラスメート

「歴史には必ず段階がある。零戦も、いきなり誕生したわけじゃなくて、そこへ至るには多くの先輩の努力や苦労があった。零戦を知りたければ、それ以前を知る人とも会っておきなさい」

と、零戦《ゼロせん》搭乗員会代表世話人（会長）・志賀淑雄《しがよしお》さん（海兵六十二期、少佐）は言った。平成八（一九九六）年三月のことである。

「青木與《あおきあとう》さんに引き合わせたのもその意味です。ついてはもう一人、あなたに取材してもらいたい人がいるんだが」

「はい」

「生田乃木次先輩。あなた知ってる？　昭和七（一九三二）年の第一次上海《シャンハイ》事変で、日本陸海軍を通じてはじめて、敵戦闘機を撃墜した。ところが、そのあとすぐに海軍を辞め――士官は下士官兵とちがって満期がないから、簡単に辞めることはできないはずなんだが――、戦後、われわれが戦闘機の大先輩としてお話を、とお願いしても、けっして出てこられない。しかし、あなたのような若い人が訪ねて行けば、あ

るいは話してくださるかもしれない」

生田乃木次大尉の名は、私も知っている。日本初の敵機撃墜。しかし、そのことが語られることは存外に少なく、昭和五十二(一九七七)年、読売新聞社の協力で、撃墜した相手パイロットの弟と会ったのが取り上げられたぐらいで、生田さんの肉声が伝えられるものはほとんど見たことがない。肝心の敵機撃墜のシーンについても、戦闘機と艦攻による協同撃墜のほか、生田大尉単独説、艦攻単独説など、諸説入り混じっていて、何がほんとうなのか、わからなかった。そもそも、その空戦から六十数年が経っていて、当の生田大尉がご存命であるとは思ってもみなかったのだ。

「じつは私も、この空戦について、かねがね疑問に思っていました。まず、敵機を撃墜したのは誰なのか、そして、生田大尉はなぜこのことについて沈黙を守ってこられているのか。お会いできるものならぜひ、ご紹介をお願いします」

「そうか、ありがとう。よしわかった」

志賀さんは、その場で生田さんに電話をかけてくれた。生田さんは現在、千葉県船橋市と市川市で保育園を三ヵ所、経営しているという。聞けばかなり多忙な様子で、卒園式や入園式が終わって一息つく一ヵ月後に、また電話するようにとの返事だった。

そして四月。生田さんは、

「いまさら戦闘機の話と言っても……」

と気乗りしない様子だったが、ともかく会ってもらえることになり、船橋の自宅を訪ねた。

生田さんは九十一歳。電話で感じた気難しさはなく、溶けるような笑顔の魅力的な人だった。

通された部屋の鴨居に、蘇州《そしゅう》上空の空戦を終え帰還したとき、愛機・三式艦上戦闘機をバックに二番機、三番機の搭乗員とともに撮られた写真が、額に入れて飾ってある。三人とも満面の笑顔。この写真に写っている向かって左端の搭乗員が、目の前の人だと思うと不思議な気がする。

仏壇には婦人の遺影が。

「家内です。去年の三月に亡くしました」

生田さんは言った。

「海軍士官が結婚するときには海軍大臣の婚姻許可が必要でした。ところが、家内との結婚を、海軍大臣は許可してくれなかった。つまらないことですが、家柄や学歴など、少しでも『海軍士官の妻としてふさわしくない』と判断されたら不可なんです。高等女学校を出ていなくては駄目とか、水商売の家の娘は駄目だとかね。そのことも、海軍を辞めた理由の一つでした。——そうそう。空戦の話でしたね」

私に椅子をすすめ、生田さんは語り始めた。年相応に耳は遠くなっているようだったが、その記憶は鮮明で、抑制のきいた語り口は、まさに「サイレント・ネイビー」そのものだと思った。

「ボーイングを発見したときは、なにも動揺はありません。しかし、空戦が終わったあとね、非常な恐怖感が湧いてきました。機体のどこかに敵の弾丸《たま》が当たっていて、エンジンが途中で停止するんじゃなかろうか、他にもわれわれを狙ってる敵機がいるんじゃなかろうかと。空戦中は、それ以外の状況はまったく見る余裕はなかったですから……」

生田さんは、明治三十八（一九〇五）年二月三日、福井県の農家に、六人兄妹の長男として生まれた。名前の「乃木次」は、当時、日露戦争の旅順《りよじゆん》攻略で令名をうたわれた乃木希典《のぎまれすけ》陸軍大将にあやかって父がつけた。

家は貧しかったが向学心は旺盛で、福井中学校（現・福井県立藤島高校）を経て官費で学べる海軍兵学校（五十二期）に進んだ。のちに戦闘機指揮官として名を馳《は》せる源田實、柴田武雄、そして昭和天皇の弟宮である高松宮宣仁《たかまつのみやのぶひと》親王とはクラスメートにあたる。

海兵を卒業後、昭和三（一九二八）年十二月、第十九期飛行学生として霞ケ浦《かすみがうら》海軍航空隊に転じ、翌四（一九二九）年十一月、同教程を修了した。

下士官兵の操縦練習生は、各兵科のなかから航空兵志願者を選抜するし、昭和五（一九三〇）年に登場する海軍予科練習生（予科練）は、はじめから航空兵になることを前提に志願者を募ったが、海兵出身の士官の場合、いったん少尉に任官し、実施部隊で勤務している者のなかから、海軍省の命で「転勤」させるという形をとる。飛行学生に採用されるのは、本人の希望とともに、海軍全体の配員の都合によるところが大きかった。

「当時は、飛行機はあくまで補助兵力の扱いでした。海軍士官の花形配置といえば砲術、水雷、続いて航海で、飛行学生を志すものは少なかったんです。しかし私は、飛行機はいつか戦争に重要な位置を占めるようになると思い、熱望していました」

源田實とは、飛行学生でも一緒だった。ただ、生田さんと源田は、性格的にあまり合わなかったようで、そのことは、

「源田は、操縦はうまかったがスタンドプレイが好きでしたね……」

といった、生田さんの言葉のはしばしからも窺《うかが》える。

飛行学生を卒業後、横須賀海軍航空隊（横空）に転勤。ここでは、イギリス留学で、日本海軍の戦闘機搭乗員としてはじめて空戦の「型」（フォーメーション）を学び、帰国したばかりの亀井凱夫《よしお》大尉（海兵四十六期。昭和十九〔一九四四〕年八月、グアム島で戦死）の指導のもと、空中戦闘の方法をみっちり学んだ。

生田さんは連日の猛訓練でめきめきと腕を上げ、翌昭和五（一九三〇）年、大村海軍航空隊に転勤後、空中戦技訓練の吹き流し射撃（飛行機がロープで曳航《えいこう》する吹き流しを的に射撃をする）で、ほぼ全弾命中、海軍最高点の成績をおさめた。このことは、のちに蘇州上空の空戦に生きてくるが、ちょうどこの頃、空中での機動により身体にかかる大きなG（荷重）の影響で腰を痛め、苦しむようにもなる。

そして昭和六（一九三一）年、生田さんは空母「加賀《かが》」乗組を命ぜられた。折しも、この年の九月、満州事変が勃発《ぼっぱつ》。中国民衆による排日運動がまたたく間に中国全土に広がっていた。

昭和七年、中国蘇州上空、わずか二分間。運命の空中戦

昭和七（一九三二）年一月十八日、日本、イギリス、アメリカ、イタリアなどの国際共同租界とフランス租界からなる上海租界が置かれていた上海で、布教活動中の日蓮宗僧侶ら日本人五名が中国群衆に包囲暴行を受け、うち一名が死亡、二名が重傷を負う事件が発生。これが契機となって一月二十八日、日中両軍の全面軍事衝突に発展した。

――上海事変である。のち、昭和十二（一九三七）年、第二次上海事変が勃発すると、この昭和七年の軍事衝突は「第一次上海事変」と呼ばれることになる。

日本海軍はただちに空母「加賀」、「鳳翔《ほうしょう》」からなる第一航空戦隊を上海沖に派遣、搭載する飛行機隊をもって陸上戦闘の支援にあてることとした。

二月五日、上海沖に到着した「鳳翔」を発艦した平林長元大尉率いる一三式艦上攻撃機二機と、所茂八郎《ところもはちろう》大尉率いる三式艦上戦闘機三機が、中国空軍のコルセア戦闘機など四機と交戦、はじめての空戦で、一機に機銃弾を浴びせたが撃墜にいたらず、同じ日に出撃した「加賀」の一三艦攻一機が地上砲火で撃墜された。

二月七日、「加賀」「鳳翔」の飛行機隊は、整備のできた上海近郊の公大《クンダ》飛行場に進出、以後、ここを拠点に出撃することになる。

十九日、蘇州方面の索敵《さくてき》に発進した「鳳翔」の戦闘機三機（所大尉、加藤二空曹、井上三空曹）がボーイング218戦闘機一機と遭遇。しかしこのボーイングの性能は、三式艦戦をはるかに上回っていると思われ、日本側の三機は翻弄《ほんろう》されるばかりでついに敵機を仕留めることはできなかった。

このボーイングが、二十二日に生田さんと戦火を交える、ロバート・ショートが操縦する飛行機だった。ショートはこの日の空戦で、日本機との戦闘にかなりの自信をもったことだろう。いっぽう、飛行機の性能差をまざまざと見せつけられた日本側の空気は暗澹《あんたん》たるものだった、と生田さんは回想する。

日本側は、ボーイングが蘇州飛行場を基地にしているとの情報をつかんだ。そこで、こんどは「加賀」の戦闘機三機、艦攻三機に、蘇州の偵察、爆撃の命がくだる。

余談だが、廟行鎮《びょうこうちん》攻撃中の、陸軍久留米混成旅団の北川丞《すすむ》、江下《えした》武二、作江伊之助各一等兵が、突撃路を開こうと爆薬筒を抱えたまま鉄条網に躍り込んで自爆、のちに「肉弾三勇士」と讃《たた》えられた戦闘も、同日朝の出来事である。

午後三時四十五分、「加賀」の六機は公大飛行場を発進、蘇州へと向かった。小谷進大尉率いる艦攻隊は高度千メートル。生田さんは二番機・黒岩利雄三空曹、三番機・武雄一夫一空（一等航空兵）を率い、艦攻隊の後上方、高度千五百メートルの位置についた。断雲はあったが、視界は良好だった。

「四時二十分、蘇州上空に到着した、まさにそのときでした。飛行場の北方、高度三百メートル、距離千メートルを急上昇するボーイングを全機が発見。三人乗りの艦攻隊はただちに密集隊形をとり、後方旋回機銃を敵機に向けました。ボーイングはものすごいスピードで艦攻隊に迫り、後下方から撃ち上げながら前上方に抜けていき、ふたたび反転、こんどは急降下しながら、先頭の小谷機を攻撃しました。

私は敵発見と同時に列機を展開させ、五百メートル下方の艦攻隊を救うべく降下していきました。そのときの戦闘方法は、昭和四（一九二九）年に亀井大尉が英国で学んできた空戦の型そのままです。

私の『かかれ』の合図とともに、まず三番機の武雄が敵機の後上方より銃撃、次いで二番機の黒岩が後下方より撃ち上げ、一番機の私がふたたび後上方より攻撃して仕留める、というものです。これが当時、三対一の対戦闘機戦闘の基本の型とされていました」

武雄機の攻撃は、降下スピードがつきすぎて敵機に命中弾を与えることができず、黒岩機も、ボーイングが艦攻隊への二度めの攻撃を終え、ふたたび上昇するところを捕捉し、後下方約百メートルの位置から撃ったが有効弾は与えられなかった。だが、列機二機の攻撃がうまくボーイングの行動を制約する形となり、後上方よりスピードを殺しながら追尾する生田機は、うまく敵機の後上方に回り込むことができた。

「私がいちばん、時間的に余裕がありますし、もっともよい姿勢でもって敵機の後ろにピッタリくっついて、距離百五十メートルまで肉薄して二秒間、約五十発ほどの機銃弾を発射しました。すると、敵機の尾翼の方からプツプツと、ミシンを縫うように弾丸が命中するのが見え、パイロットが突然、バンザイをするように両手を上げてのけぞった。そしてバアッと火を噴いて、そのまま墜《お》ちていったのです。敵機が火を噴いたときには、距離五十メートルまで接近していました。型どおりやったとは言え、やはり無我夢中でありました……」

敵機発見から撃墜まで、わずか二分間の出来事だった。

初撃墜後、人生は一変。英雄扱いの一方で誹謗《ひぼう》中傷も

列機二機をしたがえて、公大飛行場に着陸、敵機撃墜の戦果を報告すると、基地には歓声が起こった。生田さんの胸にやっと、勝ったんだという喜びが湧いてきた。たまたま居合わせた朝日新聞社の報道班員が、生田さんの愛機の前で、殊勲の戦闘機搭乗員三名の写真を撮った。

ところがその直後、ひと足遅れで艦攻隊が着陸。そこではじめて、艦攻隊指揮官・小谷大尉が機上戦死していたことが判明、基地は一転して深い悲しみに包まれる。

小谷大尉は、三人乗り真ん中の偵察員席にいて、後席（電信員兼射手）の佐々木一空が撃ち尽くした機銃の弾倉を取り換えようとしたところ、ボーイングの二度めの銃撃で体に四発の銃弾を受けたのだった。さらに、佐々木一空も、左脚脛骨《ひこつ》を機銃弾で粉砕される重傷を負っていた。

「ショックでした。小谷がやられた、なんてことは艦攻が着陸するまで知りませんでした。海兵のクラスメートですからね、彼の戦死を知って、撃墜の喜びも吹っ飛んでしまいました」

——ここまで語り終えて、生田さんは、私室の頭上に飾られている写真を見上げた。着陸直後の、生田さん、黒岩三空曹、武雄一空の姿。三人とも達成感あふれる笑顔で写っている。だがこれは、小谷大尉の戦死をまだ知らなかったからこその表情だったのだ。

数日後、撃墜されたボーイングを操縦していたのは、交戦国ではないアメリカ陸軍予備中尉ロバート・ショートであったことが判明し、日本政府はただちにアメリカ政府に厳重な抗議を申し入れた。

では、日本機に戦いを挑み、撃墜されたアメリカ人パイロット、ロバート・ショートとはどんな人物だったか。

ひと言でいえば、太平洋横断の冒険飛行を志し、中国大陸に渡った男である。

一九〇四年十月四日、シアトル近郊の生まれ。生田さんとはわずか四ヵ月違いである。一九二八年、陸軍航空幹部養成所に入ったが家庭の事情で退役、民間航空会社を経て、陸軍予備航空団に籍を置き、予備少尉となった。

当時は、一九二七年の、チャールズ・リンドバーグによる大西洋無着陸横断飛行の直後で、世界的に冒険飛行ブームがたけなわの頃であった。残された太平洋横断飛行に対する関心も高まり、日本でも朝日新聞社などが懸賞金を用意して飛行家を募っていた。

ショートはこれに応じ、一九三一（昭和六）年四月、上海経由で来日する。ところが、使用飛行機の獲得競争に敗れてふたたび中国に戻り、ここで中国国民政府の要請で中国空軍の顧問となった。中国空軍は一九二九（昭和四）年十一月に創設されたばかりだが、日本との関係悪化を受けて航空整備を急いでいた。

太平洋横断飛行は、一九三一（昭和六）年十月四日、日本の淋代《さびしろ》（現・青森県三沢市）を離陸した「ミス・ビードル号」のクライド・パングボーンとヒュー・ハーンドンにより、翌五日、四十一時間十二分の飛行の末、達成されている。

中国空軍の顧問として、ショートは、アメリカより新鋭機・ボーイング218（P-12Eの原型）を送らせた。一九三二（昭和七）年二月十九日、この飛行機を駆っていた所大尉の指揮する三式艦戦三機を翻弄したショートは、いささか自信過剰になっていたのかもしれない。そして、運命の二月二十二日を迎えたのだ。

中国国民政府は、中国のために戦い、死んだショートを英雄として扱い、中国空軍大佐の位を追贈した上で国葬をもって送ることを決めた。国葬は、母のエリザベスと弟のエドモンドが船で上海に到着するのを待って、空戦の約二ヵ月後、四月二十五日に盛大に執り行われた。

いっぽう日本側では、この空戦に関する戦訓調査が行われていた。空戦そのものは、ボーイング撃墜で幕をおろしたが、日本側も一名戦死、一名重傷の損害を被り、しかも飛行機の性能差は歴然としていたから、海軍としては、素直に喜べる結果ではなかったのだ。

当時、海軍航空本部技術部長だった山本五十六少将が中心となり、純国産のすぐれた軍用機開発を目指す「七試計画」が動き出していたが、この日の戦訓も、以後の戦闘機開発に少なからぬ影響を与えたと言われている。

だが、いざ調査が始まると、肝心の戦闘状況について、戦死した小谷大尉をのぞく、戦闘機三名、艦攻八名の搭乗員による報告が、なぜか一致しなかった。

艦攻隊は、艦攻の後方旋回機銃で敵機に白煙を吐かせ、撃墜したと言い、また、艦攻の機銃で白煙を吐かせた後、戦闘機の二番機、一番機の命中弾でとどめを刺したと報告した搭乗員もいた。

生田さんは、

「私が射撃を開始したとき、ボーイングは無傷のように見えました。機体もパイロットも完全な状態で、ガソリンも白煙も引いていませんでした。私の撃った弾丸が、パイロットと燃料タンクに命中したのです。わずか五十メートルの距離で見ているんですから、間違いありません」

と言う。最後まで列機の攻撃の効果を確認し得る状況にあり、いちばん理想的な攻撃をかけ得る位置にあった点、生田さんの証言は信用に値する。ところが司令部は、生田さんが強《し》いて自分の戦果と主張しなかったこともあり、また小谷大尉が戦死したこともあって、戦闘機と艦攻、双方の命中弾による協同撃墜という、いかにも日本的な判定をくだしたのだった。

空戦後、授与された表彰状には、

〈小谷小隊及ヒ生田小隊ノ適切勇敢ナル敵戦闘機撃墜ハ帝國海軍航空史上ニ一新紀元ヲ劃セリ其ノ功績ヲ表彰ス

昭和七年二月二十二日　旗艦出雲

第三艦隊司令長官野村吉三郎〉

と記されている。

二月二十五日、蘇州上空の空戦の祝勝会が、上海の日本領事館で催された。野村長官はじめ陸海軍の将官、村井倉松総領事など要人が居並ぶなか、主役はもちろん生田大尉である。三月三日、停戦協定が成立すると、生田大尉は、中佐クラスに匹敵する正六位の位階を授けられ、尉官（大尉、中尉、少尉）としては異例の、功四級金鵄《きんし》勲章を授与された。日露戦争の日本海海戦で、聯合《れんごう》艦隊司令長官としてロシア・バルチック艦隊を破り、海軍ではなかば神格化された存在だった東郷平八郎元帥も、生田大尉に書を贈っている。

新聞が「撃墜王」「日本のリヒトフォーフェン（第一次世界大戦時のドイツの撃墜王）」などと書きたて、空戦時の乗機・三式艦戦は日本各地を巡回展示される。歌手の四家《よつや》文子が蘇州上空の空戦を歌った「空中艦隊の歌」がヒットし、浪曲や琵琶《びわ》にも謡《うた》われる。日活では『征空大襲撃』、独立プロダクションの赤澤キネマでは『空中艦隊』と、映画まで製作された。

一躍、「時の人」になった生田大尉のもとへは、全国の有閑女性からの「お会いしたい」「交際したい」という、いまで言うファンレターも山のように届いた。

「川島芳子とできている、という噂を立てられたこともありました。ご存知ですか？

女スパイで、『男装の麗人』とか『東洋のマタ・ハリ』と呼ばれた……。彼女とは上海の領事館の祝勝会で一度会い、親しげにワインを注がれただけなんですがね」

各方面からの招待や講演依頼も殺到し、とても軍務に集中できる状態ではなかったという。本来、こういうことは海軍が窓口となって仕切るべきだが、広報活動に不慣れだったか、海軍としても格好の宣伝材料と考えたか、世間の好奇の目から生田大尉を守ろうとはしなかった。

自らの意思に関係なく英雄に祭り上げられた生田大尉の人気が高まるにつれ、妬《ねた》み、嫉《そね》み、誹謗中傷の声も渦を巻き始める。

「同期生が戦死したのに、生田だけいい気になっている」「あれは生田が墜としたんじゃない」「奴の腕などたいしたことない」——。

これらの陰口は、かなり後まで一人歩きをして、生田さんを苦しめた。

私が会った古い——昭和初年に海軍に入った——戦闘機搭乗員の何人かは、こうした生田さんへの誹謗の元は、

「源田の讒言《ざんげん》」

によるものだと言っている。

昭和七（一九三二）年当時、霞ケ浦海軍航空隊分隊長だった源田實大尉が蘇州上空

の空戦の戦訓調査に派遣され、この撃墜は生田大尉の戦果ではないと報告したのだという。

自他ともに認める花形戦闘機パイロットでありながら、初戦果をクラスメートの生田さんに奪われた源田大尉が嫉妬《しっと》したのだ、との声もあった。

このことをいま、具体的に証明するのはむずかしい。当事者の間で、生田さんについてのよくない噂とともに、こんな話がまことしやかに語り継がれていたという事実のみ、記しておくにとどめておいたほうがよさそうである。

幼児教育に捧げた戦後の後半生

大口径の砲を搭載した戦艦同士の戦いで勝敗が決まるという「大艦巨砲主義」の思想が主流だった当時の海軍で、補助兵力に過ぎないと考えられていた飛行機搭乗員が脚光を浴びることに冷ややかな空気もあった。周囲が作り上げた自分自身の虚像に対する過剰な扱い、そしてそれに反比例するかのような海軍内部での孤立は、生田さんに重圧を与え、失望感を抱かせた。「日本初の敵機撃墜」の栄誉を手にした生田さんは、そのタイトルゆえに追い詰められていったのである。

生田さんには、すでに結婚を約束した女性がいた。だが、海軍大臣に提出した婚姻願いに対し許可が出ず、入籍ができずにいた。また、かつて訓練中に傷めた腰の状態も思わしくなく、搭乗員としての将来も危ぶまれる状態となっていた。

心身ともに疲れ果てた生田さんはついに海軍を辞する決心をし、昭和七（一九三二）年十一月、休養届を出して自宅に引きこもった。

「時代の寵児《ちょうじ》」の休養は、士官の人事をつかさどる海軍省をも驚かせた。生田さんは、海軍航空の大先輩で、空母「加賀」副長の大西瀧治郎中佐（のち中将）をはじめ、上司からは慰留され、さらに海軍省にも出頭を命じられ、強い調子で翻意を促されたという。また、東郷平八郎元帥にも私邸に招かれ、海軍で人生を全うするよう懇々《こんこん》と諭《さと》されたが、決意は変わらなかった。

昭和七年十二月十五日、生田さんは予備役に編入され、海軍を去った。

蘇州上空の空戦から、わずか十ヵ月後のことだった。飛行時間約五百時間。

「海軍に未練は、まったくありませんでした」

と、生田さんは言う。

海軍を離れた生田さんは、航空中心の軍備を進めるという、自分自身の理想を政治面から実現させようと、気骨の政治家として知られていた中野正剛が、安達謙蔵らとともに結党したばかりの国民同盟の門を叩《たた》いた。飛行機を戦艦より格下に見ようとする海軍を見返す気持ちもあった。中野も、生田さんの知名度と人物を見込んで、片腕として、自らが主宰する政治団体である東方会の幹事をつとめさせた。

政党の一員となった生田さんは、陸海軍の航空兵力を統一し、強力な空軍をつくるべきとの主張を「統一空軍論」と題する論文にまとめ、海軍軍令部に直談判におもむいた。

「そのようなことは論ずるにあたらず」

というのが、海軍側の答えだった。生田さんはまた、中野の肝いりで、九州・福岡の雁《がん》ノ巣《す》飛行場でパイロット養成を目的とした「九州航空青年団」を設立、昭和十（一九三五）年にスタートさせている。九州青年航空団は、八幡製鐵所の渡辺義介所長らが三十万円を出資し、中古の練習機十四機、グライダー五十機をもって発足したが、昭和十五（一九四〇）年、所轄官庁である逓信省が、民間航空団体の統合を推し進めたことから「大日本飛行協会」に統合され、生田さんは辞任のやむなきにいたった。

生田さんはその後、かつての上司・大西瀧治郎少将の紹介で、逓信省航空局の航空官の職に就き、民間航空行政に携わることになる。昭和十四（一九三九）年、沖縄・那覇飛行場長となり、戦争準備の一環として読谷飛行場を建設。十六（一九四一）年から本局の乗員課、職員課長、管理課長を歴任。その間、十七（一九四二）年三月に召集され、航空官の職はそのままに海軍に復帰、二十（一九四五）年五月には少佐に進級、終戦を迎えた。

「私がかつて主張したように、戦争は航空戦を中心に推移しましたが、日本の惨状を見ると、見通しが正しかったなどと言う気には到底なれませんでした」

終戦とともに、日本はＧＨＱ（連合国軍最高司令官総司令部）の指令でいっさいの航空活動を禁じられ、航空関係の仕事に就いていた者の多くは仕事を失った。昭和二十一（一九四六）年一月には公職追放令が出て、旧陸海軍の正規将校らが公職に就くことが禁じられる。

失業したのは、生田さんも例外ではない。逓信省で終戦処理と身辺整理をすませた生田さんは、進駐軍将兵と日本人の体格の差を目のあたりにし、これからは日本人の食生活を改善しなければ、と考えた。

「疎開先の船橋で、『あけぼの栄養給食研究所』を開業しました。名前だけは理想高く、しかし実態は魚屋でした。ところが、いまの市川市にあった日本毛織の工場――
日本毛織は川西航空機と同系列で、戦時中は飛行艇の生産を行っていました――で、
全従業員三千五百人の食糧を、私の店から購入してくれることになったんです。戦時
中の、航空行政のつながりで、ありがたいことでした」
約十年、妻とともに必死で働き、ある程度の財産ができたところで、生田さんは新
たな決断をする。
「魚屋が最終目的じゃなかったですから。これから国家のために自分がやるべきこと
は、将来の日本を背負う子供たちを育てること。そのために魚屋で稼いだ全財産を投
じて、保育園をつくったのです。最初、幼稚園か保育園、どちらにしようというとき
に、家内が、自分が貧しい家の生まれなものですから、恵まれない子供を預かる保育
園にしようと言いまして、それに決めました」
昭和二十八（一九五三）年四月に行われた第三回参議院議員通常選挙で、改進党の
公認で全国区から立候補したが落選。このことも、進路を幼児教育、社会福祉に定め
るきっかけになった。
昭和二十九（一九五四）年、市川市に行徳あけぼの保育園（園長・生田乃木次）、
翌年、船橋市の自宅近くに中山あけぼの保育園（園長・生田いさ女《め》夫人）、さらに昭

和五十四（一九七九）年、やはり自宅近くに弥生保育園を設立、「すべては愛」をモットーに、幼児教育に情熱を注いだ。三つの園合わせての卒園児数は、私が生田さんにはじめて会った平成八（一九九六）年現在で五千人を超えていた。

昭和五十二（一九七七）年、読売新聞社の協力で、生田さんはロバート・ショートの弟・エドモンドがシアトルで健在であることを知り、ハワイで対面を果たした。

「戦後、ロバート・ショートの母親の友人、という人から手紙をもらいました。それには、

〈ショートが、たった一機で六機を相手に、しかも低い高度から空戦を挑んだのは、ちょうどその日、蘇州の駅から女、子供の避難民を満載した列車が発車することになっていて、日本機がそれを攻撃に来たと思ったからでした。避難民を守ろうと、不利な戦いを挑んだのです〉

という意味のことが書いてありました。われわれが避難民を目標にしたことはありませんが、彼はそう思ったんですね。

私は、勇敢なロバート・ショートの戦いぶりを弟さんに伝えたいと思い、観音像を持って会いに行きました。

戦争さえなければ、私が、私の撃った弾丸で、ロバート・ショートを殺すことはなかったのに。ほんとうに空しいことです」

生田さんは、九十五歳まで、毎日三つの保育園を巡回することを日課としていた。子供たちは生田さんを「お父さま先生」と呼んで慕《した》っていた。

「子供たちに、年寄りじみた姿を見せてがっかりさせたくない。子供たちの前では若々しい姿でいようと、着るものにも気を使ってるんですよ。だからおじいさんではなく、お父さま先生なんです」

私は何度か、生田さんの保育園を訪ね、ときに給食をご一緒することもあったが、グレイフランネルのスーツに身を包んだ生田さんの姿が見えると、子供たちがいっせいに「おとうさませんせい！」と駆け寄ってくる。生田さんは、その一人一人に笑顔で語りかけ、頭をなでてやる。子供たちも、腰の曲がった生田さんに、一生懸命気を使って、転ばないように支えてみたり……ほんとうに美しく微笑ましい光景だった。

いさ女夫人も「お母さま先生」と呼ばれ、子供たちから慕われていたという。「お母さま先生」は、平成七（一九九五）年三月五日、肺炎がもとで、八十五歳で世を去った。

「私が海軍にいた頃、海軍大臣は家内との婚姻許可をくれず、ようやく入籍できたのは海軍を辞めてからのことでした。しかし、そんな家内が四十二年間幼児教育に尽くして、亡くなったときには、政府が正六位勲五等宝冠章をくれました。おかしなもんですね」

生田さんはまた、自分が撃墜したロバート・ショートの菩提《ぼだい》を弔い続け、毎年、二月二十二日の命日には供養を欠かさなかった。

生田さんの体調が思わしくないとの話が聞こえてきたのは、平成十三（二〇〇一）年の夏のこと。どうやら、入退院を繰り返しているようだった。平成十四（二〇〇二）年二月三日、生田さん九十七歳の誕生日に、「誕生九十七年記念　生田乃木次」と記されたウェッジウッドの置き時計が私のもとに届く。これは、「生きているうちに縁のあった人たちに記念になるものを」

との意思の表れだった。

生田さんが亡くなったのは、平成十四年二月二十二日、ロバート・ショートを撃墜した蘇州上空の空戦からちょうど七十年の、まさにその日だった。

朝、線香と花を用意して、家族と「今日もあの日がきたね」と話していたが、その後ほどなく容体が急変したのだという。それはまるで、情念が寿命をコントロールしたかのような符合であった。

船橋市の葬祭場で営まれた通夜、告別式には、保育園の園児や保護者、大人になった卒園者をはじめ、立錐《りっすい》の余地もないほどの参列者があふれ、涙とともに「お父さま先生」を見送った。だが、参列者のなかで、生田さんがかつて、日本初の敵機撃墜を果たした海軍の戦闘機乗りであったことを知る人はほとんどおらず、命日の符合が話題に上ることもなかった。

生田乃木次（いくた　のぎじ）
明治三十八（一九〇五）年、福井県生まれ。海軍兵学校五十二期。昭和四（一九二九）年、十九期飛行学生卒業後、横空、大村空を経て六年、空母「加賀」乗組。上海事変勃発とともに上海に出動。昭和七（一九三二）年二月二十二日、三式艦戦三機を率い、蘇州上空で艦攻三機とともに米人義勇飛行士ロバート・ショートが操縦するボーイング戦闘機と交戦、生田機の一撃で撃墜した。これが日本陸海軍を通じ、初の敵機撃墜である。そのため一躍、時代の寵児となったが、同年十二月海軍を去る。海軍大尉、のち応召し少佐。戦中は逓信省航空官として民間航空行政に携わり、戦後は魚屋、ついで保育園を経営した。平成十四（二〇〇二）年二月二十二日歿、この日は奇しくもロバート・ショート撃墜から七十年後の、まさにその日であった。享年九十七。

昭和７年２月22日、空戦を終え帰還した生田小隊。左より生田さん、黒岩利雄三空曹、武雄一夫一空

画家・和田三造が描いた空戦の模様。手前の３機編隊は艦攻隊、後方で生田小隊が空戦を繰り広げ、ショート機がまさに黒煙を吐き墜落するところである。右下は表彰状、左上は東郷元帥から贈られた書

空戦後、各地を巡回展示された生田さんの乗機・三式艦戦

ロバート・ショートの遺影を持つ、弟のエドモンド・ショート

第七章

外伝

山本五十六大将の戦死に翻弄された青年たち

山本五十六聯合艦隊司令長官。開戦前、聯合艦隊旗艦「長門」にて。
海軍省が公表した一枚

日米開戦に反対し続けた「良識派」の海軍軍人

平成二十五（二〇一三）年四月、私はNHKスペシャル「零戦〜搭乗員たちが見つめた太平洋戦争」の番組監修のため、NHKエンタープライズのディレクター・大島隆之氏と、かつて南太平洋で日米両軍が激戦を繰り広げたパプアニューギニア独立国のニューブリテン島ラバウル、ブカ島、ブーゲンビル島などを旅した。

いたるところに旧日本軍の防空壕や施設跡が残り、飛行機や兵器の残骸がまさに朽ち果てようとしている。そのさまは、戦争のむなしさを伝えると同時に、過ぎ去った時間の長さを実感させるものだった。

ところがこの地で、いまなお伝説的にその名を語り継がれている日本人がいる。聯《れん》合《ごう》艦隊司令長官・山本五十六海軍大将（戦死後、元帥の称号を授けられる）である。

いまからちょうど七十五年前の昭和十八（一九四三）年四月十八日、一式陸上攻撃機に便乗してラバウル基地を飛び立ち、前線視察に赴《おもむ》く途中、ブーゲンビル島ブイン付近の上空で米戦闘機の待ち伏せ攻撃に遭い、乗機が撃墜され機上戦死した。

山本の死後も戦争は二年以上にわたって続き、米軍機による爆撃の巻き添えで多くの現地人が犠牲になったが、パプアニューギニアの人たちは日本に対し、いたって友好的である。そのパプアニューギニア、なかでもラバウルあたりで、こんにちもっとも有名な日本人といえば、「Yamamoto」と「Ninja」なのだという。

「Yamamoto was great!」「Yamamoto was strong!」と、行く先々で現地の人から聞かされ、私は、驚くと同時に意外の念を抱いたものだ。

なぜなら、山本五十六がラバウルにいたのはわずか半月に過ぎず、その間、航空作戦の陣頭指揮をとったほかは、現地の人たちの記憶に残るようなエピソードなどなかったはずだからである。

ラバウル市街に「ヤマモト・バンカー」と呼ばれる防空壕があり、「ヤマモトがここで最後の夜を過ごした」として、一種の観光スポットになっている。だが、この壕は南東方面艦隊司令部の地下壕だったところで、じっさいに山本五十六が寝泊まりしたわけではない。

「あの飛行場はヤマモトがつくった」「ヤマモトがアメリカ軍を追い詰めた」などとしばしば耳にしたものの、いずれも史実とはかけ離れた「言い伝え」の類だった。喩《たと》えが適当かどうか、現代のラバウルにおける山本五十六伝説は、日本における弘法大師伝説のようなものなのかもしれない、と思った。

山本五十六は、日独伊三国同盟締結に命を張って反対、日本の国力を冷静に分析し、日米開戦に反対し続けた「良識派」に属する海軍軍人として知られる。航空機の時代を早くから予見し、航空軍備の充実を主導。聯合艦隊司令長官となり、個人としての思いとは裏腹に対米英戦の指揮をとることになったとき、自ら手塩にかけた航空兵力をもってハワイ・真珠湾攻撃を実行した。

開戦前、近衛文麿首相に戦争の見通しを聞かれたとき、山本は、

「ぜひやれと言われれば半年や一年は存分に暴れてみせます。しかし、二年、三年となっては全く確信が持てません」

と、答えたと伝えられる。その言葉を自ら実証するかのように、開戦から一年四ヵ月と十日後、最前線で戦死を遂げた。その信念に満ちた生き方と運命的ともとれる最期から、とかく批判の的になりがちな旧日本軍人のなかでは、一般に好意的に評価されている。

――だが、その死が多くの若者たちの運命をも巻き添えにしてしまったことについては、ほとんど省みられることがない。

可動全二十機での護衛を却下した参謀の責任逃れ

山本五十六が、参謀長・宇垣纏《うがきまとめ》中将以下、聯合艦隊司令部の幕僚たちを引きつれてラバウルに進出したのは、昭和十八年四月三日のことである。開戦劈頭《へきとう》、連合軍を圧倒し、太平洋からインド洋にいたる広大な範囲を勢力下におさめた日本陸海軍も、昭和十七（一九四二）年六月五日のミッドウェー海戦で大敗、南太平洋の要衝であったガダルカナル島からも昭和十八（一九四三）年二月に撤退し、苦戦を強《し》いられていた。日本海軍航空隊は、ラバウルを拠点に、少ない機数でガダルカナル島やニューギニア東部の要衝・ポートモレスビーの米軍基地への攻撃を繰り返し、連合軍の出る杭を押さえようと必死の戦いを繰り広げていたが、この頃になると、前線に兵員、物資を輸送する艦船を上空から護衛することすらままならなくなっていた。

いま、ここで敵航空兵力に打撃を与えなければ、今後、日本側がますます劣勢になるのは明らかだった。そこで山本は、第三艦隊（機動部隊）の空母の全搭載機をラバウルに進出させ、ガダルカナル島、ポートモレスビーの二正面に対し、総攻撃をかけることを命じた。「い」号作戦と呼ばれる。

山本は、この作戦の重要性を示すため、ラバウルで陣頭指揮に当たることとした。明治五（一八七二）年に海軍省が設置されて以来、七十一年の歴史のなかで、艦隊の最高指揮官が司令部を前線の陸上に置いたのは、これが初めてのことだった。

「い」号作戦は四月七日から十四日にかけて実施された。出撃した延べ機数は、零戦が四百九十一機、九九式艦上爆撃機百十一機、一式陸上攻撃機八十一機の計六百八十三機。報告された戦果は、敵艦船二十一隻撃沈、八隻大破、一隻小破、飛行機百三十四機撃墜（うち不確実三十九）、さらに十五機以上を地上で撃破、というものだった。日本側の損失は、零戦十八機、艦爆十六機、陸攻九機の計四十三機。

ところが、じっさいの戦果は、報告されたよりもはるかに小さかった。米側記録によると、この期間に喪失したのは駆逐艦一隻、油槽船一隻、輸送船二隻、飛行機二十五機に過ぎない。日本側は「一定の成果を得た」と判断したけれど、米軍に与えた損害を見れば、作戦が成功したとは言いがたかった。

作戦を終えて、山本は、幕僚たちとともに、最前線のブーゲンビル島ブイン周辺の基地で戦う将兵をねぎらい、激励しようと、視察に赴くことを決めた。

長官一行の予定が、視察先の各部隊に無線で通知されたのは四月十三日のことである。予定によれば、四月十八日、まず一式陸攻二機に分乗してバラレ基地に飛び、そこから駆潜艇で往復して対岸のショートランド基地を視察、さらにバラレから陸攻でブイン基地に渡り、その日のうちにラバウルに帰ることになっていた。

聯合艦隊司令長官に万一のことがあってはと、第三艦隊司令長官・小澤治三郎中将らは視察には慎重な姿勢を見せ、もし長官が行くのなら、ラバウルに進出している空母零戦隊の全機で護衛すると聯合艦隊司令部に申し入れた。だが、聯合艦隊司令部はその申し出を断り、十六日には空母搭載機を聯合艦隊泊地のあるトラック島（現・チューク諸島）に帰してしまう。

山本一行の護衛を命ぜられたのは、第二〇四海軍航空隊（二〇四空《ふたまるよん》）の零戦隊だった。指定された機数は六機。これは万一、敵戦闘機と遭遇したときのことを考えればいかにも少ない機数である。二〇四空飛行隊長・宮野善治郎大尉は、可動機全力、二十機での護衛を司令・杉本丑衛《うしえ》大佐に進言し、司令から、巡視を立案、実施する南東方面艦隊司令部を通じて聯合艦隊司令部に申し出たものの、却下されたという。

聯合艦隊からの指示をうけ、この巡視飛行の全てを計画したのは、南東方面艦隊航空乙参謀・野村了介少佐である。野村は戦後、

〈自分は十八機と計画したが、ラバウルの戦闘機隊の整備が間に合わず、当日になって九機しか出せないということになり、聯合艦隊司令部と相談して、ソロモンの敵も弱ったようだし、ブインには味方の零戦もいるのだから九機でもよかろうと決めた。九機が離陸後、第二小隊長がエンジン故障で引き返し、列機も一緒に引き返したので六機になった〉

という趣旨の手記を書き残しているが、二〇四空の「二十機出す」という申し出を断ったのは司令部、その当事者は野村少佐である。この日の編成は最初から六機で、故障機が引き返した事実はなく、しかも「ブインの味方零戦隊」には、後述のように長官機到着時刻の上空哨戒《しょうかい》すら命じていないのだから、これは参謀の責任逃れの作文に過ぎない。

日米双方で秘匿《ひとく》された山本司令長官の戦死

六機の護衛戦闘機の搭乗員に任務が伝達されたのは、十七日夜のことであった。指揮官兼第一小隊長・森崎武予《もりさきたけし》備中尉、二番機・辻野上豊光《つじのうえとよみつ》一飛曹、三番機・杉田庄《すぎたしょう》一《いち》飛長（飛行兵長）。第二小隊長・日高義巳《ひだかよしみ》上飛曹、二番機・岡崎靖《おかざきやすし》二飛曹、三番機・柳谷謙治飛長。司令室に呼ばれた六人の搭乗員は、翌日の任務は聯合艦隊司令長官の護衛であり、その責任の重いことを伝えられた。

森崎予備中尉は二十四歳。神戸高等工業学校在学中に召集されて昭和十五（一九四〇）年四月、飛行科予備学生七期生として海軍に入った。ミッドウェー海戦で重傷を負い、顔の右頬や手にまだケロイドが残っていた。ラバウルに進出以来半年あまり、実戦の経験はすでに十分に積んでいたが、負傷の後遺症で視力がよくなく、薄いサングラスを常用していた。

日高上飛曹も二十四歳、昭和十五年一月に操縦練習生を卒業していて、開戦以来、フィリピンから東南アジアを転戦。この日の六機のなかでいちばん搭乗歴の長いベテランだった。

辻野上一飛曹は二十一歳。四月三日に着任したばかりだが、飛行隊長・宮野大尉の眼鏡にかなったのであろう、「い」号作戦では宮野の二番機として出撃している。

岡崎二飛曹は二十歳。ラバウルに来て五ヵ月が経過しているが、大きな空戦にはこれまであまり縁がなく、「い」号作戦で急に頭角を現した感のある搭乗員であった。

柳谷飛長は二十四歳。昭和十五年、徴兵で海軍に入り、内部選抜で戦闘機搭乗員になって以後は、ずっと二〇四空にいて、すでに相当な実戦の場数を踏んでいる。

杉田飛長は、最年少の十八歳。だが、戦闘機乗りになるために生まれてきたような男で、敵爆撃機を空中衝突で撃墜するなど、その元気で向こう見ずなところは比類がなかった。

六人の搭乗員のうち、ただ一人、戦争を生き抜いたのは柳谷謙治飛長（のち飛行兵曹長）である。私は柳谷さんに、都合三度にわたってインタビューしている。柳谷さんの右手は、手首から先が失われていた。

「一番機の左後ろに二番機がつくのが普通ですが、この日は長官機の右後ろに二番機（参謀長機）がついていたと思う。その右後ろに、零戦は三機、三機でついた。敵機がもし来るとすれば海側、つまり右側（南側）からなので、海岸側を警戒していたということです。ところが――」

ブーゲンビル島上空に差しかかり、島の南端にあるブイン基地がマッチ箱のように小さく見えてきたところで、日高上飛曹が、予想に反して北側のジャングルの方向から向かってくる敵戦闘機・ロッキードP－38の編隊を発見した。米軍は日本側の暗号を解読し、米軍戦闘機のなかでもっとも航続力のあるP－38を十六機発進させ、山本機を討ち取ろうと待ち構えていたのだ。

昭和18年4月、ラバウル基地で出撃する搭乗員を見送る山本五十六聯合艦隊司令長官

昭和18年4月18日、山本長官機を護衛した6名の零戦搭乗員。上段右から森崎武予備中尉、辻野上豊光一飛曹、杉田庄一飛長。下段右から日高義巳上飛曹、岡崎靖二飛曹、柳谷謙治飛長

「P－38はすでに攻撃態勢に入っていた。われわれは長官機の上空五百メートルほどのところに位置していましたが、敵機は意表をついて、低高度から突き上げてきたんです。長官機を守ろうと、森崎予備中尉機、日高上飛曹機が突っ込んでいき、われわれもそれに続いた。私もすぐに敵機に追いつきました。威嚇《いかく》射撃だから当たらなかったかもしれないが、一発、追い払って機体を引き起こした。続いて攻撃態勢に入ったとき、ふと見ると長官機は煙を噴いていました……」

長官機は浅い角度でジャングルに撃墜され、ひと筋の黒煙が天に上った。参謀長機も、海上に撃墜された。全てはあっという間の出来事だった。

この日、ブイン基地には第五八二《ごおやふた》海軍航空隊（五八二空）の零戦二十数機がいたが、長官機の到着予定時刻に上空哨戒もしていない。ここで上空に零戦を飛ばせていれば、敵機もやすやすと手出しはできなかったのかもしれないが、そんな命令すら司令部からは出されていなかった。五八二空零戦隊の一員としてブイン基地にいた角田和男さん（飛曹長、のち中尉）は、この日、山本長官が視察に来ることすら知らされていなかったという。先の野村参謀の嘘は、このことからも明らかである。

六機の護衛戦闘機は全機、無事であった。報告を受けて、五八二空飛行隊長・進藤三郎大尉が墜落地点の確認に飛んだ。

「ジャングルのなか、長官機の墜落地点から黒煙が高く上がっているのが見えました」

と、進藤さん（のち少佐）は私のインタビューに答えている。

「どうして長官がこんなところまで、わざわざ来なくても俺たちは頑張ってやってるのにな、というのが率直な思いでしたね」

一番機の乗員は、山本以下、全員が戦死。海に墜《お》ちた二番機に乗っていた宇垣参謀長と、艦隊主計長・北村元治少将、主操縦員・林浩《はやしひろし》二飛曹の三名だけが奇跡的に助かった。発見された山本の遺体には、背中から心臓にかけての盲管銃創、下顎からこめかみへの貫通銃創があり、これらが致命傷となって機上で戦死したものと思われた（これには、山本は墜落後もしばらく生きていたとする元軍医の回想もある）。

報告を済ませた六機の搭乗員には厳重な緘口《かんこう》令が言い渡され、やがて、ラバウルへの帰還が命ぜられた。

「すでに長官機が撃墜された情報は届いていて、森崎予備中尉の報告に、杉本司令と宮野隊長は悲痛な表情でうなずくだけでした。司令は『ご苦労』と沈んだ声で言うと、このことは他言無用であると、厳しい調子でわれわれに言い渡しました」

と、柳谷さんは回想する。最高指揮官が前線で不慮の死を遂げたとなると、全軍、全国民の士気に与える影響は計り知れない。山本の死は、まずは徹底的に秘匿されることになったのである。

緘口令を敷かれたのは米側のパイロットも同じだったが、こちらの方は暗号解読の機密を漏らさないための処置で、その後は英雄として扱われる。

護衛の任務を果たせず、「もう生きては帰れない」と覚悟

ところで、山本長官戦死の責任問題はどう扱われたか。

意外なことに、この件に関係する南東方面艦隊司令部など、責任の中枢にあって処分を受けたものはいない。現場の当事者も同様で、杉本二〇四空司令はもちろん、宮野飛行隊長、森崎予備中尉以下六名の零戦搭乗員が査問に付されることも、懲罰を言い渡されることも、軍法会議にかけられることもなかった。

その後も続く激戦で、「六機」のうち、被弾して右手を失った柳谷さん以外の五名全員が戦死する運命が待っているが、これはよく言われるように懲罰的に出撃を強いられたものではけっしてなかった。記録の上で、この六名の出撃回数が他の搭乗員と

比べて特別に多いということはない。防衛省に残る「二〇四空戦闘行動調書」から具体的な数字を拾ってみると、山本戦死翌日の四月十九日から宮野や森崎が戦死する六月十六日までの作戦参加回数は、

●山本長官機護衛の六機

森崎予備中尉・二十二回、日高上飛曹・十五回、辻野上一飛曹・二十五回、岡崎二飛曹・十八回、柳谷飛長・十回、杉田飛長・二十一回

●その他の搭乗員(一部抜粋)

宮野大尉・二十回、渡辺秀夫一飛曹・二十回、橋本久英飛長・十八回、渡辺清三郎飛長・二十八回、大原亮治飛長・十九回、中澤政一飛長・二十回

と、六名よりも多い出撃を記録している者もいて、全体としても差はないのがわかる。あえて言うなら、当時の二〇四空の出撃そのものが過重であったのだ。

とは言え、数字と当事者の心中はまた別である。柳谷さんは、

「誰もなにも言わない。しかし懲罰があろうがなかろうが、長官機の護衛を果たせなかった責任は取らないといけない。もう生きては帰れないと、思いつめた悲壮な覚悟でしたよ」

と語っている。

還《かえ》ってきた六名のただならぬ気配に、二〇四空の零戦搭乗員のなかには、何ごとかを感じ取った者もいたし、最後まで気がつかなかった者もいた。

大原亮治飛長（のち飛曹長。現在九十七歳）は、十八日夜、杉田飛長の告白でそのことを知った。

「私たちの宿舎は、占領前に白人が住んでいた洋館で、私と杉田ほか、同年兵ばかりの六人が同部屋で寝起きしていました。夜、暑くて眠れないので建物の前の涼み台で涼んでいると、杉田が思いつめたような表情で話しかけてきた。『実はな、今日長官機を護衛して行ったんだが、長官機がやられた』と。帰ってきてから様子がおかしいので、うすうす気づいてはいましたが……」

数日後、ラバウル東飛行場で待機していた大原さんは、着陸してきた一式陸攻に数台の自動車が横付けし、機内から小さな白い箱を奉持した士官が降りてくるのを見て、「長官がお戻りになったのだ！」と悟ったと回想している。

六機の護衛戦闘機のその後の運命をたどってみると、まず、昭和十八（一九四三）年六月七日、ガダルカナル島の手前に位置するルッセル島上空の空戦で、日高義巳上飛曹と岡崎靖一飛曹（五月進級）が戦死。柳谷謙治さんが空戦で被弾し、右手を失ったのもこの日のことである。柳谷機の被弾の瞬間を、大原亮治さんが目撃している。

「ルッセル島に向かって南から北へ、爆撃のために緩降下を開始したとき、グラマンF4Fが二機、こちらに向かってくるのが見えました。私は三番機で隊長機の右後ろについているので、左側はよく見えています。逆に四番機の柳谷機は、隊長機の左後ろにいて右側を見ているから敵機は見えてない。やっと投弾したそのとき、グラマンがダーッと頭上を通り過ぎ、見ると柳谷機が、グラッと傾いて墜ちていきました」

柳谷さんは、墜落状態の中で意識を取り戻した。敵弾で穴《かん》の開いた風防から風が轟々《ごうごう》と入っていた。無意識のうちに右手を伸ばして操縦桿を引こうとしたが、操縦桿がつかめない。見ると、右手の親指一本を残して、他の四本が吹き飛び、血がドクドクと噴き出していた。柳谷さんは左手で操縦桿を握ると、巧みに機を水平飛行に戻した。操縦席のなかは鮮血で染まっている。出血で、ともすれば意識が薄れ、右手と右足には、重い鈍痛が広がっていた。そんななか、柳谷さんはどうにか、日本海軍の不時着場として使われていたニュージョージア島のムンダ飛行場に着陸することができた。ああ、地面に着いたと思ったとたん、柳谷さんは意識を失った。

「気がついたときには、私は小屋の板の上に寝かされていました。そこで、このまま放置すると破傷風で生命が危ない、ということで、名も知らない軍医に、麻酔もかけないままノコギリで右手首を切断されました。暴れるといけないからと、三人の看護兵に押さえつけられ、口には脱脂綿を詰め込まれて、私は叫ぶこともできませんでした。手術が始まったとたん、ドンッと殴られるような激痛が体中を走りました……」

手首から先がなくなった右腕にはグルグルと包帯が巻かれ、血と脂汗にまみれた柳谷さんは、ふたたび意識を失った。

六月十六日には、森崎武予備中尉と飛行隊長・宮野善治郎大尉がガダルカナル島上空の空戦で戦死。柳谷さんは、現在、横浜・山下公園に係留されている病院船「氷川《ひかわ》丸《まる》」で内地に送還されるとき、宮野と森崎の戦死を知らされ、衝撃を受けたという。

七月一日、辻野上豊光上飛曹（五月進級）が、レンドバ島上空の空戦で撃墜され、戦死。杉田庄一二飛曹（五月進級、のち上飛曹）は、八月二十六日、ブイン基地上空の邀撃《ようげき》戦で乗機が被弾、落下傘降下したものの、空中火災のため大火傷を負い、内地に帰還している。杉田は、その後もマリアナ、フィリピンなどで激戦をくぐり抜けたが、昭和二十（一九四五）年四月十五日、新鋭機「紫電改《しでんかい》」に搭乗し、鹿児島県の鹿《か》屋《の》基地を離陸直後に米海軍のグラマンF6F戦闘機に撃たれ、戦死した。

柳谷さんはその後、もう一度空を飛びたい一心でリハビリに励み、義手で操縦桿を握って搭乗員として再起。九三式中間練習機の操縦教員として、山形県の神町《じんまち》海軍航空隊（現・山形空港）で終戦を迎えた。

長官の死から五十年経っても埋められなかった心の溝

戦後、不動産業を営んだ柳谷さんは、平成四（一九九二）年、日高義巳上飛曹の故郷・屋久島を、五十回忌の墓参のため訪ねた。屋久島にはもう一人、宇垣参謀長搭乗の一式陸攻二番機の主操縦員として奇跡的に生還した林浩さんが暮らしている。柳谷さんと林さんは、専攻機種こそちがうが、予科練の同期生である。柳谷さんはあらかじめ林さんに連絡をとり、宿泊先に一席設けていたが、林さんはそこには現れず、翌日、改めて束の間の再会をしたのだという。日高家に残る、このとき二人で撮られた写真を見ると、なぜか柳谷さんの視線が、やや不自然にあらぬ方向を向いている。

海上に撃墜され、宇垣参謀長、北村艦隊主計長とともに救助されたときの林さんは、重傷を負い、朦朧《もうろう》とした意識のなかで、

「いますぐ私をラバウルに還してください！　明日もう一度出撃して、必ず仇をとります！」

と叫んでいたと伝えられる。

撃墜された陸攻の搭乗員と、護衛を果たせなかった戦闘機搭乗員の間には、当事者同士にしかわからないわだかまりが残っていたのかもしれない。林さんは平成十八（二〇〇六）年、柳谷さんは平成二十（二〇〇八）年、相次いでこの世を去った。

ラバウルでは、いまも伝説的ヒーローとしてその名を語り継がれる山本五十六。いまや日本人の多くが戦争を知らない。現代を生きる現地の人たちにとって、ラバウルの人たちもほとんどは戦争を知らない世代であるのと同じく、「ヤマモト」の名は、パプアニューギニアでも映画を通じて人気だという「ニンジャ」と同様、デフォルメをともない、「強きもの」の代名詞になっているのだ。

しかし、敵に暗号を解読されていたとはいえ、杜撰《ずさん》な巡視計画による最高指揮官の不注意な最期は、護衛にあたった若者たちに、生きては還れないほどの重荷を負わせ、生き残った者にも生涯消えない心の傷を負わせた。

そのことを、泉下の山本はどう感じるのだろうか。そして、その後もエリートコースから外れることなく栄達を続け、戦後は「死人に口なし」とばかりに、責任を現場に被《かぶ》せたまま天寿を全うした参謀は……。

あとがき

戦後五十年を機に、私が元零戦搭乗員の取材を始めて今年で二十三年。本稿をまとめるにあたって、その間に集めた膨大な資料、写真に改めて目を通したが、そのなかでいまさらながら驚いたことがある。

平成十五（二〇〇三）年、東京・原宿の水交会《すいこうかい》（旧海軍、海上自衛隊の親睦施設）で行われた「零戦の会」の忘年会で、私が撮影した集合写真。約五十名の元零戦搭乗員がにこやかな笑顔で写っているが、十五年を経たいま、存命の人がわずか五名しかいないことに気づいて愕然としたのだ。

十五年前の時点で、元搭乗員のほとんどは日本人男性の平均寿命を超えている。だから、その後亡くなった人も、天寿を全《まっと》うしたとは言える。しかし、一人一人、その姿や仕草、声までもがありありと思い出されるのに、九割の人がもはやこの世にない、ということが、頭では理解できていても実感が湧かない。――時間の流れというのは、ある意味、戦争に負けず劣らず非情なものだと、ふと思った。

ただ、そんな私の小さな感傷とは別に、世の「零戦」を取り巻く環境は、このところ大きく変化している。

私が取材を始めた頃、「零戦搭乗員の戦中、戦後」というテーマに興味を示す出版社は皆無に近かった。零戦に特に関心を寄せるのは、当時のことを知る人か、飛行機マニア、模型マニア、一九六〇年代の戦記マンガブームの頃に育った世代など、中年以上の男性にほぼ限られ、当時三十代前半だった私よりも若い取材者や研究者を目にすることは、まずなかった。

それがいまや、元零戦搭乗員の講演を企画すれば、客のほとんどが私より若い世代で、しかもその半分近くを女性が占めるほど、関心を持つ層が広がっている。

いっぽう、インターネット、SNS時代の到来とともに「本物志向」がより顕著になり、復元された零戦を購入して実際に日本の空を飛ばせる人まで現れた。市販本や限られた白黒写真をもとに想像を膨らませていた時代とはちがい、戦後世代の研究者が、現物の科学的解析や一次資料をもとに、二十年前には考えられなかったような、精密な調査成果を発信するようにもなった。搭乗員についても、かつて流行した剣豪小説のごときフィクショナルな「エースもの」よりも、一人一人の生き方が知りたい、彼らの生きた証《あかし》を残したい、という人が確実に増えた。

私の身近にも、ガダルカナル島で回収された、状態の良い零戦の残骸を私財を投じて購入し、私設の資料館（「零戦・報國－515資料館」）を開設した千葉県の中村泰三さんのように、工業遺産としての零戦にスポットを当て、当時の技術の検証、復元に取り組む人や、辞令公報をはじめとする膨大な資料や個人のアルバム、聞き取り調査などから搭乗員一人一人の身元、履歴を明らかにし、本来ならば国が責任をもってやるべき名簿の作成を試みている高知県の吉良敢《いさみ》さん、京都府の森川貴文さんのような人もいる。

さらに、アメリカ国立公文書館から、米軍機のガンカメラ（機銃に連動して動画が撮影されるカメラ）映像を地道に探し出して収集し、分析、公開している大分県の織《お》田《た》祐輔さんや、地元の当事者や遺族に献身的に尽くしている愛媛県の菅《かん》成徳さんのような人もいる。

「本物志向」は、零戦にとどまらない。ロングラン上映を続けている映画『この世界の片隅に』の片渕須直監督は、知る人ぞ知る大戦機研究の権威だが、この映画の呉空襲のシーンで、米軍のF４U戦闘機を追ってチラッと小さく映る「紫電改《しでんかい》」をよく見ると、自動空戦フラップがきちんと作動しているのがわかる。

いまや、「少数の、気づく人だけが気づく」ような些末《さまつ》な部分まで、手を抜けない時代になったとも言えるし、そんな「本物を知りたい」という要求は、これからもますます強くなるだろう。

ところが、そんな流れとは裏腹に、当時を知る人の高齢化は確実に進み、体験者の声を直接聞く機会も目に見えて少なくなった。私は、存命の元搭乗員が最後の一機となるまで取材を続けるとともに、これまで積み重ねてきた証言を、なんらかの形で一人でも多く紹介し、残していきたいと思っている。

最後に、本書の取材にご協力くださったすべての皆様、戦没搭乗員の慰霊と生存搭乗員の結束を支え続けているＮＰＯ法人「零戦《ゼロせん》の会」の役員各位、これで四冊めとなる『証言　零戦』シリーズの全作品に出版の労をとってくださった講談社の今井秀美氏に、心より御礼申し上げます。大空に散った敵味方の戦士たちのみたま安かれと祈りつつ。

平成三十年七月

神立尚紀

零戦関連年表

【昭和12年】（1937）

■5月、海軍が十二試艦上戦闘機（のちの零戦）の計画要求書案を三菱、中島の両社に提示。のちに中島は試作を辞退。

■7月、北支事変勃発。8月、第二次上海事変勃発。支那事変（日中戦争）始まる。

【昭和14年】（1939）

■4月1日、十二試艦戦初飛行。

■航空本部、空母部隊、大村海軍航空隊が横須賀海軍航空隊に集結し、実施された昭和14年度の「航空戦技」で、戦闘機の空戦は編隊協同空戦を基本とし、単独戦果を認めないこと、日本海軍では「エース」等の称号を用いないことが決まる。

【昭和15年】（1940）

■3月11日、十二試艦戦二号機空中分解、奥山益美工手殉職。

■7月上旬、漢口の十二空分隊長進藤三郎大尉、新型戦闘機受領のため横空に出張。

■7月、横空の横山保大尉以下十二試艦戦6機、漢口に進出、十二空に編入。24日、十二試艦戦は零式艦上戦闘機（零戦）として制式採用される。

■9月13日、進藤大尉率いる十二空零戦隊13機、中国空軍戦闘機33機と空戦、一方的戦果でデビュー戦を飾る。日本側記録、撃墜27機。中国側記録、被撃墜13機、被弾損傷11機。

■10月4日、成都空襲で、零戦4機が敵飛行場に強行着陸。

【昭和16年】（1941）

■2月21日、昆明空襲で十四空の蝶野仁郎空曹長戦死、零戦の損失第一号になる。

■4月17日、フラッター試験飛行中の零戦135号機空中分解、下川万兵衛大尉殉職。

■9月15日、十二空、十四空は解隊され、対米戦準備のため中国大陸の零戦は全機内地に引き揚げ。ここまで1年間の中国大陸における零戦隊の戦果は撃墜103機、撃破163機、損失は地上砲火によるもの3機のみ。台湾で三空、台南空の戦闘機航空隊が相次いで開隊。

■12月8日、対米英開戦。真珠湾攻撃。台湾を発進した零戦隊、フィリピンの米軍基地を攻撃。大東亜戦争（太平洋戦争）始まる。

■12月10日、マレー沖海戦、中攻隊、英東洋艦隊主力艦2隻撃沈。

【昭和17年】（1942）

■1月、機動部隊ラバウル攻略。

■4月5日、機動部隊、セイロン島コロンボ空襲。英軍戦闘機を殲滅。

■4月18日、日本本土初空襲。

■5月7日～8日、珊瑚海海戦。日米機動部隊が激突。世界史上初、空母対空母の戦い。

■6月5日、ミッドウェー海戦、日本海軍第一機動部隊の空母「赤城」「加賀」「蒼龍」「飛龍」の4隻が撃沈される。

■6月5日、第二機動部隊、アラスカ州のダッチハーバー空襲。被弾、不時着したほぼ無傷の零戦が敵の手に渡り、以後、神秘のベールが剝がされてゆく。

■8月7日、米軍がソロモン諸島のガダルカナル島に上陸。日本軍はラバウルを拠点にこれを迎え撃つ。以後のソロモン・ニューギニア方面航空戦は、つねに陸上部隊の作戦に呼応して行われる。

■8月24日、第二次ソロモン海戦、空母対空母の海戦。

■10月26日、南太平洋海戦。米空母「ホーネット」撃沈。結果的に、日米機動部隊が互角に渡り合った最後の海戦になった。

■11月1日、海軍の制度改定。航空隊の名称、階級呼称などが大きく変わる。

【昭和18年】（1943）

■2月1日、ガダルカナル島撤退作戦開始。

■3月3日、ニューギニアに増援する部隊を載せた輸送船団、敵機の襲撃を受け全滅、3600名余りが戦死。零戦隊これを守れず。

■4月7日～14日、「い」号作戦。ガダルカナル島（X作戦）、ポートモレスビー（Y作戦）、ラビ（Y1作戦）航空総攻撃。山本五十六聯合艦隊司令長官陣頭指揮。
■4月18日、山本五十六聯合艦隊司令長官戦死。
■6月7日、12日、ガダルカナル島へ戦闘機隊全力をもって空襲（「ソ」作戦）。
■6月16日、ルンガ沖航空戦（「セ」作戦）、戦爆連合約100機でガダルカナル沖敵艦船を攻撃、激しい空中戦で被害甚大。二〇四空飛行隊長宮野善治郎大尉戦死。以後、零戦隊がガダルカナル上空まで進撃することはなかった。
■10月6日、ウェーク島に米機動部隊のグラマンF6F初登場。二五二空の所在零戦隊は6機の撃墜と引き換えに空中で16機、地上で残る全機を失い、「零戦神話」に終止符が打たれる。

【昭和19年】（1944）

■2月17日、トラック島聯合艦隊泊地が敵機動部隊の急襲を受け、所在艦船、航空部隊壊滅。ラバウルの戦闘機隊は一部残留隊員をのぞきトラック島に後退。以後、ラバウルでは組織的な航空戦は行われず。
■6月15日、米軍がサイパン島に上陸を開始。
■6月16日、中国大陸より飛来したB－29、九州の八幡製鉄所を爆撃。
■6月19日～20日、マリアナ沖海戦。機動部隊飛行機隊壊滅。
■6月24日～7月4日、硫黄島上空で大空中戦。
■7月8日、サイパン島陥落。8月3日、テニアン島陥落。8月11日、グアム島陥落。
■8月中旬、必死必中の新型兵器（「桜花」「回天」など）の搭乗員募集。各航空部隊で志願者が募られる（この時点で、特攻は既定路線であった）。
■10月12日～16日、台湾沖航空戦で、内地からフィリピン決戦に向け増派された第二航空艦隊の戦力も壊滅的消耗。
■10月20日、神風特別攻撃隊命名式。
■10月21日、特攻隊初出撃。
■10月24日～25日、比島沖海戦で日本聯合艦隊壊滅。

■10月25日、特攻隊初戦果。特攻作戦の恒常化。

■11月24日、B－29東京初空襲。

【昭和20年】（1945）

■1月7日、フィリピン残存搭乗員、台湾に引き揚げが決まる。

■2月16日～17日、関東上空に敵艦上機飛来、関東の航空部隊がこれを邀撃。敵に一矢を報いるも、横空の山崎卓上飛曹、落下傘降下時に敵兵と誤認され、民間人に撲殺される（以後、搭乗員の飛行服などに日の丸のマークをつけるようになる）。

■3月19日、米艦上機呉軍港空襲。三四三空の「紫電改」「紫電」がこれを邀撃。

■3月21日、七二一空（神雷部隊）桜花隊、敵機動部隊攻撃に向かうも敵戦闘機の邀撃を受け全滅。

■4月1日、沖縄本島に敵上陸。

■4月6日、菊水一号作戦、特攻を主とした大規模航空攻撃が始まる。

■4月7日、B－29の空襲時、硫黄島飛行場よりP－51戦闘機が随伴するようになり、以後、防空戦闘機の動きが著しく制約される。

■6月22日、菊水十号作戦、沖縄方面への大規模航空攻撃が終わる。

■8月6日、広島に、9日、長崎に原爆投下。

■8月14日、在台湾全航空部隊に、翌15日、沖縄沖の連合軍艦船に対する特攻命令（魁作戦）発令される。

■8月15日、午前、敵機動部隊艦上機250機、関東を空襲。二五二空、三〇二空戦闘機隊がこれを邀撃。正午、終戦を告げる玉音放送。夜、三三二空零戦隊四国沖敵艦船攻撃に出撃。

■8月16日、厚木三〇二空が徹底抗戦を叫び叛乱。抗戦呼びかけの使者を各部隊に派遣する。

■8月18日、関東上空に飛来した米軍B－32爆撃機を横空戦闘機隊が邀撃。1機撃破、米軍下士官機銃手1名戦死。

■8月19日、三四三空を中心に皇統護持秘密作戦が動き出す。

■11月30日、陸海軍解体。

本文中の表記・用語について

①戦争、事変等の呼称は、取材した元搭乗員たちが使用する当時の呼び方を使用した。（例：支那事変など）

②飛行機の型式名等については旧海軍の表記にしたがった。（例：ソ連製戦闘機E15など）

③階級については、それぞれの時点における階級を記した。

写真撮影、及び提供　神立尚紀　森川貴文
地図製作　白砂昭義（ジェイ・マップ）
本文デザイン　門田耕侍

本書は、ｉＯＳ向けのアプリ「小説マガジンエイジ」（編集・講談社、配信・株式会社エブリスタ）で２０１５年２月から３月、２０１７年10月から２０１８年４月まで掲載したものに加筆・修正しました。

神立尚紀―1963年、大阪府生まれ。日本大学藝術学部写真学科卒業。1986年より講談社「FRIDAY」専属カメラマンを務め、主に事件、政治、経済、スポーツ等の取材に従事する。1997年からフリーランスに。1995年、日本の大空を零戦が飛ぶというイベントの取材をきっかけに、零戦搭乗員150人以上、家族等関係者500人以上の貴重な証言を記録している。著書に『証言 零戦 生存率二割の戦場を生き抜いた男たち』『証言 零戦 大空で戦った最後のサムライたち』『証言　零戦　真珠湾攻撃、激戦地ラバウル、そして特攻の真実』（いずれも講談社＋α文庫）、『祖父たちの零戦』（講談社文庫）、『零戦　最後の証言Ⅰ／Ⅱ』『撮るライカⅠ／Ⅱ』『零戦隊長　二〇四空飛行隊長宮野善治郎の生涯』（いずれも潮書房光人新社）、『特攻の真意　大西瀧治郎はなぜ「特攻」を命じたのか』（文春文庫）などがある。NPO法人「零戦の会」会長。

講談社＋α文庫　証言《しょうげん》 零戦《ぜろせん》 搭乗員《とうじょういん》がくぐり抜《ぬ》けた地獄《じごく》の戦場《せんじょう》と激動《げきどう》の戦後《せんご》

神立尚紀《こうだちなおき》

2018年 7 月19日第 1 刷発行

発行者――渡瀬昌彦
発行所――株式会社 講談社
東京都文京区音羽2-12-21 〒112-8001
電話 編集(03)5395-3522
販売(03)5395-4415
業務(03)5395-3615
デザイン――鈴木成一デザイン室
カバー印刷――凸版印刷株式会社
印刷――豊国印刷株式会社
製本――株式会社国宝社
本文データ制作――講談社デジタル製作

落丁本・乱丁本は購入書店名を明記のうえ、小社業務あてにお送りください。
送料は小社負担にてお取り替えします。
なお、この本の内容についてのお問い合わせは
第一事業局企画部「＋α文庫」あてにお願いいたします。
Printed in Japan ISBN978-4-06-512505-2
定価はカバーに表示してあります。